Vahlens Kurzlehrbücher

Die Handels- und Steuerbilanz

Grundlagen zur handels- und steuerrechtlichen Gewinnermittlung

von

StB Prof. Dr. Matthias Gehrke
Technische Hochschule Aschaffenburg
Professor für Rechnungswesen und Steuerrecht

und

StB Prof. Dr. Anette Renz
Duale Hochschule Baden-Württemberg
Villingen-Schwenningen
Professorin für Externes und Internes Rechnungswesen

5., vollständig überarbeitete Auflage

Verlag Franz Vahlen München

StB Prof. Dr. Matthias Gehrke ist Professor für Rechnungswesen und Steuerrecht an der Technischen Hochschule Aschaffenburg.

StB Prof. Dr. Anette Renz ist Professorin für Externes und Internes Rechnungswesen an der Dualen Hochschule Baden-Württemberg.

ISBN Print: 978 3 8006 6277 7
ISBN E-Book: 978 3 8006 6278 4

Wilhelmstr. 9, 80801 München
Satz: abavo GmbH,
Nebelhornstr. 8, 86807 Buchloe
Druck und Bindung: Druckhaus Nomos,
In den Lissen 12, 76547 Sinzheim

CO_2 neutral
vahlen.de/nachhaltig

Gedruckt auf säurefreiem, alterungsbeständigem Papier
(hergestellt aus chlorfrei gebleichtem Zellstoff)

Vorwort zur fünften Auflage

Seit der Veröffentlichung der vierten Auflage vor inzwischen vier Jahren haben sich naturgemäß Änderungen in Gesetzgebung, Verwaltungsanweisungen und Rechtsprechung ergeben. Deren Einarbeitung war unser erklärtes Ziel der nunmehr fünften Auflage. Insbesondere im Steuerrecht ergab sich Aktualisierungsbedarf, um die fortschreitende Judikatur des Bundesfinanzhofes abzubilden. Ganz aktuell haben wir das Zweite Gesetz zur Umsetzung steuerlicher Hilfsmaßnahmen zur Bewältigung der Corona-Krise (Zweites Corona-Steuerhilfegesetz) vom 29.06.2020 berücksichtigt, mit welchem dem coronabedingten Rückgang der Konjunktur durch steuerliche Investitionsanreize begegnet werden soll.

Darüber hinaus wurde an uns von Studierenden, von Fachkolleginnen und -kollegen sowie von Verlagsseite der zu Recht formulierte Wunsch herangetragen, das Buch durch Einbeziehung von Übungsaufgaben noch lese- und damit kundenfreundlicher zu gestalten. Diesem Wunsch sind wir gerne nachgekommen. Daher findet sich im Teil C nunmehr eine Sammlung an Übungsaufgaben einschließlich Lösungsskizzen, welche eine Überprüfung des Lernfortschrittes – insbesondere für die Klausurvorbereitung von Studierenden – erleichtern soll.

Das Perfide an Perfektion ist, dass man sie zwar anstrebt, aber niemals erreicht. Getreu diesem Motto sind wir für Verbesserungsvorschläge stets dankbar, die wir gerne in einer späteren Neuauflage berücksichtigen wollen. Unseren herzlichen Dank wollen wir den Mitarbeiterinnen und Mitarbeitern des Verlags Franz Vahlen aussprechen, die uns engagiert bei der technischen Umsetzung der auch im Layout modernisierten Auflage unterstützt haben.

Aschaffenburg/Villingen-Schwenningen, im August 2020

Matthias Gehrke / Anette Renz

Vorwort zur ersten Auflage

Die Vorschriften des Steuerrechts bezüglich der Bilanzierung und Bewertung von Wirtschaftsgütern und Schulden sind durch Gesetzesänderungen erheblich geändert worden. Insbesondere die zunehmenden vom Handelsrecht abweichenden Regelungen führen dazu, dass oftmals keine „Einheitsbilanz" für beide Rechenwerke mehr erstellt werden kann, sondern eine eigenständige Bilanz nach steuerrechtlichen Vorschriften aufzustellen ist. Vor diesem Hintergrund ist das Ziel des vorliegenden Lehrbuchs „Die Steuerbilanz" eine Vertiefung der Kenntnisse des Steuerbilanzrechtes sowie die Erarbeitung von Zielen und Instrumenten der Steuerbilanzpolitik. An die Diskussion über Zwecke und Aufgaben von Bilanzen schließt sich eine ausführliche Darstellung sowohl der klassischen als auch der „neueren" Bilanztheorien an. Eine besondere Stellung nimmt im Anschluss die Problematisierung des „Maßgeblichkeitsgrundsatzes" ein. Ferner werden im Zusammenhang mit den „Grundsätzen ordnungsgemäßer Buchführung" allgemeine Bilanzansatz- und Bilanzbewertungsgrundsätze diskutiert. Unter Beachtung der aktuellen Rechtsprechung werden im Anschluss an die allgemeinen Ausführungen die Konkretisierungserfordernisse sowohl für positive als auch für negative Wirtschaftsgüter herausgearbeitet. Eng damit verbunden sind die Frage des „wirtschaftlichen Eigentums" sowie die Zugehörigkeitsproblematik in der Steuerbilanz.

Der Gesetzesbeschluss des Deutschen Bundestages vom 21.02.2003 hinsichtlich des Steuervergünstigungsabbaugesetzes wurde berücksichtigt.

Marburg, im Februar 2003

Michael Wehrheim / Anette Renz

Inhaltsverzeichnis

Teil B: Steuerbilanz

Teil C: Übungsaufgaben

Abbildungsverzeichnis

Abkürzungsverzeichnis

A	
a. a. O.	am angegebenen Ort
Abs.	Absatz (Absätze)
ADHGB	Allgemeines Deutsches Handelsgesetzbuch
ADS	Adler/Düring/Schmaltz
a. F.	alte Fassung
AfA	Absetzung für Abnutzung
AfaA	Absetzung für außergewöhnliche technische oder wirtschaftliche Abnutzung
AG	Aktiengesellschaft
AktG	Aktiengesetz
AO	Abgabenordnung
Art.	Artikel
Aufl.	Auflage
B	
BB	Betriebs-Berater (Zeitschrift)
BewG	Bewertungsgesetz
BFH	Bundesfinanzhof
BGB	Bürgerliches Gesetzbuch
BGH	Bundesgerichtshof
bgN	betriebsgewöhnliche Nutzungsdauer
BilMoG	Bilanzrechtsmodernisierungsgesetz
BilRUG	Bilanzrichtlinie-Umsetzungsgesetz
BiRiLiG	Bilanzrichtliniengesetz
BMF	Bundesminister(ium) der Finanzen
bspw.	beispielsweise
BStBl.	Bundessteuerblatt
BT-Drs.	Bundestags-Drucksache
bzgl.	bezüglich
bzw.	beziehungsweise
C	
ca.	circa
D	
DB	Der Betrieb (Zeitschrift)
DFB	Deutscher Fußball-Bund
d. h.	das heißt

Diff.	Differenz
DIHT	Deutscher Industrie- und Handelstag
DStR	Deutsches Steuerrecht (Zeitschrift)

E

EFG	Entscheidungen der Finanzgerichte (Zeitschrift)
EGHGB	Einführungsgesetz zum Handelsgesetzbuch
EK	Eigenkapital
ESt	Einkommensteuer
EStDV	Einkommensteuer-Durchführungsverordnung
EStG	Einkommensteuergesetz
EStH	Einkommensteuer-Hinweise
EStR	Einkommensteuer-Richtlinien
et al.	et alii
etc.	et cetera
EU	Europäische Union
EUR	Euro
EuroEG	Gesetz zur Einführung des Euro

F

f.	folgende (Seite)
FA	Finanzamt
FG	Finanzgericht
FM	Finanzministerium
FN	Fachnachrichten
FR	Finanzrundschau (Zeitschrift)

G

GE	Geldeinheiten
geg.	gegenüber
GewStDV	Gewerbesteuer-Durchführungsverordnung
GewStG	Gewerbesteuergesetz
GewStR	Gewerbesteuer-Richtlinien
GFW	Geschäfts- oder Firmenwert
ggf.	gegebenenfalls
GmbH	Gesellschaft mit beschränkter Haftung
GmbHG	Gesetz betreffend die Gesellschaften mit beschränkter Haftung
GMZ	Grundmietzeit

H

H	Hinweis(e)
HB	Handelsbilanz
HFA	Hauptfachausschuss
HGB	Handelsgesetzbuch
h. M.	herrschende Meinung

I

i. d. R.	in der Regel
IDW	Institut der Wirtschaftsprüfer in Deutschland e. V.
i. e. S.	im engeren Sinne
i. H. v.	in Höhe von
inkl.	inklusive
InsO	Insolvenzordnung
InvZulG	Investitionszulagengesetz
i. S. d.	im Sinne der (des, dieser)
i. S. e.	im Sinne eines (einer)
i. S. v.	im Sinne von
i. V. m.	in Verbindung mit

J

J.	Jahre

K

KG	Kommanditgesellschaft
KGaA	Kommanditgesellschaft auf Aktien
KWG	Kreditwesengesetz

L

lat.	lateinisch
LG	Leasinggeber
Lifo	Last-in-first-out
lit.	litera
LN	Leasingnehmer

M

max.	maximal
Mio.	Million(en)

N

ND	Nutzungsdauer
Nr.	Nummer(n)

O

OFD	Oberfinanzdirektion
o. g.	oben genannte

P

PatG	Patentgesetz
PublG	Publizitätsgesetz

R

R	Richtlinie(n)
RAP	Rechnungsabgrenzungsposten
RBW	Restbuchwert
RFH	Reichsfinanzhof
RStBl.	Reichssteuerblatt

S

S.	Seite(n)/Satz (Sätze)
sog.	sogenannte(r/n/s)
StB	Steuerbilanz
StGB	Strafgesetzbuch
StuB	Steuern und Bilanzen (Zeitschrift)
StuW	Steuer und Wirtschaft (Zeitschrift)

U

u. a.	unter anderem/und andere
USt	Umsatzsteuer
UStG	Umsatzsteuergesetz
u. U.	unter Umständen

V

v.	von/vom
vs.	versus
VZ	Veranlagungszeitraum

W

WJ	Wirtschaftsjahr
WPg	Die Wirtschaftsprüfung (Zeitschrift)

Z

z. B.	zum Beispiel
zzgl.	zuzüglich

Teil A

Handelsbilanz

1 Einführung in das Rechnungswesen

- Was bedeutet „Rechnungswesen"?
- Welche Funktionen und Ziele hat das Rechnungswesen?
- Wer sind die Adressaten des Rechnungswesens?
- Zu welchem Teilbereich gehört das Themengebiet „Jahresabschluss"?

Lernziele

1.1 Begriff und Informationsadressaten des Rechnungswesens

Das betriebliche Rechnungswesen ist ein Verfahren/System, dessen Aufgabe es ist, alle zwischen dem Betrieb und seinen Märkten auftretenden Geld- und Güter-/Dienstleistungsströme und alle im Betrieb auftretenden Kosten- und Leistungsströme, die durch den Prozess der Leistungserstellung und Leistungsverwertung verursacht werden bzw. die mit dem Prozess der Unternehmenstätigkeit verbunden sind, zu erfassen, auszuwerten und weiterzuleiten. Es stellt die zahlenmäßige Erfassung des gesamten inner- und zwischenbetrieblichen Betriebsgeschehens für die Informationsadressaten dar. Diese Informationsempfänger werden in externe und interne unterschieden.

Für externe Informationsadressaten (Aktionäre, Gläubiger, Fiskus, interessierte Öffentlichkeit usw.) stellt das externe Rechnungswesen einerseits Informationen zur Verfügung; andererseits sind die Daten des externen Rechnungswesens Ausschüttungs- bzw. Steuerbemessungsgrundlage. Das externe Rechnungswesen umfasst die Finanzbuchhaltung, den daraus abgeleiteten Jahresabschluss, einen evtl. zu erstellenden Lagebericht sowie das Inventar.

Den internen Informationsadressaten (Unternehmer, Geschäftsleitung) werden neben den gesetzlich vorgeschriebenen Daten aus dem externen Rechnungswesen detaillierte Informationen des internen Rechnungswesens zur Verfügung gestellt (Leistungs- und Kostenrechnung).

1.2 Funktionen des Rechnungswesens

Durch die verschiedenen Informationsadressaten muss das Rechnungswesen zielgerichtet, d. h. mit Funktionen ausgestattet sein. Zu den Funktionen des Rechnungswesens gehören mithin folgende Aufgaben:

1.2.1 Dokumentationsaufgabe

Gemäß § 238 Abs. 2 HGB sind die Geschäftsvorfälle des Unternehmens vollständig aufzuzeichnen, wobei die Dokumentation so zu erfolgen hat, dass sich diese in ihrer Entstehung und Abwicklung nachvollziehen lassen (§ 238 Abs. 1 Satz 3 HGB). Damit wird nicht nur Kontrollzwecken Rechnung getragen, vielmehr soll damit z. B. im Insolvenzfall der Nachweis geführt werden können, dass keine strafbaren Handlungen i. S. d. §§ 283-283d StGB (Bankrott, Verletzung der Buchführungspflicht, Gläubigerbegünstigung, Schuldnerbegünstigung) begangen wurden bzw. die Beweisführung bei Rechtsstreitigkeiten sichergestellt wird. Dies gilt in ähnlicher Form auch z. B. für Vermögensauseinandersetzungen zwischen Gesellschaftern eines Unternehmens: auch hier ist i. d. R. eine vollständige Dokumentation der Geschäftsvorfälle unerlässlich.

1.2.2 Informationsaufgabe

Die Aufgabe, mittels des Jahresabschlusses den vorgenannten Adressatengruppen Informationen zur Verfügung zu stellen, ist, abhängig von der Rechtsform des Unternehmens, unterschiedlich extensiv geregelt.

Allgemein lässt sich die Informationsaufgabe aus § 238 Abs. 1 Satz 1 und Satz 2 HGB ableiten; danach sind Unternehmen verpflichtet, Bücher zu führen und in diesen die Lage des Vermögens ersichtlich zu machen, wobei die Buchführung so beschaffen sein muss, dass sie einem sachverständigen Dritten in angemessener Zeit einen Überblick über die Lage des Unternehmens verschafft. Nach Leffson ist diese allgemeine Verpflichtung so zu interpretieren, dass „das Bild der Lage des Unternehmens gemäß § 238 HGB eine Vorstellung von Vermögen, Schulden und vom geschäftlichen Erfolg“ vermittelt.

Über diese allgemeine Informationspflicht hinaus wird die Informationsfunktion des Jahresabschlusses für Kapitalgesellschaften durch § 264 Abs. 2 HGB konkretisiert: Der Jahresabschluss hat ein den tatsächlichen Verhältnissen entsprechendes Bild der Vermögens-, Finanz- und Ertragslage zu vermitteln. Welche Unternehmen zu den Kapitalgesellschaften zu rechnen sind, ergibt sich zunächst aus der Überschrift des zweiten Abschnittes des dritten Buches des HGB; danach werden die AG, die KGaA und die GmbH ausdrücklich aufgeführt. § 264 Abs. 2 HGB ist darüber hinaus durch entsprechende Verweisung aber auch auf eingetragene Genossenschaften und auch auf Versicherungsunternehmen anzuwenden. Schließlich stellt § 264a HGB klar, dass handelsrechtlich auch auf offene Handelsgesellschaften und Kommanditgesellschaften, bei denen keine natürliche Person als Vollhafter fungiert (z. B. bei GmbH & Co. KGs), die Vorschriften für Kapitalgesellschaften Anwendung finden. Nicht anzuwenden ist die Generalnorm des § 264 Abs. 2 HGB nach h. M. auf Unternehmen, die unter das PublG fallen, sowie Kreditinstitute. Es verbleibt insoweit bei den Aufstellungsgrundsätzen für alle Kaufleute gemäß § 243 Abs. 1 und Abs. 2 HGB.

Die Verpflichtung, ein den tatsächlichen Verhältnissen entsprechendes Bild von der Vermögens-, Finanz- und Ertragslage zu vermitteln, entspricht dem angelsächsischen Konzept des „true and fair view“, das als „overriding principle“ immer dann ein Abweichen von gesetzlichen Bilanzierungs- und Bewertungsvorschriften vorsieht, wenn diese nicht in der Lage sind, die mit einem „true and fair view“ verbundenen

Informationsverpflichtungen sicherzustellen. Die Vermittlung eines den realen Gegebenheiten entsprechenden Bildes der Vermögens-, Finanz- und Ertragslage ist dabei durch den Jahresabschluss in seiner Gesamtheit sicherzustellen, also durch das Zusammenwirken von Bilanz, GuV und Anhang.

1.2.3 Rechenschaftslegungsaufgabe

Mit Hilfe des Rechnungswesens soll der Nachweis geführt werden, dass das Unternehmen nach den gesetzlichen und gesetzlich nicht kodifizierten Vorschriften und sonstigen Vorgaben als Ganzes und in seinen Teilbereichen gewirtschaftet hat (z. B. Einhaltung der Vorschriften des HGB, der Grundsätze ordnungsmäßiger Buchführung sowie interner Leitlinien).

1.2.4 Kontrollaufgabe

Die Wirtschaftlichkeit des Unternehmens insgesamt und einzelner Unternehmensteile kann z. B. durch Kostenvergleichsrechnungen in Gestalt von betrieblichen, zeitlichen oder Soll-Ist-Vergleichen mit anschließenden Abweichungsanalysen oder durch Analysen von Unternehmens- und Betriebserfolgen kontrolliert werden.

1.2.5 Dispositionsaufgabe

Das Rechnungswesen liefert für betriebliche Dispositionen (z. B. Fertigungsverfahrensauswahl, Preisfestsetzung, Sortimentsgestaltung, Gewinnverwendung) entscheidende Informationen. Die Unternehmensleitung bedient sich dabei Vergangenheits-, Gegenwarts- und Zukunftsdaten (Prognosen).

1.3 Teilbereiche des Rechnungswesens

1.3.1 Externes Rechnungswesen

Wie der Name bereits andeutet, richtet sich dieses Teilgebiet des Rechnungswesens primär an Außenstehende (z. B. Gläubiger, Anteilseigner). Es dient diesen Zielträgern letztlich zur Dokumentation, zur Kontrolle und zum Schutz.

Primäres Ziel des Externen Rechnungswesens ist die Ermittlung der „richtigen" Ausschüttungsbemessungsgrundlage. Der im Jahresabschluss ausgewiesene Gewinn ist Grundlage der Beschlussfassung über die Gewinnverwendung; diesbezüglich können stark divergierende Interessen zwischen Unternehmensleitung, Anteilseignern und Gläubigern gegeben sein: Während Gläubiger an einer Stärkung der Haftungsbasis interessiert sind, richtet sich das Interesse der Kleinaktionäre großer Publikumskapitalgesellschaften auf die Realisierung einer adäquaten Mindest-Kapitalverzinsung qua Gewinnausschüttung.

Dies trifft in ähnlicher Form für Personengesellschaften zu: Aus der Sicht der Gläubiger sind die Entnahmemöglichkeiten zu beschränken, aus der Sicht der Gesellschafter nicht. Der gegebene Interessenkonflikt wurde durch den Gesetzgeber, z. T. rechtsformneutral, z. T. rechtsformspezifisch, dadurch geregelt, dass Vorschriften sowohl zur Erfolgsermittlung als auch zur Erfolgsverwendung vorgegeben wurden, die einerseits z. B. bei Kapitalgesellschaften eine Mindest-Dividendenausschüttung sicherstellen sollen, andererseits eine angemessene Verstärkung der Eigenkapitalbasis zulassen bzw. erzwingen. Die Ausschüttungsbemessungsaufgabe beinhaltet damit die Komponenten „Ausschüttungssperre" und „Mindestausschüttung", wobei die Ausschüttungssperrfunktion des Jahresabschlusses, wenn auch in unterschiedlicher Form, für Personen- und Kapitalgesellschaften greift, während die Mindestausschüttungskonzeption auf divergierende Interessenlagen bei Kapitalgesellschaften abstellt.

Zu beachten ist allerdings, dass die Informationsfunktion des Jahresabschlusses in den letzten Jahren gestärkt wurde: Sowohl die laufende Finanzbuchhaltung als auch die zeitpunktbezogene Erstellung eines Inventars bzw. eines Jahresabschlusses unterliegen vergleichsweise strengen gesetzlichen Regelungen, damit die Außenstehenden die für sie notwendigen Informationen einheitlich aufbereitet erhalten.

Die im Rahmen der Finanzbuchhaltung sowie des hieraus abzuleitenden Jahresabschlusses zu beachtenden Rechtsvorschriften hat der Gesetzgeber vorrangig rechtsformabhängig gestaltet. Vereinfacht lässt sich dies in schematischer Form wie folgt darstellen:

- Rechtsformneutrale (handelsrechtliche) Rechnungslegungsvorschriften:
  - §§ 238-263 HGB
- Rechtsformspezifische (handelsrechtliche) Rechnungslegungsvorschriften:
  - §§ 264-335b HGB für Kapitalgesellschaften und bestimmte Personenhandelsgesellschaften (z. B. GmbH & Co. KGs ohne natürliche Person als Vollhafter)
  - §§ 336-339 HGB für Genossenschaften
  - AktG für AG und KGaA
  - GmbHG für GmbH

Rechtsformspezifische Vorschriften knüpfen unmittelbar an die Unternehmensform an und sind ergänzend zu den rechtsformneutralen Vorschriften zwingend zu beachten. Kapitalgesellschaften und bestimmte Personenhandelsgesellschaften sind somit nicht nur an die rechtsformneutralen Bestimmungen der §§ 238-263 HGB, sondern auch an die rechtsformspezifischen Vorschriften der §§ 264-335b HGB gebunden.

Zum externen Rechnungswesen gehören die Finanzbuchhaltung, der Jahresabschluss, der Lagebericht und die Inventur/das Inventar.

Finanzbuchhaltung bedeutet, dass alle Geschäftsvorfälle, die eine Änderung der Höhe und/oder Zusammensetzung des Vermögens und/oder Kapitals bedingen, in Zahlenwerten in chronologischer Reihenfolge (Grundbuch) bzw. auf Konten (Haupt-/Nebenbücher) festgehalten werden.

Die Finanzbuchhaltung mit laufender Dokumentation aller Geschäftsvorfälle einer Rechnungsperiode mündet in den **Jahresabschluss**. Man kann deshalb auch formulieren, dass die Zeitraumrechnung Finanzbuchhaltung in die Zeitpunktrechnung Jahresabschluss übergeht.

Der Jahresabschluss einer nicht kapitalmarktorientierten Kapitalgesellschaft besteht aus Bilanz, GuV (= Gewinn- und Verlustrechnung) und Anhang.

Die **Bilanz** (lat. Waage) ist eine letztlich ausgeglichene Gegenüberstellung von Vermögen (Aktiva) auf der einen und Kapital (Passiva) auf der anderen Seite. Man kann auch sagen: In einer Bilanz stehen sich Mittelverwendung (Ausweis der Vermögensgegenstände auf der Aktivseite der Bilanz) und Mittelherkunft (Ausweis der Kapitalquellen auf der Passivseite der Bilanz) gegenüber.

Die Bilanz zeigt den Gewinn oder Verlust einer Rechnungsperiode als Änderung der Höhe des Eigenkapitals an. Das Unternehmen benötigt jedoch auch Angaben darüber, auf welche Weise der Gewinn bzw. Verlust zustande gekommen ist. Deshalb werden in der **GuV** die Geschäftsvorfälle, die die Höhe des Eigenkapitals im Laufe eines Geschäftsjahres verändert haben, zum Abschluss des Rechnungsjahres (am Bilanzstichtag) explizit erfasst. Mit anderen Worten: Während die Bilanz eine Gegenüberstellung von Vermögen und Kapital ist, werden in der GuV Erträge und Aufwendungen ausgewiesen.

Zum Jahresabschluss von nicht kapitalmarktorientierten Kapitalgesellschaften gehört darüber hinaus gemäß § 264 Abs. 1 Satz 1 HGB die Erstellung eines **Anhanges**. Dieser enthält auf der einen Seite Erläuterungen zu einzelnen Bilanz- und GuV-Posten, auf der anderen Seite bestimmte – über den Inhalt der beiden anderen Bestandteile des Jahresabschlusses hinausgehende – Informationen für Außenstehende.

Die gesetzlichen Vertreter einer kapitalmarktorientierten Kapitalgesellschaft, die nicht zur Aufstellung eines Konzernabschlusses verpflichtet ist, müssen gemäß § 264 Abs. 1 Satz 2 HGB den Jahresabschluss (Bilanz, GuV und Anhang) um einen Eigenkapitalspiegel und eine Kapitalflussrechnung erweitern.

Neben dem Jahresabschluss müssen alle Kapitalgesellschaften (soweit sie nicht „klein" i. S. v. § 267 Abs. 1 HGB sind) ebenfalls gemäß § 264 Abs. 1 Satz 1 HGB einen **Lagebericht** erstellen. Dabei handelt es sich primär um eine prospektive Betrachtung, d. h. der Lagebericht soll gemäß § 289 HGB auf die voraussichtliche Entwicklung der Gesellschaft eingehen. Seit dem Inkrafttreten des sog. KonTraG ist darüber hinaus im Lagebericht auch auf zukünftige Risiken und Chancen einzugehen.

Schließlich muss jeder Kaufmann zu Beginn seines Handelsgewerbes und am Ende eines jeden Geschäftsjahres ein **Inventar** erstellen (§ 240 HGB). Als Inventar ist dabei das Bestandsverzeichnis zu verstehen, in welches die **Inventur** i. S. e. körperlichen Bestandsaufnahme des Vermögens und der Schulden mündet. Während in der Bilanz die Vermögens- und Schuldbestände lediglich rein wertmäßig erfasst werden, erfolgt im Inventar eine mengen- und wertmäßige Erfassung. Ziel der Inventur ist letztlich die Kontrolle der unterjährigen buchhalterischen Erfassung von Vermögen und Schulden.

Der Kaufmann kann grundsätzlich wählen zwischen Stichtagsinventur, zeitnaher Inventur, zeitlich verlegter Inventur und permanenter Inventur, §§ 240, 241 HGB. Die beiden letztgenannten Verfahren dürfen jedoch nur bei nicht besonders wertvollen Vermögensgegenständen angewendet werden, sofern deren Abgang kontrollierbar ist.

Die Stichtagsinventur ist zum Bilanzstichtag, d. h. zum Schluss eines jeden Geschäftsjahres durchzuführen. Die Dauer eines Geschäftsjahres darf dabei zwölf Monate nicht überschreiten, wobei ein kürzerer Zeitraum, ein sog. Rumpfwirtschaftsjahr bei z. B. Gründung oder Liquidation, gegeben sein kann.

Da dieser Tag i. d. R. zur Aufnahme sämtlicher Vermögensgegenstände und Schulden nicht ausreichend ist, wird mit der zeitnahen Inventur ein größerer Zeitraum gewährt, der einem ordnungsmäßigen Geschäftsgang entspricht. Ein Zeitraum von zehn Tagen vor bis zehn Tagen nach dem Bilanzstichtag wird in der Praxis allgemein anerkannt. Die ermittelten Bestände müssen nach Art, Menge und Wert auf den Inventur- und Bilanzstichtag vor- oder zurückgerechnet werden.

Die zeitlich verlegte Inventur hat einen Durchführungszeitraum von drei Monaten vor bis zwei Monate nach dem Bilanzstichtag, § 241 Abs. 3 Nr. 1 HGB. Die ermittelten Bestände müssen wertmäßig auf den Inventur- und Bilanzstichtag vor- oder zurückgerechnet werden.

Bei der permanenten Inventur wird zu einem beliebigen Zeitpunkt im Geschäftsjahr der Bestand, der während des Geschäftsjahres permanent – z. B. per Scanner – aufgenommen wurde, durch körperliche Bestandsaufnahme überprüft.

1.3.2 Internes Rechnungswesen

Über die Dokumentations-, Schutz- und Kontrollfunktion für Außenstehende hinaus kommt dem Rechnungswesen auch eine betriebswirtschaftliche Bedeutung für Interne, d. h. i. d. R. die Unternehmensleitung, zu. Aus Vergangenem soll dabei etwas für das zukünftige betriebliche Geschehen abgeleitet werden (Dispositionsaufgabe). Der Jahresabschluss ist dazu nicht geeignet, da

a) dort nicht alle Informationen preisgegeben werden (z. B. mit Hinblick auf die Konkurrenz oder die Finanzbehörden) und

b) die Bewertung sich dort aus Gläubigerschutzgesichtspunkten heraus am Vorsichtsprinzip orientiert.

Deshalb ist ein eigenständiger Teilbereich des Rechnungswesens insbesondere für die Unternehmensleitung notwendig, welcher detaillierte, mit anderen Werten ausgestattete Zahlen enthält. Dieser Teilbereich wird als Internes Rechnungswesen/ Leistungs- und Kostenrechnung, oftmals aber auch als Betriebsbuchhaltung bezeichnet.

Von wenigen Ausnahmen abgesehen, hat der Gesetzgeber darauf verzichtet, die Einrichtung eines Kostenrechnungssystems bzw. dessen spezifische Systemausgestaltung verbindlich vorzuschreiben. Den Unternehmen bleibt es weithin selbst überlassen, in welcher Systemkonfiguration die Informationen aufbereitet, verdichtet und umgesetzt werden. Insoweit stellt die Implementierung eines aussagefähigen Kostenrechnungssystems keine gesetzliche Verpflichtung, jedoch sehr wohl eine betriebswirtschaftliche Notwendigkeit dar.

Während das Externe Rechnungswesen mit seinem Hauptbestandteil Jahresabschluss gemäß § 264 Abs. 2 HGB „ein den tatsächlichen Verhältnissen entsprechendes Bild der Vermögens-, Finanz- und Ertragslage ... vermitteln" soll (= Dokumentation und Information durch Rechnungslegung), will das Interne Rechnungswesen die Kosten der Güter, die bei der betrieblichen Leistungserstellung und -verwendung anfallen, erfassen und nach bestimmten Kriterien verteilen. Letztlich sollen also Informationen zur Wahrnehmung primär folgender Aufgaben zur Verfügung gestellt werden:

- Ermittlung des Betriebserfolges eines Zeitabschnittes (zurückliegende Rechnungsperiode bzw. als „kurzfristige Erfolgsrechnung“ für Quartal, Halbjahr, Monat u. s. w.),
- Ermittlung der Stückkosten,
- Festlegung von Verrechnungspreisen für innerbetrieblich erbrachte Leistungen,
- Make or Buy-Entscheidungen (Eigenfertigung oder Fremdbezug) sowie
- Ermittlung von Herstell(ungs)kosten für die Bewertung selbsterstellter Güter.

Bestandteile des Internen Rechnungswesens sind die Kostenarten-, Kostenstellen- und Kostenträgerrechnung.

Mit der **Kostenartenrechnung** soll primär eine vollständige Erfassung und systematische Gliederung der Kosten einer Abrechnungsperiode sichergestellt werden (z. B. Personalkosten, Materialkosten, Zinsen).

Die **Kostenstellenrechnung** stellt ablauftechnisch die zweite Stufe der Kostenrechnung dar. Mit Hilfe der Kostenstellenrechnung soll die Frage beantwortet werden, wo im Unternehmen Kosten angefallen sind. Dazu ist eine organisatorische Aufteilung des Gesamtunternehmens in Kostenstellen (Orte, Verantwortungsbereiche der Kostenentstehung) erforderlich. Damit soll die Wirtschaftlichkeit einzelner betrieblicher Bereiche (z. B. Abteilungen) überprüft werden und so genannte Gemeinkosten, die nicht direkt einem Endprodukt zugeordnet werden können, aufgeschlüsselt werden.

Die **Kostenträgerrechnung** stellt die abschließende dritte Stufe der Kostenrechnung dar und ist als Kostenträgerzeitrechnung bzw. Kostenträgerstückrechnung ausgeprägt. Mit der **Kostenträgerzeitrechnung** wird das Betriebsergebnis einer Periode ermittelt. Dabei stellt die Kostenträgerzeitrechnung i. d. R. auf kürzere Perioden als das Externe Rechnungswesen ab (z. B. Monat, Quartal), da Informationen hinsichtlich vorgenannter Aufgaben kurzfristiger benötigt werden. Die Kostenträgerzeitrechnung wird deshalb auch oft als „kurzfristige Erfolgsrechnung“ bezeichnet.

Da das primäre Ziel der Kostenrechnung in einer korrekten, verursachungsgerechten Ermittlung der Stückkosten liegt, wird im Rahmen der **Kostenträgerstückrechnung** versucht, die Stückkosten der Kostenträger (Produkte) auf der Basis geeigneter Kalkulationsverfahren zu ermitteln.

1.3.3 Statistik

Als dritter Bestandteil des Rechnungswesens gilt die Statistik. Dabei werden betriebliche Kennzahlen gewonnen und ausgewertet, um die wirtschaftliche Entwicklung des Unternehmens zu dokumentieren bzw. zu überwachen. Gleichzeitig dienen die statistisch aufbereiteten Zahlen auch oftmals als Grundlage für zukünftige Planungen.

Die Statistik bedient sich bei ihrer – oftmals auch optischen – Aufbereitung der Zahlen des Externen und Internen Rechnungswesens. Mit deren Hilfe werden Soll-Ist-Vergleiche, Betriebsvergleiche und Zeitvergleiche durchgeführt.

1.3.4 Controlling/Planungsrechnung

Es kann an dieser Stelle offen bleiben, ob das Controlling ein separater Teilbereich des Rechnungswesens ist oder nicht. Als Grundfunktion des Controllings werden im Allgemeinen die Planung, Steuerung, Information und Kontrolle verstanden. Insbesondere mit dem Datenmaterial der "klassischen" Bereiche des Rechnungswesens werden Schwachstellenanalysen aufgestellt und Zielpläne formuliert (z. B. hinsichtlich zukünftiger Investitionsvorhaben).

2 Ziele des handelsrechtlichen Jahresabschlusses

- Welche Aufgaben hat der handelsrechtliche Jahresabschluss?
- Welche verschiedenen Bilanzauffassungen gibt es?

Lernziele

In der Betriebswirtschaftslehre wurden in der wissenschaftlichen Auseinandersetzung mit Zielen und Aufgaben des Jahresabschlusses unterschiedliche Vorstellungen und Konzeptionen entwickelt, die als „Bilanztheorien" Rechtsprechung und Gesetzgebung in nicht unerheblichem Maße beeinflusst haben. Dies gilt in erster Linie für die statische und die dynamische Bilanzauffassung und ihre jeweiligen Vertreter. Insoweit ist eine Befassung mit den Bilanztheorien nicht nur wissenschaftshistorisch von Interesse, sondern vielfach unerlässlich für das Verständnis unterschiedlicher Konzeptionen zur Ausgestaltung der Rechnungslegungsinstrumente von Unternehmen.

Die Vertreter der **statischen Bilanzauffassung** (insbesondere Nicklisch, 1923 und LeCoutre, 1934) weisen dem Jahresabschluss die Aufgabe zu, im Rahmen eines „Status" stichtagsbezogen die Fähigkeit eines Unternehmens festzustellen, seine Schulden aus vorhandenem Vermögen decken zu können. Damit steht die Bilanz im Vordergrund der Betrachtung, die Ermittlung des Vermögens, der Schulden sowie des Reinvermögens (Vermögen ./. Schulden = Reinvermögen) dominiert, der Gewinn- und Verlustrechnung wird lediglich untergeordnete Bedeutung beigemessen. Letztere fungiert quasi als Unterkonto des Eigenkapitals und dokumentiert lediglich, wodurch sich betrieblich veranlasste Veränderungen des Reinvermögens ergeben haben. Vorrangige Aufgabe des Jahresabschlusses, in diesem Falle der Bilanz, ist es, die Schuldendeckungsfähigkeit (Moxter, 1986) aufzuzeigen. Prinzipiell lässt sich zwischen einer „älteren statischen Schule" (Vertreter insbesondere Fischer und Rehm, die die Vorschriften des ADHGB maßgeblich beeinflusst haben) und einer „neueren", vorwiegend betriebswirtschaftlich ausgerichteten statischen Schule (Nicklisch, LeCoutre) unterscheiden. Die Vertreter der neueren statischen Schule haben z. T. differenzierte Gliederungslehren zum Ausweis der Bilanzposten entwickelt; Simon hat mit seiner Konzeption, Anlage- und Umlaufvermögen unterschiedlich zu bewerten, das Bilanzrecht ganz maßgeblich beeinflusst und mitgestaltet. Die statische Auffassung hat sich, insbesondere in den Vorschriften zur Aufstellung von Inventar und Bilanz (§§ 240f., 264ff. HGB) sowie den handelsrechtlichen Bewertungsvorschriften (§§ 252f. HGB) niedergeschlagen.

Während nach statischer Bilanzauffassung die Feststellung der Schuldendeckungsfähigkeit vorrangig ist, sehen die Vertreter der **dynamischen Bilanzauffassung** (insbes. Schmalenbach, 1919/1962, Walb, 1926/1966 und Kosiol, 1949/1976) die Ermittlung des jeweiligen Periodenerfolges als Hauptaufgabe des Jahresabschlusses. Der Periodenerfolg ist Maßstab der Wirtschaftlichkeit und Mittel zur Steuerung des

Unternehmens und ergibt sich als Differenz zwischen Erträgen und Aufwendungen der Erfolgsrechnung (GuV-Rechnung). Erträge und Aufwendungen dokumentieren Werteentstehung und Werteverzehr, wobei die Erträge an den Einnahmen, die Aufwendungen an den Ausgaben „gemessen“ werden; würde die Rechnungsperiode eines Unternehmens mit dessen Gesamtlebensdauer (= Zeitraum von Gründung bis Liquidation) übereinstimmen, könnte eine Totalerfolgsrechnung des Unternehmens als eine reine Einnahmen-Ausgabenrechnung erstellt werden, da jeder Ertrag mit einer entsprechenden Einnahme, jeder Aufwand mit einer entsprechenden Ausgabe verbunden wäre. Zur Sicherstellung unternehmerischer Dispositionen wie auch unter Beachtung gesetzlicher Vorgaben ist eine solche „Totalperiode“ jedoch in einzelne überschaubare Zeitabschnitte, d. h. in Rechnungsperioden zu zerlegen. Der im Sinne der dynamischen Bilanzauffassung „richtige“ Erfolg einer Rechnungsperiode kann damit nicht über Einnahmen und Ausgaben, sondern nur über die Erträge und Aufwendungen dieser Periode ermittelt werden.

Daraus folgt konsequenterweise, dass Realgüterbewegungen, die mit Einnahmen und Ausgaben verbunden sind und über die laufende Periode hinaus wirken, jeweils abgegrenzt und dementsprechend den Perioden zugerechnet werden müssen. Abgegrenzt wird nach dem Verursachungsprinzip, der Inhalt der dynamischen Bilanz besteht aus liquiden Mitteln, Kapital und Abgrenzungsposten; durch letztere werden „schwebende Geschäfte“, bei denen die Transformation von Geld über Sachwerte bzw. Forderungen und Schulden zu Geld noch nicht abgeschlossen ist, bilanziell dokumentiert.

Die Bilanz stellt damit lediglich ein Hilfsmittel der Erfolgsrechnung dar, ihr Inhalt ist nicht an die statischen Größen „Vermögensgegenstand“ und „Schulden“ gebunden, sie ist vielmehr als transitorisches, der Erfolgsermittlung dienendes Konto zu verstehen.

Weiterentwickelt wurde die „dynamische Bilanz“ u. a. durch Walb („finanzwirtschaftliche Bilanz“) und Kosiol („pagatorische Bilanz“). Die dynamische Bilanzauffassung hat sich vorrangig in den Vorschriften zur GuV (§§ 275f. HGB) sowie in der Bildung von Rechnungsabgrenzungsposten (§ 250 HGB) und Rückstellungen (§ 249 HGB) niedergeschlagen.

Die Bilanztheorien wurden in den vergangenen 50 Jahren durch zahlreiche Arbeiten fortgeführt und weiterentwickelt; dabei sind im Wesentlichen zwei Gruppen zu unterscheiden:

1. Arbeiten, die sich primär mit der Ausgestaltung konkreter handels- und/oder steuerrechtlicher Rechnungslegungsvorschriften befassen und
2. konzeptionelle Ansätze zur Rechnungslegung von Unternehmen. Zur letztgenannten Gruppe zählen z. B. die funktionsanalytische Bilanztheorie (Stützel, 1967) sowie die zahlungsstromorientierten Ansätze von Moxter und Busse von Colbe.

3 Rechnungslegungsvorschriften und Umfang der Rechnungslegung

Lernziele

- Wer muss einen Jahresabschluss aufstellen?
- Welche Bestandteile hat ein Jahresabschluss?

Gemäß § 238 Abs. 1 HGB sind alle Kaufleute zur Buchführung verpflichtet und haben gemäß § 242 Abs. 1 HGB eine Eröffnungsbilanz sowie periodische Jahresabschlüsse zum Ende des Geschäftsjahres zu erstellen. Dabei gilt, dass das Geschäftsjahr (die Rechnungsperiode) zwar i. d. R. mit dem Kalenderjahr übereinstimmt, dies jedoch im Gegensatz zum vorgegebenen 12-Monats-Rhythmus (Ausnahme: Rumpfwirtschaftsjahr) nicht zwingend erforderlich ist (§ 240 Abs. 2 Satz 2 HGB).

Auf wen die Kaufmannseigenschaft zutrifft, bestimmt sich nach den §§ 1 bis 7 HGB. Die Kaufmannseigenschaft und damit auch eine Buchführungspflicht bestehen für den folgenden Personenkreis:

- Kaufmann kraft Gewerbebetrieb = Istkaufmann (§ 1 HGB)

Ein Istkaufmann ist, wer ein Handelsgewerbe betreibt. Handelsgewerbe ist jeder Gewerbebetrieb, es sei denn, dass das Unternehmen nach Art oder Umfang einen in kaufmännischer Weise eingerichteten Geschäftsbetrieb nicht erfordert.

Einen Gewerbebetrieb betreibt jeder, der selbstständig, nachhaltig, mit Gewinnerzielungsabsicht am allgemeinen wirtschaftlichen Verkehr beteiligt ist. Hier bedient sich das Handelsrecht eines Rückgriffs auf das Steuerrecht, § 15 Abs. 2 Satz 1 EStG.

Der Begriff des in kaufmännischer Weise eingerichteten Geschäftsbetriebs ist nicht im Gesetz kodifiziert, sondern ergibt sich aus der gängigen Praxis. Die Art und der Umfang des Gewerbebetriebs (z. B. Umsatz, Beschäftigte, Betriebsvermögen) und das Erfordernis einer kaufmännischen Einrichtung sind maßgebend. Bspw. wird im Handel bei mehr als fünf Mitarbeitern und einem Umsatz über 250.000 € ein Geschäftsbetrieb und somit auch Buchführungspflicht angenommen.

- Kaufmann kraft freiwilliger Eintragung = Kannkaufmann (§ 2 HGB)

Sind die Voraussetzungen für die Kaufmannseigenschaft gemäß § 1 HGB nicht gegeben, besteht für Nichtkaufleute die Option, durch Eintragung ins Handelsregister die Kaufmannseigenschaft zu erlangen. Der Unternehmer ist berechtigt, aber nicht verpflichtet, die Eintragung nach den für die Eintragung kaufmännischer Firmen geltenden Vorschriften herbeizuführen.

- Land- und Forstwirtschaft; Kannkaufmann (§ 3 HGB)

Auf einen Betrieb der Land- und Forstwirtschaft finden die Vorschriften des § 1 HGB keine Anwendung. Land- und Forstwirte, die einen nach Art und Umfang eingerichteten Geschäftsbetrieb benötigen, können sich in das Handelsregister eintragen lassen.

- Kaufmann kraft Eintragung (§ 5 HGB)

Im Handelsregister fälschlicherweise eingetragene Firmen, die kein Handelsgewerbe betreiben, gelten als Kaufmann im Sinne des HGB.

- Kaufmann kraft Rechtsform = Handelsgesellschaften; Formkaufmann(§ 6 HGB)

Die Vorschriften für Kaufleute finden auch auf die Handelsgesellschaften Anwendung; hierunter fallen z. B. Kapitalgesellschaften.

Einzelkaufleute, die an den Abschlussstichtagen von zwei aufeinander folgenden Geschäftsjahren nicht mehr als jeweils 600.000 € Umsatzerlöse und jeweils 60.000 € Jahresüberschuss aufweisen, sind gemäß § 241a Satz 1 HGB von der handelsrechtlichen Buchführungspflicht befreit. Im Falle einer Neugründung treten die Rechtsfolgen schon ein, wenn diese Voraussetzungen am ersten Abschlussstichtag nach der Neugründung vorliegen, § 241a Satz 2 HGB. Diese Einzelunternehmen sollen ihre Rechnungslegung auf eine Einnahmen-Überschuss-Rechnung nach Maßgabe des § 4 Abs. 3 EStG beschränken dürfen. Sie profitieren somit zwar von Kosteneinsparungen, haben jedoch auch weniger Kontrolle über die betriebliche Situation des Unternehmens als bei einer Gewinnermittlung durch Bestandsvergleich.

Die Regelungen zur **steuerlichen Buchführungspflicht** entsprechen weitgehend den handelsrechtlichen, der Kreis der Buchführungspflichtigen wird jedoch durch § 141 AO erweitert (vgl. §§ 140, 141 AO). Nähere Ausführungen zur steuerrechtlichen Buchführungspflicht werden in Teil B Kapitel 2, insb. 2.2.1 gegeben.

Die handelsrechtliche Buchführungspflicht schließt die Pflicht zur Rechnungslegung ein; der Umfang der Rechnungslegungspflicht ist dabei nach Unternehmensrechtsformen differenziert geregelt, d. h. der Jahresabschluss von Einzelunternehmen und Personengesellschaften besteht aus Bilanz und GuV, der Jahresabschluss von nicht kapitalmarktorientierten Kapitalgesellschaften aus Bilanz, GuV und Anhang. Kleinstkapitalgesellschaften i. S. v. § 267a HGB brauchen den Jahresabschluss nicht um einen Anhang zu erweitern, wenn sie die in § 264 Abs. 1 Satz 5 HGB genannten Mindestangaben unter der Bilanz ausweisen.

Die gesetzlichen Vertreter einer kapitalmarktorientierten Kapitalgesellschaft, die nicht zur Aufstellung eines Konzernabschlusses verpflichtet ist, haben wie oben bereits angegeben den Jahresabschluss um eine Kapitalflussrechnung und einen Eigenkapitalspiegel zu erweitern, die mit der Bilanz, GuV und dem Anhang eine Einheit bilden; sie können den Jahresabschluss um eine Segmentberichterstattung erweitern (§ 264 Abs. 1 Satz 2 HGB). Ergänzend hierzu haben mittelgroße und große Kapitalgesellschaften einen Lagebericht zu erstellen.

Der Jahresabschluss muss zum Ende des Geschäftsjahres des Unternehmens erstellt werden. Üblicherweise endet das Geschäftsjahr mit dem Ende des Kalenderjahres; ein vom Kalenderjahr abweichendes Geschäftsjahr ist jedoch grundsätzlich zulässig, darf jedoch ebenfalls nicht den Zeitraum von zwölf Monaten überschreiten. Für Kapitalgesellschaften gilt darüber hinaus, dass der Jahresabschluss

- im Falle kleiner Kapitalgesellschaften und Kleinstkapitalgesellschaften sechs Monate und
- im Falle mittelgroßer und großer Kapitalgesellschaften drei Monate

nach dem Abschlussstichtag aufgestellt worden sein muss (§ 264 Abs. 1 Satz 3 und Satz 4 HGB).

Gemäß §§ 267 und 267a HGB werden dabei die folgenden Größenklassen von Kapitalgesellschaften unterschieden:

Größenklassen von Kapitalgesellschaften

	Kleinstkapitalgesellschaften	Kleine Kapitalgesellschaften	Mittelgroße Kapitalgesellschaften	Große Kapitalgesellschaften
Bilanzsumme in Mio. €	≤ 0,35	> 0,35 ≤ 6	> 6 ≤ 20	> 20
Umsatzerlöse in Mio. €	≤ 0,7	> 0,7 ≤ 12	> 12 ≤ 40	> 40
Jahresdurchschnitt der Zahl der Arbeitnehmer	≤ 10	> 10 ≤ 50	> 50 ≤ 250	> 250

Genau genommen handelt es sich bei der Gruppe der Kleinstkapitalgesellschaften nicht um eine eigenständige Größenklasse, sondern eine Untergruppe der kleinen Kapitalgesellschaften, § 267 Abs. 1 Satz 1 HGB. Erst durch das Kleinstkapitalgesellschaften-Bilanzrechtsänderungsgesetz (MicroBilG) vom 20.12.2012 wurde diese Untergruppe in das HGB aufgenommen, um den betreffenden Unternehmen Erleichterungen bei der Erstellung des Jahresabschlusses einzuräumen.

Für die jeweilige Zuordnung der Kapitalgesellschaft zu einer der vier vorstehend genannten Größenklassen müssen jeweils mindestens zwei der drei Größenmerkmale an zwei aufeinander folgenden Abschlussstichtagen über- oder unterschritten werden. Börsennotierte oder zum geregelten Freiverkehr zugelassene Kapitalgesellschaften gelten gemäß § 267 Abs. 3 HGB stets als große Kapitalgesellschaften. Dies gilt entsprechend, wenn die Zulassung zum amtlichen Handel beantragt wurde.

Eine Überprüfung des Jahresabschlusses (aber auch des Lageberichts, der Finanzbuchhaltung und der Inventur) hinsichtlich der Gesetz- bzw. Ordnungsmäßigkeit muss bei mittelgroßen und großen Kapitalgesellschaften (inkl. GmbH & Co. KGs ohne natürliche Person als Vollhafter) durch externe Prüfer (Wirtschaftsprüfer bzw. vereidigte Buchprüfer) erfolgen; kleine sowie Kleinstkapitalgesellschaften sind nicht prüfungspflichtig, § 316 Abs. 1 Satz 1 HGB.

Je nach Größenklasse müssen Kapitalgesellschaften sowie Personenhandelsgesellschaften ohne natürliche Person als Vollhafter zudem bestimmte Teile bzw. ihren gesamten Jahresabschluss im elektronischen Bundesanzeiger veröffentlichen. Kleinstkapitalgesellschaften, kleinen und mittelgroßen Kapitalgesellschaften werden größenabhängige Erleichterungen bei Erstellung und Offenlegung des Jahresabschlusses eingeräumt, §§ 325 ff. HGB.

4 Grundsätze ordnungsmäßiger Buchführung

- Was sind überhaupt Grundsätze ordnungsmäßiger Buchführung?
- Welche Grundsätze ordnungsmäßiger Buchführung müssen bei Aufstellung des Jahresabschlusses beachtet werden?

Lernziele

4.1 Begriffsklärung und Ermittlung der Grundsätze ordnungsmäßiger Buchführung

Sowohl für die Buchführung als auch die Erstellung des Jahresabschlusses fordert der Gesetzgeber die zwingende Beachtung der Grundsätze ordnungsmäßiger Buchführung (u. a. §§ 238 Abs. 1, 243 Abs. 1, 264 Abs. 2 HGB; § 5 Abs. 1 EStG).

Eine Legaldefinition des Begriffs „Grundsätze ordnungsmäßiger Buchführung“ (GoB) existiert ebenso wenig wie eine einheitliche begriffliche Abgrenzung der Inhalte, die unter diesem Terminus zu subsumieren sind. Einigkeit besteht in der wissenschaftlichen Auseinandersetzung mit den GoB jedoch insoweit, als diese als System an Regeln begriffen werden, das die gesamte Rechnungslegung umfasst: Buchführung, Inventar und Jahresabschluss.

Die Rechtsnatur der GoB wird sehr unterschiedlich interpretiert, das Spektrum reicht von einer Charakterisierung der GoB als Handelsbräuche bis zur Einstufung als Gewohnheitsrecht; nach h. M. werden die GoB heute überwiegend als unbestimmte Rechtsbegriffe interpretiert.

Ebenso wenig wie ein einheitliches Begriffsverständnis existiert ein einheitliches, in sich geschlossenes System dieser GoB, sodass nicht verwundert, dass eine Vielzahl unterschiedlicher Systematisierungsversuche unternommen wurden. So wird z. B. zwischen formalen Grundsätzen der Dokumentation und materiellen Grundsätzen der Rechenschaftslegung oder – im Sinne einer GoB-Hierarchie – zwischen „oberen“ und „unteren“ GoB unterschieden. Da die GoB Buchführung, Inventur/Inventar und den Jahresabschluss umfassen, erscheint es in diesem Kontext zweckmäßig, der h. M. folgend – analog Barth – das System der GoB in die Subsysteme

- Grundsätze ordnungsmäßiger Buchführung im engeren Sinne,
- Grundsätze ordnungsmäßiger Inventur und
- Grundsätze ordnungsmäßiger Bilanzierung

zu gliedern.

Die GoB i. e. S. stellen auf die Buchführung als vorrangig formales Dokumentationsinstrument ab, während die Grundsätze ordnungsmäßiger Inventur und Bilanzierung vorrangig die Rechenschaftslegung mittels Jahresabschluss betreffen. Dabei ist naturgemäß zu berücksichtigen, dass sich Bilanzierungs- und Bewertungsentscheidungen in der Buchführung niederschlagen und andererseits die laufende Buchführung nicht losgelöst von bilanzpolitischen Zielen des Unternehmens erfolgen kann, sodass eine sachlogisch stringente Trennung dieser Teilsysteme der GoB nur bedingt gerechtfertigt erscheinen kann.

Durch das BiRiLiG wurde im Zuge der Umsetzung der 4. EG-Richtlinie in nationales Recht „... eine Reihe von Grundsätzen kodifiziert, die bislang gemeinhin als nicht kodifizierte Grundsätze ordnungsmäßiger Buchführung (GoB) angesehen wurden und Geltung beansprucht haben..." (ADS 1995, Rn. 10 zu § 243 HGB). Als Beispiele hierfür lassen sich u. a. nennen:

- Klarheit und Übersichtlichkeit (§§ 238 Abs. 1 Satz 2, 243 Abs. 2, 247 Abs. 1 HGB)
- Richtigkeit und Vollständigkeit, Belegprinzip (§§ 238 Abs. 1 Satz 3, 238 Abs. 2, 239 Abs. 1 Satz 1, 239 Abs. 2, 239 Abs. 4 HGB)
- Bilanzidentität (§ 252 Abs. 1 Nr. 1 HGB)
- Vollständigkeit (§§ 239 Abs. 2, 246 Abs. 1 HGB)
- Einzelbewertung (§ 252 Abs. 1 Nr. 3 HGB)
- Grundsatz der Vorsicht (§§ 252 Abs. 1 Nr. 4, 253 Abs. 1 bis 4 HGB).

Auch wenn im Kontext der Umsetzung der 4. EG-Richtlinie eine umfassende Kodifizierung der GoB im HGB vollzogen wurde, wäre ein abschließend kodifiziertes System an GoB nicht sinnvoll, da die Wirtschaftspraxis dynamischen Veränderungsprozessen unterworfen ist, die sich naturgemäß in z. T. erheblichem Maße auf die Rechnungslegung auswirken und denen durch eine notwendige Fortentwicklung des GoB-Systems entsprochen werden muss. Beispielhaft sei hier auf die Bilanzierung von Software, von Leasingvertragsverhältnissen oder auf die EDV-Buchführung und die daraus resultierenden Konsequenzen für Aufbewahrung von Büchern und Speicherung von Daten verwiesen.

Bezüglich der Ermittlung der GoB wird i. d. R. zwischen induktiver und deduktiver Ermittlung unterschieden:

Bei **induktiver Ermittlung** werden aus der Anschauung ordentlicher und ehrenwerter Kaufleute über eine ordnungsmäßige Buchführung und Bilanzierung entsprechende Grundsätze abgeleitet, maßgeblich ist somit letztlich die allgemeine Verkehrsauffassung der Wirtschaftspraxis. Obwohl die induktive Vorgehensweise mit zahlreichen Problemen verbunden ist und Zulässigkeit und Ergiebigkeit zurecht in Frage gestellt werden, hat die Rechtsprechung die induktive Ermittlung der GoB immer wieder bestätigt. Beispielhaft genannt sei das BFH-Urteil vom 25.02.1986: Im Zuge der Entscheidungsfindung hatte der BFH Stellungnahmen sowohl des IDW als auch des DIHT eingeholt, um die Usancen der Praxis angemessen berücksichtigen zu können. Eine induktive Ableitung der GoB wird jedoch immer dann scheitern müssen, wenn es sich um neuartige Fragestellungen handelt, bei denen sich noch keine Bilanzierungspraxis bilden konnte; zudem ist zu berücksichtigen, dass letztlich nicht die Gepflogenheiten der Wirtschaftspraxis entscheidend sein können, sondern vielmehr die Wirtschaftspraxis durch die GoB zu bestimmten Gepflogenheiten veranlasst werden muss.

Insoweit wird eine rein induktive Ermittlung nicht in Betracht kommen können, die GoB sind vielmehr **deduktiv** aus den Zielen und Zwecken der Rechnungslegung abzuleiten. Als Entscheidungshilfe bei der Deduktion kommen vor allem Gesetz, Gesetzesentstehung, Rechtsprechung und Fachliteratur in Betracht. Der deduktiven Methode sind allerdings dann Grenzen gesetzt, wenn ein allgemein anerkanntes und in sich (sachlogisch) geschlossenes Ziel- und Zwecksystem der Rechnungslegung fehlt. Angesichts dieser wohl unstrittigen Tatsache verwundert es nicht, dass versucht wurde und wird, die Ermittlungsmethodik der GoB fortzuentwickeln. Beispielhaft hierfür seien die interdisziplinäre sowie die hermeneutische Methode genannt.

4.2 Grundsätze ordnungsmäßiger Buchführung i. e. S.

§ 239 Abs. 2 HGB enthält betreffend der Dokumentation formale Vorgaben:

- Der Grundsatz der Vollständigkeit bestimmt, dass alle Geschäftsvorfälle lückenlos erfasst werden müssen.
- Nach dem Grundsatz der Wahrheit müssen alle Geschäftsvorfälle sachlich (formell, d. h. bspw. beim Maschinenkauf, der bar erfolgt, darf keine Buchung über Bank erfolgen) und rechnerisch (materiell, d. h. korrekter Betrag) richtig aufgezeichnet werden. Dies wird dadurch gewährleistet, dass keine Buchung ohne Beleg erfolgen darf.
- Die Geschäftsvorfälle sind nach dem Grundsatz der Zeitnähe unverzüglich, zumindest zeitnah buchtechnisch zu erfassen.
- Der Grundsatz der Klarheit bestimmt, dass die Buchführung so beschaffen sein muss, dass ein sachverständiger Dritter in die Lage versetzt wird, sich innerhalb angemessener Zeit einen Überblick über die Geschäftsvorfälle und die Vermögenslage des Unternehmens zu verschaffen (§ 238 Abs. 1 Satz 2 HGB). Dabei muss
  - die Führung der Handelsbücher in lebendiger Sprache (d. h. z. B. nicht in Latein) erfolgen (§ 239 Abs. 1 Satz 1 HGB), d. h. nach h. M. in der Muttersprache,
  - bei Verwendung von Abkürzungen, Ziffern, Buchstaben bzw. Symbolen deren Bedeutung festliegen (§ 239 Abs. 1 Satz 2 HGB),
  - eine gegebenenfalls notwendige Fehlerkorrektur offen erfolgen (§ 239 Abs. 3 HGB),
  - die Einhaltung bestimmter Aufbewahrungsfristen für die Handelsbücher, Inventare, Buchungsbelege, Geschäftsbriefe usw. erfolgen (§ 257 HGB).

4.3 Grundsätze ordnungsmäßiger Bilanzierung

Auf den GoB i. e. S. aufbauend existieren eine Reihe Grundsätze ordnungsmäßiger Bilanzierung (GoBil). Es wird zwischen allgemeinen Grundsätzen der Bilanzierung, Grundsätzen für Ansatz und Gliederung und Bewertungsprinzipien unterschieden. Letztere werden erst in Teil A Kapitel 6.1 behandelt, da sie inhaltlich zu den Bewertungsvorschriften des Jahresabschlusses gehören.

1. Allgemeine Grundsätze der Bilanzierung
   - Der Jahresabschluss ist gemäß § 243 Abs. 1 HGB nach handelsrechtlichen Grundsätzen ordnungsmäßiger Buchführung zu erstellen (sog. Generalnorm). Für Kapitalgesellschaften wird diese Vorschrift um § 264 Abs. 2 HGB ergänzt, der besagt, dass der Jahresabschluss einen Einblick in die tatsächliche Vermögens-, Finanz- und Ertragslage unter Beachtung der Grundsätze ordnungsmäßiger Buchführung geben muss.
   - Der Jahresabschluss ist gemäß § 243 Abs. 3 HGB fristgerecht zu erstellen. Jahresabschlüsse sind innerhalb einer Zeit aufzustellen, die einem ordnungsmäßigen Geschäftsgang entspricht. Nach § 264 Abs. 1 Satz 3 HGB haben große und mittelgroße Kapitalgesellschaften ihren Jahresabschluss innerhalb der ersten drei Monate nach dem Abschlussstichtag aufzustellen. Für Kleinstkapitalgesellschaften und kleine Kapitalgesellschaften i. S. d. §§ 267, 267a HGB verlängert sich der Aufstellungszeitraum auf sechs Monate (§ 264 Abs. 1 Satz 4 HGB).
   - Der Jahresabschluss ist gemäß § 245 HGB vom Kaufmann unter Angabe des Datums zu unterzeichnen. Sind mehrere persönlich haftende Gesellschafter vorhanden, so haben sie alle zu unterzeichnen.
2. Grundsätze, die den Ansatz und die Gliederung des Jahresabschlusses betreffen
   - Der Grundsatz der Vollständigkeit (§ 246 Abs. 1 HGB) bestimmt, dass der Jahresabschluss sämtliche Vermögensgegenstände, Schulden, Rechnungsabgrenzungsposten, Aufwendungen und Erträge zu enthalten hat, soweit gesetzlich nichts anderes bestimmt ist. Die Norm bezieht sich auf die Frage, was angesetzt werden muss (Bilanzierung dem Grunde nach), nicht darauf, mit welchem Wert dies zu erfolgen hat (Bilanzierung der Höhe nach).
   - Der Grundsatz des Bruttoausweises (Saldierungsverbot) verbietet im § 246 Abs. 2 HGB eine Verrechnung von Aktivposten mit Passivposten, Aufwendungen mit Erträgen und Grundstücksrechten mit Grundstückslasten. Es soll damit der Möglichkeit von Bilanzverschleierungen durch kompensatorische Wirkungen entgegengewirkt werden.
     Eine Ausnahme stellt gemäß § 246 Abs. 2 Satz 2 HGB die Verrechnungsmöglichkeit von Vermögensgegenständen mit Schulden aus Altersversorgungsverpflichtungen dar, die dem Zugriff aller übrigen Gläubiger entzogen sind und ausschließlich der Erfüllung dieser Schulden dienen.
   - Der Grundsatz der Bilanzklarheit (§ 243 Abs. 2 HGB) fordert, dass der Jahresabschluss klar und übersichtlich aufzustellen ist. Diese Klarheit und Übersichtlichkeit wird für Kapitalgesellschaften in den Gliederungsvorschriften der Bilanz (§ 266 HGB) und der GuV (§ 275 HGB) konkretisiert.
   - Nach dem Grundsatz der Darstellungsstetigkeit (sog. formelle Bilanzkontinuität) sind für alle Kaufleute gemäß § 246 Abs. 3 HGB die auf den Jahresabschluss angewandten Ansatzmethoden beizubehalten. Darüber hinaus haben gemäß § 265 Abs. 1 HGB Kapitalgesellschaften die Gliederung der Bilanz und der GuV beizubehalten.
   - Der Grundsatz der Sprache und Währung (§ 244 HGB) gibt an, dass der Jahresabschluss in deutscher Sprache und in Euro aufzustellen ist.

5 Bilanzgliederung und Inhalt der Bilanz (Bilanzansatznormen)

Lernziele

- Wie ist eine Bilanz gegliedert?
- Welche Posten müssen bzw. können auf der Aktiv- und Passivseite der Bilanz ausgewiesen werden?
- Welche Vermögensgegenstände sind im Anlagevermögen bzw. Umlaufvermögen auszuweisen?
- Welche weiteren Positionen sind zusätzlich auf der Aktivseite auszuweisen?
- Welche Besonderheiten sind im Eigenkapital, den Rückstellungen und den Verbindlichkeiten auf der Passivseite zu beachten?
- Was sind Rechnungsabgrenzungsposten?

5.1 Bilanzgliederung

Die Bilanz ist eine Zeitpunktrechnung, die zum jeweiligen Abschlussstichtag erstellt wird und Mittelherkunft und Mittelverwendung dokumentiert; darüber hinaus ist die Bilanz eine Rückschaurechnung, die die Ergebnisse struktureller Veränderungen von Vermögen und Kapital der zurückliegenden Rechnungsperiode kenntlich macht. Dabei ist zu berücksichtigen, dass die Bilanz nur eine Momentaufnahme ist, d. h. einen Ausschnitt aus einer Totalperiode zum Gegenstand hat.

Die wesentlichen Aufgaben, die die Bilanz zu erfüllen hat, liegen in der Darstellung der Vermögens-, Finanz- und Ertragslage und lassen sich wie folgt zusammenfassen:

Die primäre Aufgabe der Bilanz ist die Darstellung der Vermögens- und Finanzlage des Unternehmens, insbesondere ein Nachweis der Schuldendeckungsfähigkeit im Sinne der statischen Bilanzauffassung. Um ein Unternehmen gründen und betreiben zu können, ist es erforderlich, das Unternehmen mit Kapital auszustatten, das von Anteilseignern oder Gläubigern zur Verfügung gestellt werden kann. Dieser abstrakten Kapitalverpflichtung entspricht ein konkreter Vermögenstransfer, sodass letztlich Kapital und Vermögen wertidentisch sind (Bilanzgleichung, Bilanzaxiom). Durch unternehmerische Prozesse (einer Rechnungsperiode) verändern sich Kapital und Vermögen ständig sowohl in struktureller, als auch in wertmäßiger Hinsicht. Das in der Bilanz ausgewiesene Kapital entspricht damit der Summe der Vermögenswerte eines Unternehmens.

Die Bilanz übernimmt darüber hinaus quasi als Hilfsfunktion die Aufgabe der Ermittlung des Periodenerfolges. Die Ermittlung und Dokumentation des Periodenerfolges erfolgt durch Bestandsvergleich. Um den Periodengewinn zu ermitteln, ist es allerdings regelmäßig erforderlich, aufeinander folgende Rechnungsperioden so abzugrenzen, dass eine formal und materiell korrekte Periodenerfolgsermittlung sichergestellt ist. Der Abgrenzung aufeinanderfolgender Rechnungsperioden dienen Rechnungsabgrenzungsposten und sog. Bilanzierungshilfen.

Grundsätzlich ist die Art der Bilanzgliederung für jeden Kaufmann frei bestimmbar. Während jedoch bei Nicht-Kapitalgesellschaften keine vom Gesetzgeber festgelegte Mindestgliederung für die Bilanz beachtet werden muss, ist die Bilanz der Kapitalgesellschaft als Gegenüberstellung von Vermögen und Kapital gemäß § 266 Abs. 1 Satz 1 HGB in Kontoform zu erstellen. Hierbei sind die Mindestgliederungsvorgaben des § 266 Abs. 2 und Abs. 3 HGB zwingend zu beachten; dies gilt für eingetragene Genossenschaften und Unternehmen, die unter das PublG fallen, entsprechend. Abweichungen sind nur in besonderen, gesetzlich geregelten Ausnahmefällen zulässig, so z. B. wenn

- mehrere Geschäftszweige vorhanden sind (§ 265 Abs. 4 HGB),
- die Gliederung und die Postenbezeichnung geändert werden (§ 265 Abs. 6 HGB),
- Formblätter für bestimmte Geschäftszweige oder Branchen zugrunde zu legen sind (§ 330 HGB),
- bestimmte Posten wertmäßig nicht besetzt sind (§ 265 Abs. 8 HGB),
- Aufstellungserleichterungen eingeräumt werden (§ 266 Abs. 1 HGB),
- Erleichterungen bei der Offenlegung mittelgroßer Kapitalgesellschaften eingeräumt werden (§ 327 HGB),
- Posten zusammengefasst werden (§ 265 Abs. 7 HGB) oder
- die Gliederung erweitert wird (§ 265 Abs. 5 HGB).

Die Gliederung gemäß § 266 HGB ist für mittelgroße und große Kapitalgesellschaften verpflichtend einzuhalten. Kleine Kapitalgesellschaften können die Gliederung der Bilanz gemäß § 266 Abs. 1 Satz 3 HGB auf die mit Buchstaben und römischen Zahlen bezeichneten Posten reduzieren. Kleinstkapitalgesellschaften können sich wiederum auf die mit Buchstaben bezeichneten Posten beschränken, § 266 Abs. 1 Satz 4 HGB. Soweit die für mittelgroße und große Kapitalgesellschaften obligatorische Bilanzgliederung geändert wird, ist sicherzustellen, dass der Informationsgehalt hierdurch nicht beeinträchtigt wird.

Die verkürzte Bilanz kleiner Kapitalgesellschaften weist folgende Struktur auf:

Aktiva — Bilanz	Passiva
A. Anlagevermögen	A. Eigenkapital
I. Immaterielle Vermögensgegenstände	I. Gezeichnetes Kapital
II. Sachanlagen	II. Kapitalrücklage
III. Finanzanlagen	III. Gewinnrücklagen
	IV. Bilanzgewinn/-verlust
B. Umlaufvermögen	B. Rückstellungen
I. Vorräte	C. Verbindlichkeiten
II. Forderungen und sonstige Vermögensgegenstände	D. Rechnungsabgrenzungsposten
III. Wertpapiere	
IV. Liquide Mittel	
C. Rechnungsabgrenzungsposten	
D. Aktiver Unterschiedsbetrag aus der Vermögensverrechnung	
Bilanzsumme	Bilanzsumme

Kleinstkapitalgesellschaften können folgende verkürzte Bilanz aufstellen:

Aktiva	Bilanz Passiva
A. Anlagevermögen	A. Eigenkapital
B. Umlaufvermögen	B. Rückstellungen
C. Rechnungsabgrenzungsposten	C. Verbindlichkeiten
D. Aktiver Unterschiedsbetrag aus der Vermögensverrechnung	D. Rechnungsabgrenzungsposten
Bilanzsumme	Bilanzsumme

Da die Bilanz am Ende des Geschäftsjahres ausgeglichen sein muss, müssen die Bilanzsumme der Aktiv- und die Bilanzsumme der Passivseite wertgleich sein (Grundgleichung der Bilanz).

Die vertikale Gliederung folgt auf der Aktivseite dem sogenannten Ablaufprinzip, das auch als Liquiditäts- oder Liquidisierungsprinzip bezeichnet wird. Daraus ergibt sich entsprechend dem Wiedergeldwerdungsprozess bei Unternehmensfortführung die Unterscheidung in Anlagevermögen mit längerfristiger Kapitalbindung und Umlaufvermögen mit tendenziell kurzfristiger Kapitalbindung. Das Liquidisierungsprinzip lässt sich auch innerhalb des Umlaufvermögens mit der Gliederungsfolge von Vorräten über Forderungen zu den Liquiden Mitteln nachweisen.

Auf der Passivseite wird nach der rechtlichen Herkunft des Kapitals in Eigenkapital und Fremdkapital unterschieden. Mit dem rechtlichen Charakter des Kapitals verbindet sich auch die Vorstellung einer bestimmten Fristigkeit in dem Sinne, dass Eigenkapital grundsätzlich unbefristet überlassen wird, während Fremdkapital lediglich befristet dem Unternehmen überlassen wurde.

5.2 Bilanzinhalt

5.2.1 Abstrakte vs. konkrete Bilanzierungsfähigkeit

Die Bilanzierung dem Grunde nach und die Bilanzierung der Höhe nach (= Bewertung) sind in einer gedanklich-prozessualen Abfolge zu sehen: Zunächst ist zu entscheiden, ob ein Objekt in der Bilanz ausgewiesen werden muss, kann oder nicht ausgewiesen werden darf; im Anschluss hieran ist zu klären, mit welchem Wert ein bilanzierungsfähiges Objekt ausgewiesen werden muss oder ausgewiesen werden kann.

§ 242 Abs. 1 Satz 1 HGB verpflichtet dazu, periodisch einen das Verhältnis des Vermögens und der Schulden darstellenden Abschluss, d. h. eine Handelsbilanz, zu erstellen. Der Inhalt der Bilanz wird damit wesentlich durch die Auslegung der Begriffe „Vermögensgegenstand" bzw. „Schuld" bestimmt. Der Gesetzgeber hat beide Begriffe nicht definiert, sodass sie nach Maßgabe der GoB abzugrenzen sind. In allgemeiner Form ist im Hinblick auf die Abgrenzung der Begriffe, wie auch im Hinblick auf die bilanzielle Erfassung wirtschaftlicher Sachverhalte, zwischen allgemeiner (abstrakter) und konkreter Bilanzierbarkeit zu unterscheiden:

Abstrakte Bilanzierungsfähigkeit ist gegeben, wenn ein bestimmter wirtschaftlicher Sachverhalt definierte und z. T. kodifizierte Tatbestandsmerkmale erfüllt und damit einem Bilanzposten abstrakt zugeordnet werden kann.

Konkrete Bilanzierungsfähigkeit bedeutet, dass ein wirtschaftlicher Sachverhalt, der abstrakt bilanzierungsfähig ist, auch in Form eines konkreten Bilanzpostens berücksichtigt werden kann oder muss, sofern nicht aufgrund zusätzlicher kodifizierter Kriterien ein Bilanzierungsverbot einschlägig ist.

Das Spektrum der Meinungen, welche Merkmale/Kriterien der Bestimmung der **Bilanzierungsfähigkeit von Vermögensgegenständen** zugrunde zu legen seien, ist breit gefächert. Als Kriterien werden u. a. „Einzelbeschaffbarkeit", „Einzelveräußerbarkeit", „Einzelverwertbarkeit", „Entgeltlichkeit", „Einzelbewertbarkeit" usw. genannt, wobei sich die unterschiedlichen Positionen vereinfacht wie folgt zusammenfassen lassen:

1. Die h. M. vertritt die Auffassung, der Einzelverwertbarkeit komme handelsrechtlich als Definitionsmerkmal entscheidende Bedeutung bei. Abgestellt wird demnach auf die Fähigkeit von Gütern, mithilfe ihres wirtschaftlichen verwertbaren Potenzials zur Deckung der Schulden des Unternehmens beizutragen.
2. Aus dem Maßgeblichkeitsgrundsatz leitet der Große Senat des BFH für die Bilanzierung ab, dass der steuerrechtliche Begriff „Wirtschaftsgut" mit dem handelsrechtlichen Begriff „Vermögensgegenstand" übereinstimmt (BFH-Urteil vom 26.10.1987). Unter gleichzeitiger Berücksichtigung der Fortführungskonzeption des BFH können jedoch auch „...tatsächliche Zustände, konkrete Möglichkeiten und Vorteile für den Betrieb, deren Erlangung sich der Kaufmann etwas kosten lässt..." (BFH-Urteil vom 09.07.1986), ein Wirtschaftsgut sein. Voraussetzungen hierfür sind, dass diese vermögenswerten Vorteile durch Aufwendungen erworben wurden, selbstständig bewertbar sind und einen über die Rechnungsperiode hinausreichenden Nutzen erwarten lassen (hierzu auch Teil B Kapitel 5.1). Insoweit korrespondiert zwar der Begriff „positives Wirtschaftsgut" des Steuerrechtes mit dem handelsrechtlichen Begriff „Vermögensgegenstand", eine vollständige inhaltliche Übereinstimmung ist jedoch nicht gegeben (siehe auch BFH-Beschluss vom 07.08.2000 zur phasengleichen Dividendenvereinnahmung).

Soweit Vermögensgegenstände abstrakt und konkret bilanzierungs-, d. h. aktivierungsfähig sind, muss geprüft werden, inwieweit eine persönliche Zurechnung zum Betriebsvermögen des Unternehmens in Betracht kommen kann bzw. muss. Dies ergibt sich zwingend aus der Formulierung des Gesetzgebers, wonach der Kaufmann seine Grundstücke, Forderungen und Schulden im Inventar aufzuzeichnen hat (§ 240 Abs. 1 HGB). Die handels- und steuerrechtliche Bilanzierung geht heute jeweils vom Prinzip der **wirtschaftlichen Betrachtungsweise** aus. Im Rahmen der wirtschaftlichen Betrachtungsweise muss geprüft werden, wem das Wirtschaftsgut zuzuordnen ist. I.d.R. wird die Zurechnung nach dem bürgerlich-rechtlichen Eigentum vorgenommen werden können. Diese Vermutung wird durch § 903 BGB verstärkt, wonach „der Eigentümer einer Sache ... mit der Sache nach Belieben verfahren [kann] und andere von jeder Einwirkung ausschließen [kann]". Darüber hinaus ist gemäß § 929 BGB „zur Übertragung des Eigentums an einer beweglichen Sache erforderlich, dass der Eigentümer die Sache dem Erwerber übergibt und beide darüber einig sind, dass das Eigentum übergehen soll".

Für die Fälle, in denen die absolute Verfügungsgewalt des Eigentümers i. S. d. BGB während der Nutzungsdauer eines Vermögensgegenstandes eingeschränkt oder ausgeschlossen ist, hat die Steuerrechtsprechung das Institut des sog. „wirtschaftlichen Eigentums" entwickelt. Dies wird z. B. relevant bei Lieferung unter Eigentumsvorbehalt, Sicherungsübereignung und bestimmten Leasing-Vertragsverhältnissen, bei denen bürgerlich-rechtliches Eigentum und wirtschaftliche Verfügungsgewalt auseinanderfallen. Der steuerlichen Rechtsprechung hat der Gesetzgeber durch § 39 AO entsprochen. Danach sind zwar Wirtschaftsgüter i. d. R. dem (bürgerlich-rechtlichen) Eigentümer zuzurechnen, abweichend hiervon ist jedoch immer dann eine Zurechnung zum „wirtschaftlichen Eigentümer" erforderlich, wenn dieser gemäß § 39 Abs. 2 Nr. 1 AO die tatsächliche Herrschaft über ein Wirtschaftsgut in der Weise ausübt, dass er den Eigentümer im Regelfall für die gewöhnliche Nutzungsdauer von der Einwirkung auf das Wirtschaftsgut wirtschaftlich ausschließen kann (hierzu auch Teil B Kapitel 3.2). Das wirtschaftliche Eigentum setzt voraus, dass der Kaufmann die Gegenstände wie seine eigenen nutzen darf und für ihren Verlust haftet wie bei seinem juristischen Eigentum. Er muss, wirtschaftlich betrachtet, über den Vermögensgegenstand weitestgehend unabhängig vom rechtlichen Eigentümer verfügen können.

Die wirtschaftliche Betrachtungsweise ist im Handelsrecht durch den § 246 Abs. 1 Satz 2 HGB konkretisiert: „Vermögensgegenstände sind in der Bilanz des Eigentümers aufzunehmen; ist ein Vermögensgegenstand nicht dem Eigentümer, sondern einem anderen wirtschaftlich zuzurechnen, hat dieser ihn in seiner Bilanz auszuweisen."

Soweit Vermögensgegenstände bilanzierungsfähig und dem Betriebsvermögen (nähere Ausführungen dazu siehe Teil B Kapitel 3.3) zugehörig sind, folgt aus dem Vollständigkeitsgebot des § 246 Abs. 1 Satz 1 HGB grundsätzlich die Bilanzierungspflicht. Bilanzierungsfähigkeit führt damit automatisch zur Bilanzierungspflicht, soweit nicht Bilanzierungswahlrechte oder Bilanzierungsverbote kodifiziert sind oder Bilanzierungshilfen in Anspruch genommen werden können.

Bilanzierungshilfen sind keine Vermögensgegenstände, sie lassen sich vielmehr als Bilanzposten begreifen, die der Erfolgsabgrenzung aufeinander folgender Rechnungsperioden dienen. Damit folgt der Gesetzgeber konzeptionellen Vorstellungen der dynamischen Bilanzauffassung und lässt die Bilanzierung von Sachverhalten in der Handelsbilanz zu, die den Anforderungen, welche regelmäßig an die Bilanzierbarkeit von Vermögensgegenständen zu stellen sind, nicht genügen. Bilanzierungshilfen, zu denen der Aktivposten „Aktive latente Steuern" gemäß § 274 Abs. 1 Satz 2 HGB zählt, werden in Teil A Kapitel 5.2.2.4 behandelt.

Das Vollständigkeitsgebot des § 246 Abs. 1 Satz 1 HGB wird in bestimmten Fällen durch **Bilanzierungswahlrechte** durchbrochen, d. h. die Ansatzentscheidung wird in das Ermessen des bilanzierenden Unternehmens gestellt. Solche Bilanzierungswahlrechte bestehen z. B. für das Disagio gemäß § 250 Abs. 3 HGB und selbst geschaffene immaterielle Vermögensgegenstände des Anlagevermögens gemäß § 248 Abs. 2 Satz 1 HGB.

Handelsrechtliche **Bilanzierungsverbote** wurden rechtsformneutral im HGB verankert. Bilanzierungsverbote sind zu beachten für:

- Selbst geschaffene Marken, Drucktitel, Verlagsrechte, Kundenlisten oder vergleichbare immaterielle Vermögensgegenstände des Anlagevermögens gemäß § 248 Abs. 2 Satz 2 HGB,

- Aufwendungen für die Gründung des Unternehmens gemäß § 248 Abs. 1 Nr. 1 HGB,
- Aufwendungen für die Beschaffung des Eigenkapitals gemäß § 248 Abs. 1 Nr. 2 HGB,
- Aufwendungen für den Abschluss von Versicherungsverträgen gemäß § 248 Abs. 1 Nr. 3 HGB und
- einen originären Firmenwert gemäß § 248 Abs. 2 HGB i.V.m. § 246 Abs. 1 Satz 4 HGB.

Gemäß § 242 Abs. 1 HGB hat der Jahresabschluss, genauer die Bilanz, abstrakt **Schulden** aufzunehmen. Schulden (= passive Wirtschaftsgüter im steuerrechtlichen Sinne) lassen sich regelmäßig durch folgende Definitionsmerkmale kennzeichnen:

- Bestehende rechtliche oder wirtschaftliche Verpflichtungen gegenüber Dritten, denen sich das Unternehmen aus rechtlichen, wirtschaftlichen oder sittlichen Gründen nicht entziehen kann,
- die in einer späteren Periode mit hinreichender Sicherheit zu Ausgaben führen und
- als selbstständig bewertbare wirtschaftliche Lasten abgegrenzt werden können.

Während Teile der Literatur auf der Basis dieser Abgrenzung Verbindlichkeiten und Rückstellungen ohne weitere Differenzierung als „Schulden" begreifen, sind nach h.M. lediglich Verbindlichkeiten und Schuldrückstellungen (z.B. Garantierückstellungen oder Steuerrückstellungen) als Schulden zu interpretieren. Aufwandsrückstellungen haben demgegenüber nach dieser Auffassung eher den Charakter von Wertberichtigungen bzw. zweckgebundenen Rücklagen.

Soweit Schulden bilanzierungsfähig sind, folgt wieder aus dem Vollständigkeitsprinzip gemäß § 246 Abs. 1 Satz 1 HGB grundsätzlich die Bilanzierungspflicht. Auch passive Bilanzierungsfähigkeit führt damit automatisch zur Bilanzierungspflicht, soweit nicht Bilanzierungswahlrechte oder Bilanzierungsverbote kodifiziert sind.

Somit besteht neben der Pflicht zur Passivierung von Schulden die Passivierungspflicht für Eigenkapital nach § 247 Abs. 1 HGB, von passiven Rechnungsabgrenzungsposten (§§ 246, 250 Abs. 2 HGB) und passiven latenten Steuern (§ 274 Abs. 1 Satz 1 HGB).

Bilanzierungswahlrechte bestehen auf der Passivseite für:

- Pensionsrückstellungen, soweit der Rechtsanspruch aufgrund einer Versorgungsleistung vor dem 01.01.1987 erworben wurde oder sich ein vor diesem Zeitpunkt erworbener Rechtsanspruch nach dem 31.12.1986 erhöht hat (Art. 28 Abs. 1 Satz 1 EGHGB),
- mittelbare Pensionsverpflichtungen mit Unterdeckung (Art. 28 Abs. 1 Satz 2 EGHGB).

5.2.2 Aktivierungsnormen

5.2.2.1 Anlagevermögen

Gemäß § 247 Abs. 2 HGB sind als Anlagevermögen nur die Gegenstände auszuweisen, die dazu bestimmt sind, dauernd dem Geschäftsbetrieb zu dienen. Maßgebend für den Ausweis eines Vermögensgegenstandes unter der Postengruppe „Anlagevermögen" ist damit die Zweckbestimmung und die Dauer der zweckbestimmten Zugehörigkeit. Als objektive Kriterien zur Abgrenzung der Zweckbestimmung kommen die Art oder Natur des Gegenstandes, der Geschäftszweig des Unternehmens sowie die tatsächliche Verwendung des Gegenstandes im Unternehmen in Betracht; die beispielhafte Aufzählung typischer Gegenstände des Anlagevermögens im Gliederungsschema des § 266 Abs. 2 und 3 HGB vermittelt lediglich Anhaltspunkte. Damit umfasst das Anlagevermögen Vermögensgegenstände, deren Nutzungsabgabe über eine gewisse Zeit erfolgt, oder negativ ausgedrückt: Vermögensgegenstände, die nicht der Weiterverarbeitung im Rahmen des Produktionsprozesses unterliegen.

Die Abgrenzung dessen, was unter „dauernd“ zu verstehen ist, kann i. d. R. nicht rein zeitlich vorgenommen werden (bei einer Betriebszugehörigkeit von weniger als zwölf Monaten wird i. d. R. allerdings Umlaufvermögen vermutet); maßgebend ist auch hier letztlich die Zweckbestimmung am Abschlussstichtag, sodass die Bindungsdauer letztlich ein derivatives Abgrenzungskriterium darstellt.

Die Entwicklung der einzelnen Posten des Anlagevermögens ist im Anhang darzustellen (§ 284 Abs. 3 HGB). Durch ein solches **Anlagengitter** (vielfach auch: Anlagenspiegel) soll insbesondere die Investitionstätigkeit in der zurückliegenden Rechnungsperiode kenntlich gemacht werden, auch wenn dieser Zielsetzung aus sehr unterschiedlichen Gründen nur bedingt entsprochen wird: Die Informationen sind unvollständig, da z. B. leasingfinanzierte Investitionen i. d. R. nicht berücksichtigt sind und nicht verdeutlicht wird, ob Erweiterungs-, Rationalisierungs- oder Ersatzinvestitionen durchgeführt wurden. Das Anlagengitter ist – der angelsächsischen Bilanzierungspraxis folgend – nach der direkten Bruttomethode aufgebaut: Ausgangsgröße sind die (historischen) Anschaffungs- oder Herstellungskosten der zu Periodenbeginn zum Anlagevermögen zugehörigen Vermögensgegenstände; neben Zugängen, Abgängen, Umbuchungen und Zuschreibungen werden im Anlagengitter die bis zum Ende der Rechnungsperiode insgesamt angefallenen, kumulierten Abschreibungen ausgewiesen, sodass abschließend die Restbuchwerte der Vermögensgegenstände ausgewiesen werden können. In der Praxis sind regelmäßig unterschiedliche Darstellungsformen üblich, vielfach werden auch – zulässigerweise – Spalten zusammengefasst (z. B. Zu- und Abschreibungen). Kleine Kapitalgesellschaften und Kleinstkapitalgesellschaften sind gemäß § 288 Abs. 1 Nr. 1 i. V. m. § 284 Abs. 3 HGB von der Verpflichtung befreit, ein Anlagengitter zu erstellen.

§ 266 Abs. 2 HGB unterteilt das Anlagevermögen in die Kategorien „Immaterielle Vermögensgegenstände“, „Sachanlagen“ und „Finanzanlagen“.

5.2.2.1.1 Immaterielle Vermögensgegenstände

Immaterielle Vermögensgegenstände sind weder im Handels- noch im Steuerrecht definiert. In Anlehnung an den Beschluss des Großen Senats des BFH vom 03.02.1969 lassen sie sich wie folgt definieren:

Immaterielle Vermögensgegenstände sind

- Rechte, Möglichkeiten, besondere Vorteile für den Betrieb,
- zu deren Erlangung Aufwendungen gemacht werden,
- die dem Betrieb über den Bilanzstichtag hinaus zugutekommen,
- die einer besonderen Abgrenzung und Bewertung fähig sind und
- für die der Erwerber ein besonderes Entgelt ansetzen würde.

Zum immateriellen Anlagevermögen gehören ausweislich des Bilanzgliederungsschemas des § 266 Abs. 2 A. I. HGB

1. Selbst geschaffene gewerbliche Schutzrechte und ähnliche Rechte und Werte,
2. entgeltlich erworbene Konzessionen, gewerbliche Schutzrechte, ähnliche Rechte und Werte, Lizenzen an solchen Rechten und Werten,
3. Geschäfts- oder Firmenwert sowie
4. geleistete Anzahlungen.

Gewerbliche Schutzrechte sind die Rechte des gewerblichen Rechtsschutzes, die die technisch verwertbare geistige Leistung rechtlich schützen, wie z. B. Patente, Markenrechte, Warenzeichen, Urheberrechte, Nutzungsrechte, Belieferungsrechte.

Ähnliche Rechte stellen Ansprüche gegenüber Dritten dar, die keine Konzessionen oder gewerbliche Schutzrechte sind, wie z. B. Wettbewerbsverbote, Wegerechte, Nießbrauch.

Wirtschaftliche Werte werden nicht durch eine entsprechende Rechtsposition geschützt, wie z. B. Rezepte, Kundenkartei, ungeschützte Erfindungen.

Das vor dem Inkrafttreten des BilMoG bestehende Verbot zur Aktivierung selbst geschaffener immaterieller Vermögensgegenstände des Anlagevermögens wurde ab 2010 durch ein Aktivierungswahlrecht ersetzt. Diese Regelung erfolgte aufgrund der Veränderung der Bundesrepublik Deutschland von einer produktions- zu einer wissensbasierten Gesellschaft. Insbesondere für innovative mittelständische Unternehmen sowie Unternehmen, die erst am Beginn ihrer wirtschaftlichen Entwicklung stehen („Start Ups"), soll so die Möglichkeit bestehen, ihre Außendarstellung zu verbessern. Dem Gläubigerschutzgedanken wird dadurch Rechnung getragen, dass das Wahlrecht zur Aktivierung selbst geschaffener immaterieller Vermögensgegenstände des Anlagevermögens mit einer Ausschüttungssperre verbunden wird (§ 268 Abs. 8 HGB), um eine Ausschüttung an die Anteilseigener der dadurch erhöhten Gewinne zu vermeiden.

Das Aktivierungswahlrecht wird jedoch dahingehend eingeschränkt, dass gemäß § 248 Abs. 2 Satz 2 HGB selbst geschaffene Marken, Drucktitel, Verlagsrechte, Kundenlisten und vergleichbare immaterielle Vermögensgegenstände des Anlagevermögens nicht aktiviert werden dürfen. Diesen immateriellen Vermögensgegenständen des Anlagevermögens kann aufgrund ihrer Unkörperlichkeit sowie regelmäßig nicht eindeutig zurechenbarer Herstellungskosten und der hohen Unsicherheit ihrer künftigen Nutzungsdauer nur schwer ein objektiver Wert zugewiesen werden.

Konzessionen sind befristete Genehmigungen einer öffentlichen Behörde zur Ausübung einer wirtschaftlichen Tätigkeit, wie z. B. LKW- oder Taxikonzessionen, Güterfernverkehrskonzessionen, Transport-, Bergbau-, Mineralgewinnungs-, Brenn- und bestimmte Wasserrechte.

Lizenzen an solchen Rechten und Werten sind die Berechtigungen zur Nutzung des Rechtes eines anderen gegen Entgelt auf vertraglicher Basis. Dazu gehört z. B. EDV-Software, sofern es sich nicht um Datenträger handelt, die nur Datenbestände, aber keine Befehlsstrukturen enthalten; diese gelten als Trivialprogramme und sind abnutzbare bewegliche und selbstständig nutzbare Vermögensgegenstände.

Sind die Voraussetzungen eines Vermögensgegenstandes gegeben, besteht nach dem Vollständigkeitsgebot gemäß § 246 Abs. 1 Satz 1 HGB grundsätzlich eine Aktivierungspflicht.

Der **Geschäfts- oder Firmenwert** ist der Unterschiedsbetrag, um den die für die Übernahme eines Unternehmens bewirkte Gegenleistung (= der Kaufpreis) den Wert der einzelnen Vermögensgegenstände des Unternehmens abzüglich der Schulden im Zeitpunkt der Übernahme übersteigt, § 246 Abs. 1 Satz 4 HGB. Er lässt sich einzelnen Vermögensgegenständen nicht zurechnen, ist nicht selbstständig verkehrsfähig bzw. veräußerbar und ist daher kein Vermögensgegenstand im eigentlichen Sinne. Der Geschäfts- oder Firmenwert besteht z. B. im Know-how, dem Image oder den Kunden- und Lieferbeziehungen, besonderen Fertigungs- und Verfahrenstechniken und der Managementqualität.

Nach § 246 Abs. 1 Satz 4 HGB gilt der entgeltlich erworbene Geschäfts- oder Firmenwert jedoch als zeitlich begrenzt nutzbarer Vermögensgegenstand und somit besteht für ihn – aufgrund des Vollständigkeitsgebotes des § 246 Abs. 1 Satz 1 HGB – eine Aktivierungs- und Abschreibungspflicht.

Geleistete Anzahlungen sind Vorausleistungen für den Erwerb eines immateriellen Vermögensgegenstandes. Geht der Vermögensgegenstand endgültig in das Vermögen des Erwerbers über, wird die geleistete Anzahlung aus- und der Vermögensgegenstand eingebucht.

5.2.2.1.2 Sachanlagen

Im Gegensatz zu den immateriellen (= nicht-körperlichen) Vermögensgegenständen werden hierunter die materiellen Vermögensgegenstände subsumiert. Gemäß § 266 Abs. 2 A. II. HGB gehören zu den Sachanlagen

1. Grundstücke, grundstücksgleiche Rechte und Bauten einschließlich der Bauten auf fremden Grundstücken,
2. technische Anlagen und Maschinen,
3. andere Anlagen, Betriebs- und Geschäftsausstattung sowie
4. geleistete Anzahlungen und Anlagen im Bau.

Als **Grundstück** gilt sowohl der bebaute als auch der unbebaute Grund und Boden.

Grundstücksgleiche Rechte sind dingliche Rechte, die bürgerlich-rechtlich wie Grundstücke behandelt werden, weil sie diesen wirtschaftlich und in vielen Punkten auch rechtlich gleichen. Dazu gehören z. B. Erbbau- und Abbaurechte, Teil- und Bergwerkseigentum.

Zu den **Bauten** zählen neben den Gebäuden auch andere unselbstständige Gebäudeteile, wie Einrichtungen (z. B. Heizungs-, Beleuchtungs- und Lüftungsanlagen, Fahrstühle und Rolltreppen), wenn sie als Teil des Gebäudes anzusehen sind, also in einem einheitlichen Nutzungs- und Funktionszusammenhang mit dem Gebäude stehen.

Bauten auf fremden Grundstücken sind alle Wohn-, Geschäfts-, Fabrik- und andere Bauten, die aufgrund eines obligatorischen Vertrages errichtet wurden.

Zu den **technischen Anlagen und Maschinen** gehören alle Vermögensgegenstände, die unmittelbar dem betrieblichen Leistungserstellungsprozess (Produktionsprozess) dienen. Eine Abgrenzung zwischen technischen Anlagen und Maschinen ist schwierig. Zu den technischen Anlagen gehören z. B. Gießereien, Hochöfen, Transportanlagen, Krananlagen, Förderbänder. Unter Maschinen fallen z. B. Werkzeugmaschinen, Stanzen, Bohr- und Fräsmaschinen, Abfüll- und Verpackungsanlagen, Setz- und Druckmaschinen.

Unter **andere Anlagen, Betriebs- und Geschäftsausstattung** werden hingegen Vermögensgegenstände ausgewiesen, die nicht unmittelbar dem Leistungserstellungsprozess dienen, sondern dem allgemeinen Unternehmensbetrieb, der Verwaltung und dem Vertrieb. Andere Anlagen sind z. B. Gleisanlagen und Verteilungsanlagen für den Vertrieb. Zur Betriebs- und Geschäftsausstattung gehören z. B. der Fuhrpark, die Büroeinrichtung, die EDV- und Kommunikationsanlagen.

Bei **geleisteten Anzahlungen und Anlagen im Bau** handelt es sich um Vorauszahlungen des Unternehmens zum Erwerb von Sachanlagen oder um Vermögensgegenstände, die am Bilanzstichtag noch nicht vorhanden (weil ein schwebendes Geschäft vorliegt) oder fertig gestellt sind. Anzahlungen werden mit den tatsächlich geleisteten Beträgen und Anlagen im Bau mit den Anschaffungs- bzw. Herstellungskosten angesetzt. Die geleisteten Anzahlungen werden bei Übergang von Nutzen und Lasten in das Unternehmen auf den entsprechenden Vermögensgegenstand umgebucht.

5.2.2.1.3 Finanzanlagen

Finanzanlagen unterscheiden sich von anderen Posten des Anlagevermögens insbesondere dadurch, dass mit dem investierten Kapital nicht im eigenen Unternehmen, sondern in anderen Unternehmen gearbeitet wird. Um im Anlagevermögen ausgewiesen zu werden, müssen die Finanzinvestitionen dazu bestimmt sein, dauerhaft dem Geschäftsbetrieb zu dienen, ansonsten gehören sie zum Umlaufvermögen. Bei den Finanzanlagen wird zwischen Anteils- oder Darlehensfinanzierung unterschieden: Anteilsfinanzierung wird in dem anderen Unternehmen, an dem eine Beteiligung gehalten wird, im Eigenkapital ausgewiesen, während eine Darlehensfinanzierung in dem anderen Unternehmen per Fremdkapitalausweis erfolgt.

Gemäß § 266 Abs. 2 A. III. HGB gehören zu den Finanzanlagen

1. Anteile an verbundenen Unternehmen,
2. Ausleihungen an verbundene Unternehmen,
3. Beteiligungen,
4. Ausleihungen an Unternehmen, mit denen ein Beteiligungsverhältnis besteht,
5. Wertpapiere des Anlagevermögens sowie
6. sonstige Ausleihungen.

Anteile an verbundenen Unternehmen sind Anteile an Unternehmen, mit denen eine Verbundbeziehung besteht. Verbundene Unternehmen sind rechtlich selbstständige Unternehmen, die als Mutter- und Tochterunternehmen anzusehen sind (§§ 271 Abs. 2, 290 HGB). I. d. R. wird bei einem Anteil von mehr als 50 % ein Mutter-/Tochterverhältnis angenommen. Aus der Konzernrechnungslegung lassen sich folgende Merkmale für verbundene Unternehmen heranziehen:

- dem Mutterunternehmen steht die Mehrheit der Stimmrechte der Gesellschafter an dem Tochterunternehmen zu (§ 290 Abs. 2 Nr. 1 HGB) oder
- das Mutterunternehmen muss berechtigt sein, die Mehrheit der Organmitglieder zu bestellen oder abzuberufen (§ 290 Abs. 2 Nr. 2 HGB) oder
- das Mutterunternehmen muss aufgrund eines Beherrschungsvertrages oder einer Satzungsbestimmung einen beherrschenden Einfluss auf das Tochterunternehmen ausüben (§ 290 Abs. 2 Nr. 3 HGB) oder
- das Mutterunternehmen bei wirtschaftlicher Betrachtungsweise die Mehrheit der Risiken und Chancen eines Unternehmens trägt, das zur Erreichung eines eng begrenzten und genau definierten Ziels des Mutterunternehmens dient (Zweckgesellschaft, § 290 Abs. 2 Nr. 4 HGB).

Bei den **Ausleihungen an verbundene Unternehmen** handelt es sich um langfristige Finanzforderungen gegenüber verbundenen Unternehmen. Hierbei ist es unerheblich, wer die Stellung als Mutter- oder Tochterunternehmen innehat.

Beteiligungen sind gemäß § 271 Abs. 1 HGB Anteile an anderen Unternehmen, die auf eine dauerhafte Verbindung gerichtet sind. Anders als bei Wertpapieren des Anlagevermögens geht das Interesse über eine reine Kapitalbeteiligung hinaus, wobei es sich nicht um Anteile an verbundenen Unternehmen handeln darf. Anteile an Personengesellschaften gelten stets als Beteiligungen. Für Anteile an Kapitalgesellschaften wird regelmäßig eine Beteiligung angenommen, wenn mehr als 20 % bis 50 % des Nennkapitals gehalten werden (§ 271 Abs. 1 Satz 3 HGB).

Ausleihungen an Unternehmen, mit denen ein Beteiligungsverhältnis besteht, sind langfristige Finanzforderungen gegenüber solchen Unternehmen.

Zu den **Wertpapieren des Anlagevermögens** gehören Anteile an anderen Unternehmen mit einem Umfang von i. d. R. bis zu 20 %, die langfristig gehalten werden, wie z. B. Aktien, festverzinsliche Wertpapiere, Zero Bonds.

Sonstige Ausleihungen sind alle Finanzforderungen, die nicht unter „Ausleihungen an verbundene Unternehmen“ oder „Ausleihungen an Beteiligungsunternehmen“ fallen, wie z. B. Hypotheken oder langfristige Darlehen an Mitarbeiter.

5.2.2.2 Umlaufvermögen

Es gibt für das Umlaufvermögen keine gesetzliche Legaldefinition, aber im Umkehrschluss zu § 247 Abs. 2 HGB zählen zum Umlaufvermögen die Vermögensgegenstände, die dazu bestimmt sind, dem Unternehmen nur vorübergehend zu dienen. Sie sind zum Verbrauch oder Verkauf bestimmt, bzw. liegen in Form liquider Mittel vor. Auch das Umlaufvermögen ist nach dem Vollständigkeitsgebot (§ 246 Abs. 1 Satz 1 HGB) zu aktivieren, wonach sämtliche Vermögensgegenstände in die Bilanz aufzunehmen sind. Nach § 266 Abs. 2 HGB sind im Umlaufvermögen

I. Vorräte,

II. Forderungen und sonstige Vermögensgegenstände,

III. Wertpapiere sowie

IV. Liquide Mittel

auszuweisen.

5.2.2.2.1 Vorräte

Zu den Vorräten gehören gemäß § 266 Abs. 2 B. I. HGB

1. Roh-, Hilfs- und Betriebsstoffe,
2. unfertige Erzeugnisse und unfertige Leistungen,
3. fertige Erzeugnisse und Waren sowie
4. geleistete Anzahlungen.

Rohstoffe sind die Hauptbestandteile des Endproduktes. Sie gehen direkt in das Produkt ein und stellen einen bedeutsamen Kostenanteil dar (z. B. Holz bei einem Tischproduzenten). Hierbei wird unterschieden in Grundstoffe (z. B. Erz), Zwischenprodukte (z. B. Stahl, Bleche) und vorgefertigte Teile (z. B. Autositz).

Hilfsstoffe sind Nebenbestandteile des Endproduktes. Sie gehen ebenfalls direkt in das Endprodukt ein, stellen aber nur einen wenig bedeutsamen Kostenanteil dar (z. B. Farben, Lacke, Schrauben beim Tischproduzenten).

Betriebsstoffe werden im Produktionsprozess verbraucht. Sie gehen somit nicht in das Endprodukt ein, sind aber zum Betrieb der Anlagen unabdingbar (z. B. Schmierstoffe, Brennstoffe, Gase bei Glasbläserei).

Unfertige Erzeugnisse sind bereits in den Produktionsprozess eingegangene, aber noch nicht verkaufsfähige Vermögensgegenstände.

Unfertige Leistungen stellen bereits begonnene, aber noch nicht abgeschlossene Dienstleistungen dar.

Fertige Erzeugnisse sind selbst erstellte verkaufsfähige Vermögensgegenstände eines produzierenden Unternehmens.

Waren sind fremdbezogene, zu verkaufende Vermögensgegenstände (sog. Handelswaren) eines Handelsunternehmens.

Geleistete Anzahlungen sind Vorauszahlungen auf Roh-, Hilfs- oder Betriebsstoffe bzw. zu beziehende Waren.

5.2.2.2.2 Forderungen und sonstige Vermögensgegenstände

Forderungen und sonstige Vermögensgegenstände sind Ansprüche aus gegenseitigen Verträgen, die vom bilanzierenden Unternehmen bereits erfüllt sind, während die Leistung des Vertragspartners noch aussteht. Bei Kapitalgesellschaften ist gemäß § 268 Abs. 4 HGB zu beachten, dass bei Forderungen mit einer Restlaufzeit von mehr als einem Jahr der entsprechende Betrag durch einen sog. „davon-Vermerk“ bei jedem gesondert ausgewiesenen Posten zu vermerken ist.

Zu den Forderungen und sonstigen Vermögensgegenständen zählen gemäß § 266 Abs. 2 B. II. HGB

1. Forderungen aus Lieferungen und Leistungen,
2. Forderungen gegen verbundene Unternehmen,
3. Forderungen gegen Unternehmen, mit denen ein Beteiligungsverhältnis besteht sowie
4. sonstige Vermögensgegenstände.

Forderungen aus Lieferungen und Leistungen resultieren aus der gewöhnlichen Geschäftstätigkeit bzw. aus Umsatzerlösen, bei denen der Unternehmer seine Leistung (z. B. Lieferung eines Gegenstandes) bereits erfüllt hat, die Gegenleistung (i. d. R. Zahlung des Kaufpreises) aber noch aussteht.

Forderungen gegen verbundene Unternehmen sind alle kurzfristigen Forderungen gegen verbundene Unternehmen, d. h. aus Lieferungen und Leistungen, kurzfristigen Kreditgewährungen, Gewinnausschüttungen.

Forderungen gegen Unternehmen, mit denen ein Beteiligungsverhältnis besteht, sind alle kurzfristigen Forderungen gegen solche Unternehmen, d. h. aus Lieferungen und Leistungen, kurzfristigen Kreditgewährungen, Gewinnausschüttungen.

Unter **sonstige Vermögensgegenstände** werden alle übrigen Vermögensgegenstände des Umlaufvermögens subsumiert, die nicht gesondert ausgewiesen werden müssen bzw. sich nicht anderswo unterbringen lassen. Dazu gehören z. B. kurzfristige Kredite, kurzfristige Darlehen an Mitarbeiter, Lohn- und Gehaltsvorschüsse bzw. Forderungen gegenüber dem Finanzamt aus Vorsteuererstattungsbeträgen.

5.2.2.2.3 Wertpapiere

Wertpapiere werden im Umlaufvermögen ausgewiesen, soweit sie nur zu vorübergehenden Zwecken gehalten werden.

Zu den Wertpapieren des Umlaufvermögens zählen gemäß § 266 Abs. 2 B. III. HGB

1. Anteile an verbundenen Unternehmen sowie
2. sonstige Wertpapiere.

Anteile an verbundenen Unternehmen sind kurzfristig gehaltene Anteile an solchen Unternehmen (zur Begriffsbestimmung siehe Ausführungen zu verbundenen Unternehmen im Anlagevermögen).

Sonstige Wertpapiere sind kurzfristig gehaltene Anteile bis zu einer Anteilshöhe von 50 %.

5.2.2.2.4 Flüssige Mittel

Zu den flüssigen Mitteln gehören gemäß § 266 Abs. 2 B. IV. HGB Schecks, Kassenbestand und Guthaben bei Kreditinstituten, die jederzeit dispositionsfähig sind.

5.2.2.3 Aktive Rechnungsabgrenzungsposten

Ziel des Jahresabschlusses ist die Ermittlung des Periodenerfolges, d. h. die Aufwendungen sind dem Geschäftsjahr zuzuordnen, in dem die dazugehörigen Erträge angefallen sind. Der Kaufmann hat gemäß § 242 Abs. 2 HGB für den Schluss eines jeden Geschäftsjahres eine Gegenüberstellung der Aufwendungen und Erträge des Geschäftsjahres (Gewinn- und Verlustrechnung) aufzustellen. Dabei kann es passieren, dass Zahlungszeitpunkt und Erfolgswirksamkeit durch einen oder mehrere Bilanzstichtage voneinander getrennt sind. Gemäß § 252 Abs. 1 Nr. 5 HGB sind Aufwendungen und Erträge des Geschäftsjahres unabhängig von den Zeitpunkten der entsprechenden Zahlungen im Jahresabschluss zu berücksichtigen.

Es gibt zwei Grundtypen von Rechnungsabgrenzungen:

Bei der **transitorischen Abgrenzung** liegen die Zahlungswirksamkeit (Ausgabe/Einnahme) vor dem Bilanzstichtag und der dazugehörige Erfolg (Aufwand/Ertrag) nach dem Bilanzstichtag. Die gezahlten/erhaltenen Beträge müssen hinübergeleitet (lat. transeo) werden in das Geschäftsjahr, in dem sie wirtschaftlich angefallen sind und in der GuV erfolgswirksam berücksichtigt werden.

Eine **antizipative Abgrenzung** ist vorzunehmen, wenn die Zahlungswirksamkeit (Ausgabe/Einnahme) nach dem Bilanzstichtag und der dazugehörige Erfolg (Aufwand/Ertrag) vor dem Bilanzstichtag liegen. Hierbei sind die Aufwendungen und Erträge unabhängig vom Zahlungszeitpunkt bereits vorwegzunehmen (lat. anticipo).

Lediglich die transitorischen Rechnungsabgrenzungen werden in der Bilanz als Rechnungsabgrenzungsposten auf der Aktiv- oder Passivseite aufgenommen. Antizipative Rechnungsabgrenzungen sind als sonstige Vermögensgegenstände bzw. sonstige Verbindlichkeiten auszuweisen.

Liegt die Ausgabe vor dem Bilanzstichtag, der dazugehörige Aufwand allerdings erst nach diesem Zeitpunkt, ist gemäß § 250 Abs. 1 HGB ein aktiver (transitorischer) Rechnungsabgrenzungsposten zu bilden. Ein Beispiel wäre der Fall eines Mieters, der seine Miete für Januar t2 bereits am 15.12.t1 dem Vermieter überweist: Der Mieter muss hier einen aktiven (transitorischen) Rechnungsabgrenzungsposten bilanzieren, da zwar eine Verminderung seines Geldvermögens (= Ausgabe) eingetreten ist, die Erfolgswirksamkeit (= Aufwand) jedoch erst im Zeitpunkt der tatsächlichen Nutzung der Mietsache eintritt.

Ein Sonderfall eines aktiven (transitorischen) Rechnungsabgrenzungspostens ist das sog. **Disagio** (= Vorabzins). Dabei handelt es sich um den Unterschiedsbetrag zwischen Ausgabe- und Erfüllungsbetrag einer Verbindlichkeit. Gemäß § 250 Abs. 3 Satz 1 HGB besteht hierfür handelsrechtlich ein Aktivierungswahlrecht.

Beispiel

Der Rückzahlungsbetrag (in drei Jahren) einer Anleihe beträgt 100.000 €, Ausgabekurs 97.000 €.

Bei dem Disagio handelt es sich um eine Ausgabe von 3.000 € in Form einer Mindereinnahme, die drei Perioden der Laufzeit „betrifft", da im Gegenzug der Zinssatz der Anleihe i. d. R. niedriger ist.

Das Disagio i. H. v. 3.000 € kann entweder (Variante 1) als Aufwand in voller Höhe im Jahr der Kreditaufnahme erfasst werden:

BS:	Bank 97.000 €		
	Zinsaufwand 3.000 €	an	Verbindlichkeit 100.000 €

oder (Variante 2) in dieser Periode aktiviert werden:

BS:	Bank 97.000 €		
	aRap 3.000 €	an	Verbindlichkeit 100.000 €.

Im Falle der Variante 2 ist das Disagio über die Laufzeit des Kredites abzuschreiben (BS pro Periode: Zinsaufwand an aRap 1.000 €).

5.2.2.4 Aktive latente Steuern

Die Bilanzierung latenter Steuern erfolgt auf Basis eines Bilanzvergleichs handelsrechtlicher und steuerrechtlicher Wertansätze (sog. bilanzorientiertes Temporary-Konzept); Vermögensgegenstände, Schulden und Rechnungsabgrenzungsposten sind gegenüberzustellen und auf Bilanzierungs- und Bewertungsabweichungen hin zu untersuchen. Dabei sind in den Anwendungsbereich der Bilanzierung latenter Steuern auch quasi-permanente und erfolgsneutral entstandene Wertunterschiede einzubeziehen. Eine derart umfassende Bilanzierung latenter Steuern soll damit einer zutreffenden Darstellung der Vermögenslage dienen.

Die Bilanzierung aktiver latenter Steuern ist für den Einzelabschluss in § 274 Abs. 1 Satz 2 HGB geregelt: Bestehen zwischen den handelsrechtlichen Wertansätzen von Vermögensgegenständen, Schulden und Rechnungsabgrenzungsposten und ihren steuerlichen Wertansätzen Differenzen, die sich in späteren Geschäftsjahren voraussichtlich abbauen, so kann eine sich daraus insgesamt ergebene künftige Steuerentlastung als aktive latente Steuer angesetzt werden. Wird die Möglichkeit der Aktivierung in Anspruch genommen, ist diese allerdings mit einer Ausschüttungssperre verbunden (§ 268 Abs. 8 Satz 2 HGB).

Daneben räumt § 274 Abs. 1 Satz 3 HGB die Möglichkeit des Verzichts auf eine Saldierung aktiver und passiver latenter Steuern ein; sie können auch unverrechnet angesetzt werden (Saldierungswahlrecht). Für die aktiven latenten Steuern ist in der Bilanz ein eigener Bilanzposten zu bilden (§ 274 Abs. 1 Satz 2 HGB i. V. m. § 266 Abs. 2 D. HGB).

Kleine Kapitalgesellschaften gemäß § 267 Abs. 1 HGB – und damit auch Kleinstkapitalgesellschaften im Sinne des § 267a HGB – sind von der Verpflichtung zur Ermittlung und zum Ausweis latenter Steuern befreit (§ 274a Nr. 4 HGB).

Unterschiedliche handels- und steuerrechtliche Wertansätze können z. B. durch folgende handelsrechtliche Maßnahmen entstehen:

- Nichtaktivierung eines Disagios,
- kürzere handelsrechtliche Abschreibungsdauer eines derivativen Geschäfts- oder Firmenwertes als die steuerlich gemäß § 7 Abs. 1 Satz 3 EStG geforderten 15 Jahre,
- Abschreibungen auf Finanzanlagen auch bei voraussichtlich nicht dauerhafter Wertminderung nach § 253 Abs. 3 Satz 6 HGB. Das EStG gestattet in diesem Zusammenhang eine Abschreibung auf den niedrigeren Teilwert nur in solchen Fällen, in denen es sich um eine voraussichtlich dauernde Wertminderung handelt (§ 6 Abs. 1 Nr. 2 Satz 2 EStG, hierzu auch Teil B Kapitel 5.2.4),
- Abzinsung von Rückstellungen in der Handelsbilanz mit einem niedrigeren Zinssatz als dem in der Steuerbilanz zwingend vorgeschriebenen Zinssatz von 5,5 % (§ 6 Abs. 1 Nr. 3a Buchst. e i. V. m. Nr. 3 EStG).

Darüber hinaus sind gemäß § 274 Abs. 1 Satz 4 HGB auch steuerliche Verlustvorträge bei der Berechnung aktiver latenter Steuern zu berücksichtigen, sofern diese in den nächsten fünf Jahren aller Voraussicht nach geltend gemacht werden können und damit zu einer steuerlichen Entlastung führen werden.

Gemäß § 285 Nr. 29 HGB ist im Anhang zu erläutern, auf welchen Differenzen oder steuerlichen Verlustvorträgen die latenten Steuern beruhen und mit welchen Steuersätzen die Bewertung erfolgt ist. Kleine und mittelgroße Kapitalgesellschaften sind allerdings gemäß § 288 Abs. 1 bzw. Abs. 2 HGB von dieser Angabepflicht befreit.

Eine Steuerabgrenzung auf zeitlich unbegrenzte Differenzen (permanent differences) ist nicht vorzunehmen. Diese Differenzen entstehen dadurch, dass Aufwendungen oder Erträge entweder nur im handelsrechtlichen oder nur im steuerrechtlichen Abschluss erfasst werden. Dazu gehören z. B. Aufwendungen, die steuerlich nicht als Betriebsausgaben anerkannt werden (z. B. § 4 Abs. 5 EStG) oder bestimmte Erträge, die nicht steuerpflichtig sind (z. B. §§ 3, 3a EStG). Die daraus resultierenden Unterschiede bleiben auf Dauer bestehen, sodass der Steueraufwand anderer Perioden nicht beeinflusst wird.

Beispiel

Zu Beginn der Geschäftsperiode 01 wird ein Kredit über eine Gesamtlaufzeit von fünf Jahren aufgenommen, das Disagio beträgt 500 €. In der Handelsbilanz kann das Disagio sofort in vollem Umfang als Aufwand verrechnet werden; in der Steuerbilanz ist eine Verteilung über fünf Jahre zwingend vorgeschrieben (vgl. hierzu auch Teil A Kapitel 5.2.2.3 sowie Teil B Kapitel 6.4). Der Steuersatz beträgt über alle Jahre einheitlich 30 %.

	steuerliche Gewinnermittlung	handelsrechtliche Ergebnisrechnung	
		ohne latente Steuer	mit latenter Steuer
Periode 1			
Erträge ./. übrige Aufwend.	1.000	1.000	1.000
Disagioabschreibung	– 100	– 500	– 500
Ergebnis vor Steuern	900	500	500
Ertragsteuern, zahlbar (30 % v. 900)	– 270	– 270	– 270
Ertragsteuern, latent	–	–	120
Ergebnis nach Steuern	**630**	**230**	**350**

	steuerliche Gewinnermittlung	handelsrechtliche Ergebnisrechnung	
		ohne latente Steuer	mit latenter Steuer
Periode 2-5			
Erträge ./. übrige Aufwend.	1.000	1.000	1.000
Disagioabschreibung	– 100	–	–
Ergebnis vor Steuern	900	1.000	1.000
Ertragsteuern, zahlbar (30 % v. 900)	– 270	– 270	– 270
Ertragsteuern, latent	–	–	– 30
Ergebnis nach Steuern	**630**	**730**	**700**
Gesamtergebnis über 5 J.	**3.150**	**3.150**	**3.150**

Beispiel (Fortsetzung)

Ohne Steuerabgrenzung wird in der Periode 1, bezogen auf den handelsrechtlichen Gewinn, 120 € zu viel Steueraufwand verrechnet (statt 30 % von 500 € = 150 € wurden 30 % von 900 € = 270 € verrechnet). In den Perioden 2 bis 5 gleicht sich diese Differenz aus, da der Steueraufwand jeweils auf das niedrigere Steuerergebnis in Höhe von 900 € berechnet wird. Statt 30 % auf den handelsrechtlichen Gewinn von 1.000 € = 300 € werden 30 % auf das steuerrechtliche Ergebnis von 900 € = 270 € verrechnet und damit 30 € zu wenig Steueraufwand. Über die fünfjährige Kreditlaufzeit gleichen sich die Differenzen jedoch wieder aus (120 € = 4 * 30 €).

Durch die Steuerabgrenzung wird eine Anpassung des tatsächlichen Steueraufwandes an die Steuerbelastung vorgenommen, die aufgrund des handelsrechtlichen Ergebnisses auszuweisen wäre. Auf diese Weise entsprechen die fiktiven Steueraufwendungen (zahlbare + latente Steueraufwendungen) dem handelsrechtlich „richtigen" Gewinn. So sind in der Periode 1 fiktive Steueraufwendungen von (-270 € + 120 € =) 150 € entstanden. In der Handelsbilanz werden in den Perioden 2 bis 5 durch die Auflösung der aktiven latenten Steuern Steueraufwendungen von 300 € (-270 € + (-30 €)) verrechnet, mithin 30 % von 1.000 €.

5.2.2.5 Aktiver Unterschiedsbetrag aus der Vermögensverrechnung

Der Bewertungsmaßstab des beizulegenden Zeitwerts gilt nach § 253 Abs. 1 Satz 4 HGB für die Bewertung von Planvermögen. Dieser im Gesetzestext nicht verwendete Begriff ist dem IAS 19.7 entnommen („Plan Assets"); er wird in Anlehnung daran in § 246 Abs. 2 Satz 2 HGB definiert und beinhaltet „Vermögensgegenstände, die dem Zugriff aller übrigen Gläubiger entzogen sind und ausschließlich der Erfüllung von Schulden aus Altersvorsorgeverpflichtungen oder vergleichbaren langfristig fälligen Verpflichtungen dienen". Im Ergebnis enthält § 246 Abs. 2 Satz 2 HGB eine Pflicht zur Saldierung von Schulden aus Altersvorsorgeverpflichtungen oder ähnlichen langfristig fälligen Verpflichtungen mit Vermögensgegenständen, die deren Erfüllung dienen. Darüber hinaus umfasst das Saldierungsgebot auch die zugehörigen Aufwendungen und Erträge aus der Abzinsung und aus dem zu verrechnenden Vermögen.

Der Gesetzesbegründung ist zum einen zu entnehmen, dass ausschließlich unbelastete Vermögensgegenstände einen adäquaten Schutz vor einem Zugriff aller übrigen Gläubiger bieten. Zum anderen ist bei betriebsnotwendigem Vermögen nicht von dessen jederzeitiger Verwertbarkeit auszugehen, weshalb es grundsätzlich nicht als Planvermögen qualifiziert werden kann (BT-Drs. 16/12407, S. 110). Sofern der Definition entsprechendes Planvermögen vorliegt, sind die zu saldierenden Vermögensgegenstände mit dem beizulegenden Zeitwert zu bewerten; übersteigt dieser die dazu korrespondierenden Schulden, ergibt sich daraus ein aktiver Unterschiedsbetrag, der gemäß § 246 Abs. 2 Satz 3 HGB zu aktivieren und nach § 266 Abs. 2 E. HGB als „Aktiver Unterschiedsbetrag aus der Vermögensverrechnung" auszuweisen ist.

Dieser Posten stellt keinen Vermögensgegenstand im handelsrechtlichen Sinne dar; es handelt sich um einen reinen Verrechnungsposten, aus dem kein erhöhtes Ausschüttungspotenzial resultiert. Ebenso wie im Falle der Inanspruchnahme des Wahlrechts der Aktivierung selbst erstellter immaterieller Vermögensgegenstände des Anlagevermögens nach § 248 Abs. 2 Satz 1 HGB sieht § 268 Abs. 8 Satz 1 und Satz 3 HGB eine Ausschüttungssperre vor. Ferner verlangt § 285 Nr. 25 i. V. m. Nr. 20 Buchst. a HGB im Anhang detaillierte Angaben zur Verrechnung des Planvermögens und zur Ermittlung des beizulegenden Zeitwerts.

5.2.2.6 Aktiver Sonderposten „Nicht durch Eigenkapital gedeckter Fehlbetrag"

Neben den auf der Aktivseite gemäß § 266 Abs. 2 HGB mindestens auszuweisenden Posten kann es ggf. zur Bildung eines aktiven Sonderpostens kommen. Ist das Eigenkapital durch Verluste vollständig aufgebraucht und ergibt sich ein Überschuss der Passivposten über die Aktivposten, so ist dieser Betrag gemäß § 268 Abs. 3 HGB am Ende der Bilanz auf der Aktivseite gesondert unter der Bezeichnung „Nicht durch Eigenkapital gedeckter Fehlbetrag" auszuweisen.

5.2.3 Passivierungsnormen

Nach dem Vollständigkeitsgebot des § 246 Abs. 1 Satz 1 HGB hat der Jahresabschluss sämtliche Schulden des Unternehmens aufzunehmen. Darüber hinaus müssen gemäß § 247 Abs. 1 HGB das Eigenkapital sowie die Rechnungsabgrenzungsposten ausgewiesen und hinreichend detailliert aufgegliedert werden. Die Schulden des Unternehmens unterteilen sich in Verbindlichkeiten sowie Rückstellungen. Gemäß § 266 Abs. 3 HGB wird die Passivseite wie folgt gegliedert:

A. Eigenkapital

B. Rückstellungen

C. Verbindlichkeiten

D. Rechnungsabgrenzungsposten

E. Passive latente Steuern.

5.2.3.1 Eigenkapital

Das Eigenkapital umfasst die von den Eigentümern ihrem Unternehmen ohne zeitliche Begrenzung zur Verfügung gestellten Sach- oder Geldmittel. Sie werden dem Unternehmen von außen zugeführt (= Außenfinanzierung) bzw. fließen ihm durch Verzicht auf Gewinnausschüttungen von innen zu (= Innenfinanzierung).

Dabei können dem Eigenkapital folgende Funktionen zugewiesen werden:

1. Haftungsfunktion: Risikosenkung
2. Verlustausgleichsfunktion: Abdeckung von Verlusten
3. Kontinuitätsfunktion: Finanzierung der unternehmerischen Tätigkeiten
4. Gewinnverteilungsfunktion: Verteilung der Gewinne gemäß Geschäftsanteilen
5. Imagefunktion: Insbesondere für börsennotierte Unternehmen wichtig

Das Eigenkapital entspricht bilanziell der Differenz zwischen Vermögen und Fremdkapital.

Bei Einzelunternehmen ist das Eigenkapital wie folgt zu untergliedern:

	Kapital am Anfang des Geschäftsjahres
+	Private Einlagen
./.	Private Entnahmen
+	Jahresüberschuss
./.	Jahresfehlbetrag
=	Kapital am Ende des Geschäftsjahres.

Bei Kapitalgesellschaften und Personenhandelsgesellschaften sind hinsichtlich der Veränderlichkeit des Kapitals konstante und variable Kapitalkonten zu unterscheiden.

Das **konstante** Eigenkapital hat die Aufgabe, das Haftungsvermögen in der im Gesellschaftsvertrag vereinbarten Höhe zu binden.

Variables Eigenkapital unterliegt jährlichen Schwankungen aufgrund von Einlagen und Entnahmen durch die Gesellschafter sowie des erwirtschafteten Gewinnes (Verlustes) bzw. der Aufstockung (Verwendung) von Rücklagen des Unternehmens.

Das Eigenkapital der Personengesellschaften bedarf einer tiefer greifenden Untergliederung als das Eigenkapital der Einzelunternehmen. Der Ausweis erfolgt mittels variabler und fester Kapitalkonten, wobei jedem Gesellschafter ein separat geführtes Konto zugewiesen wird.

1. Festes (Eigen-)Kapitalkonto: Dieses Kapital ist von dem jeweiligen Gesellschafter dazu bestimmt, der Gesellschaft dauerhaft zu dienen. Es ist i. d. R. das im jeweiligen Gesellschaftsvertrag festgeschriebene (Mindest-)Beteiligungskapital. Gleichzeitig verbrieft das Kapitalkonto I somit die Rechte des (Mit-)Unternehmers.
2. Variables (Eigen-)Kapitalkonto: Auf diesem Konto werden die später geleisteten Einlagen, die getätigten Entnahmen sowie der Gewinn- bzw. der Verlustanteil je Gesellschafter gebucht.

Bei Kapitalgesellschaften gibt es neben einem konstanten Eigenkapitalkonto („Gezeichnetes Kapital"), welches letztlich das durch Gesellschaftsvertrag bzw. Satzung festgelegte Haftungsvermögen ausweist, außerdem variable Eigenkapitalkonten, die sich je nach Gewinnsituation des Unternehmens verändern können.

Das Eigenkapital von Kapitalgesellschaften ist nach § 266 Abs. 3 A. HGB wie folgt zu gliedern:

I. Gezeichnetes Kapital

II. Kapitalrücklage

III. Gewinnrücklagen

IV. Gewinnvortrag/Verlustvortrag

V. Jahresüberschuss/Jahresfehlbetrag.

Wurde noch keine Ergebnisverwendung durchgeführt, muss die Bilanz die Posten Gewinnvortrag/Verlustvortrag und Jahresüberschuss/Jahresfehlbetrag ausweisen. Bei teilweiser Ergebnisverwendung ist gemäß § 268 Abs. 1 HGB anstelle der Posten Gewinnvortrag/Verlustvortrag und Jahresüberschuss/Jahresfehlbetrag der Posten Bilanzgewinn/Bilanzverlust aufzunehmen.

5.2.3.1.1 Gezeichnetes Kapital

Das gezeichnete Kapital ist das Kapital, auf das die Haftung der Gesellschafter für die Verbindlichkeiten der Kapitalgesellschaft gegenüber den Gläubigern beschränkt ist. Kommt es zum Haftungsfall des Unternehmens gegenüber seinen Gläubigern, ist über diesen Mindesthaftungsbetrag hinaus das Gesamtvermögen des Unternehmens heranzuziehen. Das gezeichnete Kapital wird in seiner Höhe mit dem vollen Betrag ausgewiesen, d. h. in Höhe der im Handelsregister eingetragenen Haftsumme. Gemäß § 272 Abs. 1 Satz 1 HGB ist das gezeichnete Kapital mit dem Nennbetrag anzusetzen. Das gezeichnete Kapital ist nicht ausschüttbar.

Unter dem Begriff „Gezeichnetes Kapital“ (auch häufig als Nominalkapital bezeichnet) ist bei der Aktiengesellschaft gemäß § 152 Abs. 1 Satz 1 AktG das Grundkapital (§ 7 AktG: Mindestnennbetrag 50.000 €) und bei der GmbH gemäß § 42 Abs. 1 GmbHG das Stammkapital (§ 5 GmbHG: Mindestnennbetrag i. d. R. 25.000 €) zu verstehen. Die Höhe des gezeichneten Kapitals wird durch Satzung bzw. Gesellschaftsvertrag bestimmt. Gezeichnetes Kapital begründet Teilhaberrechte, wie z. B. Stimmrecht, Recht auf Teilnahme am Gewinn und das Recht auf Beteiligung an einem eventuellen Liquidationserlös.

Soweit bei einer AG verschiedene Aktiengattungen (z. B. Stammaktien, Vorzugsaktien) vorhanden sind, müssen die Gesamtnennbeträge jeder Aktiengattung gemäß § 152 Abs. 1 Satz 2 AktG gesondert angegeben werden (analog bei der GmbH: Vorzugsgeschäftsanteile).

Ist das gezeichnete Kapital, mit dem das Unternehmen in das Handelsregister eingetragen ist, nicht voll eingezahlt, was z. B. bei einer GmbH möglich ist, da gemäß § 7 Abs. 2 GmbHG eine Eintragung in das Handelsregister bereits bei einer Einzahlung der Hälfte des Mindeststammkapitals erfolgen kann, liegt in Höhe der entstandenen Differenz eine Einlage vor, die noch aussteht. Die ausstehenden Einlagen stellen Forderungen der Gesellschaft gegenüber ihren Gesellschaftern dar. Es handelt sich um einen Korrekturposten zum Eigenkapital, durch den das Haftungspotenzial der Gesellschaft erkennbar wird. Für die ausstehenden Einlagen besteht gemäß § 272 Abs. 1 Satz 2 HGB die Ausweispflicht in der Bilanz nach der sog. Nettomethode: Hierbei werden die noch nicht eingeforderten ausstehenden Einlagen von dem Posten „Gezeichnetes Kapital“ offen abgesetzt; in diesem Fall ist der verbleibende Betrag als Posten „Eingefordertes Kapital“ in der Hauptspalte der Passivseite auszuweisen. Zudem ist der eingeforderte, aber noch nicht eingezahlte Betrag unter den Forderungen gesondert auszuweisen und entsprechend zu bezeichnen.

Beispiel

Eine GmbH besitzt ein gezeichnetes Kapital in Höhe von 2,0 Mio. €, von dem 1,2 Mio. € eingezahlt sind. Von den ausstehenden Einlagen sind 0,3 Mio. € bereits eingefordert.

Die Bilanzierung nach der Nettomethode führt zu folgendem Bilanzbild:

A		Bilanz (in Mio. €)		P
B. Umlaufvermögen		A. Eigenkapital		
II. Forderungen u. sonstige Vermögensgegenstände 5. eingefordertes Kapital	0,3	I. Gez. Kapital	2,0	
		– nicht eingeforderte ausstehende Einlagen	0,5	
IV. Kasse	1,2	= Eingefordertes Kapital		1,5
	1,5			1,5

Das gezeichnete Kapital der Kapitalgesellschaft kann nur unter Beachtung der Vorschriften über die Kapitalerhöhung oder Kapitalherabsetzung verändert werden, sodass sich dieser Eigenkapitalposten im Zeitablauf als relativ fixe Größe darstellt. Eigenkapitalveränderungen außerhalb einer Änderung des in Wertpapieren verbrieften gezeichneten Kapitals werden bilanziell in den variablen Eigenkapitalposten – den Rücklagen – dokumentiert.

Eine weitere Besonderheit stellen eigene Anteile dar. Anteile an dem eigenen Unternehmen können in Ausnahmefällen für kurzfristige Zwecke erworben werden. Gemäß § 71 AktG und § 33 GmbHG ist es Kapitalgesellschaften unter den dort aufgeführten Regelungen möglich, eigene Anteile zu erwerben. Nach § 71 AktG ist der Erwerb eigener Anteile z. B. möglich,

1. wenn der Erwerb notwendig ist, um einen schweren Schaden abzuwenden,
2. wenn Arbeitnehmeraktien ausgegeben werden sollen,
3. um Abfindungen zu leisten,
4. aufgrund einer höchstens fünf Jahre geltenden Ermächtigung der Hauptversammlung.

Nach § 33 GmbHG können z. B. eigene Geschäftsanteile, auf welche die Einlagen noch nicht vollständig geleistet wurden, nicht erworben werden. Auch darf deren Erwerb nur erfolgen, sofern der Erwerb aus dem über den Betrag des Stammkapitals hinaus vorhandenen Vermögen geschehen kann. Ferner ist der Erwerb zulässig, um Gesellschafter abzufinden.

Der Erwerb eigener Anteile wird handelsrechtlich als eine Art Kapitalherabsetzung angesehen. Daher müssen die eigenen Anteile gemäß § 272 Abs. 1a HGB in der Vorspalte offen von dem Posten Gezeichnetes Kapital abgesetzt werden.

5.2.3.1.2 Kapitalrücklage

Die Kapitalrücklage umfasst die einer Kapitalgesellschaft von ihren Gesellschaftern neben dem gezeichneten Kapital von außen (Außenfinanzierung) zugeführten Eigenkapitalanteile.

Als Kapitalrücklage sind gemäß § 272 Abs. 2 HGB auszuweisen:

1. der Betrag, der bei der Ausgabe von Anteilen einschließlich von Bezugsanteilen über den Nennbetrag oder, falls ein Nennbetrag nicht vorhanden ist, über den rechnerischen Wert hinaus erzielt wird;
2. der Betrag, der bei der Ausgabe von Schuldverschreibungen für Wandlungsrechte und Optionsrechte zum Erwerb von Anteilen erzielt wird;
3. der Betrag von Zuzahlungen, die Gesellschafter gegen Gewährung eines Vorzugs für ihre Anteile leisten;
4. der Betrag von anderen Zuzahlungen, die Gesellschafter in das Eigenkapital leisten.

Die Kapitalrücklage ist ein variabler Eigenkapitalposten, deren Auflösung bei Aktiengesellschaften an die Voraussetzungen des § 150 Abs. 3 und Abs. 4 AktG gebunden ist.

5.2.3.1.3 Gewinnrücklagen

Im Gegensatz zur Kapitalrücklage, deren Betrag sich durch Mittel bildet, welche die Eigentümer von außen dem Unternehmen zuführen (Außenfinanzierung), enthalten Gewinnrücklagen Beträge, die im Unternehmen, durch Einbehaltung von Teilen des Unternehmensergebnisses gebildet werden (Innenfinanzierung). Sie werden bisher grundsätzlich im Rahmen der Verwendung des handelsrechtlichen Jahresüberschusses gemäß § 275 Abs. 4 HGB gebildet.

Entsprechend bestimmt § 272 Abs. 3 Satz 1 HGB, dass als Gewinnrücklagen nur Beträge ausgewiesen werden dürfen, die im Geschäftsjahr oder in einem früheren Geschäftsjahr aus dem Ergebnis gebildet worden sind.

Gewinnrücklagen sind in der Bilanz gemäß § 266 Abs. 3 A. III. HGB getrennt auszuweisen. § 272 Abs. 3 und Abs. 4 HGB unterscheidet die vier Arten der Gewinnrücklagen:

1. gesetzliche Rücklage,
2. Rücklage für Anteile an einem herrschenden oder mehrheitlich beteiligten Unternehmen,
3. satzungsmäßige Rücklagen sowie
4. andere Gewinnrücklagen.

Die **gesetzliche Rücklage** ist in § 150 Abs. 1 AktG geregelt und auf Unternehmen in der Rechtsform der AG und die Kommanditgesellschaft auf Aktien (KGaA) beschränkt; eine vergleichbare Norm für die GmbH existiert im GmbHG nicht. In die gesetzlichen Rücklage sind gemäß § 150 Abs. 2 AktG 5 % des um einen Verlustvortrag aus dem Vorjahr geminderten Jahresüberschusses einzustellen, bis diese und die Kapitalrücklage nach § 272 Abs. 2 Nr. 1-3 HGB zusammen 10 % oder den in der Satzung des Unternehmens bestimmten höheren Teil des Grundkapitals erreichen. Die gesetzliche Rücklage darf zusammen mit der Kapitalrücklage nach § 272 Abs. 2 Nr. 1-3 HGB nur zum Ausgleich eines Jahresfehlbetrages, soweit er nicht durch einen Gewinnvortrag aus dem Vorjahr gedeckt ist, oder eines Verlustvortrages aus dem Vorjahr, soweit er nicht durch einen Jahresüberschuss kompensiert wird, verwendet werden. Die Verwendung der gesetzlichen Rücklage ist gemäß § 150 Abs. 3 AktG ausgeschlossen, wenn der bezeichnete Jahresfehlbetrag bzw. Verlustvortrag durch Auflösung anderer Gewinnrücklagen ausgeglichen werden kann.

Überschreitet die gesetzliche Rücklage zuzüglich der Kapitalrücklage nach § 272 Abs. 2 Nr. 1-3 HGB 10 % oder den in der Satzung bestimmten höheren Teil des Grundkapitals, darf der übersteigende Betrag u. a. auch zur Kapitalerhöhung aus Gesellschaftsmitteln nach den §§ 207 bis 220 AktG verwendet werden (§ 150 Abs. 4 AktG).

Gemäß § 272 Abs. 4 HGB ist in die **Rücklage für Anteile an einem herrschenden oder mit Mehrheit beteiligten Unternehmen** der Betrag einzustellen, der dem auf der Aktivseite der Bilanz für die Anteile an dem herrschenden oder mit Mehrheit beteiligten Unternehmen (§ 266 Abs. 2 A. III. Nr. 1 oder B. III Nr. 1 HGB) angesetzten Betrag entspricht.

Die Rücklage für Anteile an einem herrschenden oder mit Mehrheit beteiligten Unternehmen darf gemäß § 272 Abs. 4 Satz 4 HGB nur aufgelöst werden, wenn die korrespondierenden Anteile veräußert, ausgegeben oder eingezogen werden oder soweit auf der Aktivseite ein niedrigerer Betrag angesetzt wird.

Satzungsmäßige Rücklagen werden aufgrund der in der Satzung (AG, KGaA) bzw. durch Gesellschaftsvertrag (GmbH) festgelegten Höhe gebildet; sie sind häufig an einen bestimmten Zweck gebunden. Die Auflösung der satzungsmäßigen Rücklagen richtet sich – wie deren Bildung – nach der Satzung bzw. dem Gesellschaftsvertrag des Unternehmens.

Andere Gewinnrücklagen umfassen alle übrigen Gewinnrücklagen und stellen demnach einen Sammelposten dar. Die Bildung dieses Postens ergibt sich für die AG und KGaA nach § 58 AktG und für die GmbH je nach Gesellschaftsvertrag aufgrund eines Beschlusses der Geschäftsführung oder der Gesellschafterversammlung. Vorstand und Aufsichtsrat können gemäß § 58 Abs. 2 Satz 1 HGB nach Feststellung des Jahresabschlusses einen Teil des Jahresüberschusses, höchstens jedoch die Hälfte, in die anderen Gewinnrücklagen einstellen.

5.2.3.1.4 Gewinnvortrag/Verlustvortrag

Der Gewinnvortrag ist der Teil des Jahresüberschusses aus Vorjahren, über den im abgelaufenen Geschäftsjahr bisher nicht verfügt wurde; er ist weder zur Ausschüttung noch zur Rücklagenzuführung verwendet worden.

Hat das Vorjahr bzw. haben die Vorjahre mit einem Jahresfehlbetrag abgeschlossen, ist unter dem Posten „Verlustvortrag" der Teil auszuweisen, der im abgelaufenen Geschäftsjahr nicht durch Gewinnvorträge oder in früheren Jahren gebildete Rücklagen ausgeglichen wurde.

5.2.3.1.5 Jahresüberschuss/Jahresfehlbetrag

Der Jahresüberschuss des Unternehmens ergibt sich aus der GuV-Rechnung des aktuellen Geschäftsjahres als Überschuss der Erträge über die Aufwendungen. Sind in der Geschäftsperiode die Aufwendungen größer als die Erträge, ist an Stelle des Jahresüberschusses der Jahresfehlbetrag auszuweisen.

5.2.3.1.6 Bilanzgewinn/Bilanzverlust

Das Gliederungsschema des § 266 HGB geht bei der Darstellung des Eigenkapitals von der Bilanzaufstellung vor jeglicher Gewinnverwendung aus. Die Bilanz kann nach § 268 Abs. 1 Satz 1 HGB aber auch unter Berücksichtigung der vollständigen oder teilweisen Verwendung des Jahresergebnisses aufgestellt werden. In diesen Fällen erfolgt der Bilanzausweis nach Aufstockung (bzw. Auflösung) der Rücklagen und/oder Ausschüttung an die Eigentümer.

Bei Bilanzaufstellung unter teilweiser Verwendung des Jahresergebnisses tritt an die Stelle der Posten Jahresüberschuss/Jahresfehlbetrag und Gewinnvortrag/Verlustvortrag der Posten Bilanzgewinn/Bilanzverlust. Wird die Bilanz nach vollständiger Ergebnisverwendung (z. B. bei einem Gewinnabführungsvertrag) aufgestellt, entfällt der Posten Bilanzgewinn/ Bilanzverlust.

Bei teilweiser oder vollständiger Ergebnisverwendung wird der vorhandene Gewinnvortrag/Verlustvortrag in den Posten Bilanzgewinn/Bilanzverlust einbezogen. Dazu ist für AG und KGaA die Ergebnisverwendungsrechnung nach § 158 Abs. 1 AktG durchzuführen:

	Jahresüberschuss/Jahresfehlbetrag
+/–	Gewinnvortrag/Verlustvortrag aus dem Vorjahr
+	Entnahmen aus der Kapitalrücklage
+	Entnahmen aus Gewinnrücklagen
–	Einstellungen in Gewinnrücklagen
=	Bilanzgewinn/Bilanzverlust.

5.2.3.2 Rückstellungen

Bei Rückstellungen handelt es sich um Verbindlichkeiten, die dem Grunde nach, der Höhe nach und/oder dem Anfallzeitpunkt nach ungewiss sind. Rückstellungen werden für Verpflichtungen des Unternehmens gebildet, die zu künftigen Ausgaben führen, der dazugehörige Aufwand jedoch dem abgelaufenen oder einem vergangenen Geschäftsjahr zuzurechnen ist.

Die Bilanzierung ungewisser Verbindlichkeiten erfüllt zwei Aufgaben: Zum einen dient sie dem richtigen Schuldenausweis am Bilanzstichtag; zum anderen ist ihre Vornahme aber auch zur Erreichung einer periodengerechten Aufwandsverrechnung notwendig.

Der Gesetzgeber hat in § 249 HGB vier Arten von Rückstellungen normiert, die sich in Innen- und Außenverpflichtungen unterscheiden lassen:

Außenverpflichtungen beruhen auf Verpflichtungen gegenüber Dritten; Innenverpflichtungen dagegen basieren auf Selbstverpflichtungen des Unternehmens zur Durchführung genau spezifizierter Maßnahmen in der Zukunft.

Außenverpflichtungen können wie folgt unterteilt werden:

1. **Rückstellungen für ungewisse Verbindlichkeiten**: Zur Begründung der Rückstellungsbildung müssen bis zum Bilanzstichtag Verpflichtungen gegenüber Dritten entstanden sein. Es besteht handelsrechtlich gemäß § 249 Abs. 1 Satz 1 HGB eine Passivierungspflicht. Diese Rückstellungsart ist aus dem Realisationsprinzip (§ 252 Abs. 1 Nr. 4 HGB) ableitbar, wonach Gewinne erst ausgewiesen werden dürfen, wenn sie realisiert sind. Der Gewinn entsteht somit durch Erträge abzüglich des zugehörigen Aufwandes. Rückstellungen für ungewisse Verbindlichkeiten sind folglich zu bilden, wenn vor dem Abschlussstichtag Erträge vereinnahmt worden sind, denen nach dem Abschlussstichtag noch Ausgaben gegenüberstehen. Liegt dieser Fall vor, kann noch nicht von einem realisierten Gewinn gesprochen werden. Zu dieser Rückstellungsart gehören z. B. Garantierückstellungen, Steuerrückstellungen, Pensionsrückstellungen (Neuzusagen ab dem 01.01.1987; für frühere Pensionszusagen besteht handelsrechtlich ein Passivierungswahlrecht gemäß Art. 28 EGHGB).

2. **Rückstellungen für drohende Verluste aus schwebenden Geschäften**: Für Rückstellungen für drohende Verluste aus schwebenden Geschäften (sog. Drohverlustrückstellungen) besteht handelsrechtlich gemäß § 249 Abs. 1 Satz 1 HGB eine Passivierungspflicht. Für eine Bilanzierung müssen schwebende Geschäfte, aus denen Verluste erwartet werden, vorliegen. Dabei wird als schwebendes Geschäft ein wechselseitig verpflichtender Vertrag verstanden, der von beiden Vertragspartnern noch nicht erfüllt wurde. Grundsätzlich gilt bei einem schwebenden Geschäft die Ausgeglichenheitsvermutung, d. h. Leistung und Gegenleistung der Vertragsparteien gleichen sich aus, und folglich ist dieses Geschäft nicht im Jahresabschluss zu berücksichtigen. Sofern sich Leistung und Gegenleistung bei einem solchen Geschäft nicht ausgleichen, ist eine Berücksichtigung im Rahmen der Bilanzierung ggf. herbeizuführen. Es ist nur der zu erwartende Verlust, d. h. der negative Saldo aus Leistung und Gegenleistung, zu erfassen. Auf dem Beschaffungsmarkt liegt ein solcher Fall vor, wenn der Marktpreis unter den vereinbarten Abnahmepreis sinkt. Auf dem Absatzmarkt droht hingegen ein Verlust, wenn der

vereinbarte Verkaufspreis unter die Selbstkosten sinkt. Die Rückstellungen für drohende Verluste aus schwebenden Geschäften basieren auf dem Imparitätsprinzip gemäß § 252 Abs. 1 Nr. 4 HGB, wonach bereits drohende Verluste am Abschlussstichtag berücksichtigt werden müssen.

3. **Kulanzrückstellungen**: Für Gewährleistungen, die ohne rechtliche Verpflichtung erbracht werden, besteht gemäß § 249 Abs. 1 Satz 2 Nr. 2 HGB eine Passivierungspflicht. Hierbei handelt es sich um Verpflichtungen, bei denen keine vertragliche oder gesetzliche Verpflichtung vorliegt (diese werden als Rückstellungen für ungewisse Verbindlichkeiten ausgewiesen), denen der Unternehmer sich jedoch aus moralischen, wirtschaftlichen und/oder sittlichen Gründen (z. B. Pflege der Kundschaft) nicht mehr entziehen kann.

Für **Innenverpflichtungen** können Rückstellungen nur für im Geschäftsjahr unterlassene Instandhaltung und Abraumbeseitigung gemäß § 249 Abs. 1 Satz 2 Nr. 1 HGB gebildet werden.

Rückstellungen für im Geschäftsjahr unterlassene Instandhaltung entstehen, wenn Instandhaltungsarbeiten, die der Kaufmann unter normalen Umständen vor dem Abschlussstichtag hätte ausführen lassen können, in die ersten drei Monate des nächsten Geschäftsjahrs verschoben werden. Dies kann aufgrund kaufmännischer Überlegungen geschehen, um z. B. günstige Absatzchancen wahrzunehmen oder finanzielle Schwierigkeiten zu überbrücken. Es handelt sich hierbei um Rückstellungen für z. B. unterlassene Reparatur- oder Wartungsarbeiten.

Werden die Instandhaltungsmaßnahmen innerhalb der ersten drei Monate des folgenden Geschäftsjahres nachgeholt, sind gemäß § 249 Abs. 1 Satz 2 Nr. 1 HGB Rückstellungen für im Geschäftsjahr unterlassene Instandhaltungen zu passivieren (= Passivierungspflicht). Wird am Bilanzstichtag hingegen von einer Nachholung der unterlassenen Instandhaltungsmaßnahmen nach Ablauf der ersten drei Monate des folgenden Geschäftsjahres ausgegangen, so greift hingegen das Passivierungsverbot des § 249 Abs. 2 HGB.

Rückstellungen für Abraumbeseitigungen, die im folgenden Geschäftsjahr nachgeholt werden, müssen nach § 249 Abs. 1 Satz 2 Nr. 1 HGB passiviert werden. Diese Rückstellungsart kommt i. d. R.nur bei Substanzausbeutungsunternehmen vor.

Bezüglich des Ausweises wird bei großen und mittelgroßen Kapitalgesellschaften gemäß § 266 Abs. 3 B. HGB zwischen

1. Rückstellungen für Pensionen und ähnliche Verpflichtungen,
2. Steuerrückstellungen und
3. sonstigen Rückstellungen

differenziert. Kleine Kapitalgesellschaften müssen nach § 266 Abs. 1 Satz 3 HGB diesbezüglich keine Unterscheidung vornehmen. Dies gilt gemäß § 266 Abs. 1 Satz 4 HGB auch für Kleinstkapitalgesellschaften i. S. d. § 267a HGB.

Für andere als die in § 249 Abs. 1 HGB bezeichneten Zwecke besteht gemäß § 249 Abs. 2 HGB ein **Passivierungsverbot**.

5.2.3.3 Verbindlichkeiten

Im Unterschied zu den Rückstellungen entfällt bei Verbindlichkeiten die Ungewissheit, d. h. Grund, Höhe und Fälligkeit der Verpflichtung stehen fest. Wie bei den Rückstellungen handelt es sich bilanzanalytisch um Fremdkapital. Verbindlichkeiten sind Rechtspositionen, die bei normalem Ablauf mit Sicherheit zu einem späteren Liquiditätsabfluss führen, wobei die Gegenleistung von einem Dritten bereits empfangen wurde. Betrieblich veranlasste Schulden müssen gemäß § 246 Abs. 1 Satz 1 HGB (Vollständigkeitsgebot) bilanziert werden; privat veranlasste Schulden dürfen nicht bilanziert werden.

§ 266 Abs. 3 C. HGB gliedert die Verbindlichkeiten in:

1. Anleihen, davon konvertibel
2. Verbindlichkeiten gegenüber Kreditinstituten
3. erhaltene Anzahlungen auf Bestellungen
4. Verbindlichkeiten aus Lieferungen und Leistungen
5. Verbindlichkeiten aus der Annahme gezogener Wechsel und der Ausstellung eigener Wechsel
6. Verbindlichkeiten gegenüber verbundenen Unternehmen
7. Verbindlichkeiten gegenüber Unternehmen, mit denen ein Beteiligungsverhältnis besteht
8. sonstige Verbindlichkeiten,
   davon aus Steuern,
   davon im Rahmen der sozialen Sicherheit.

Anleihen sind langfristige Verbindlichkeiten, die das Unternehmen am öffentlichen Kapitalmarkt aufgenommen hat, wie z. B. Wandelschuldverschreibungen, Optionsschuldverschreibungen oder Gewinnschuldverschreibungen. Die Anleihen, die konvertibel sind, d. h. bei denen ein Umtausch- bzw. Umwandlungsrecht auf Aktien enthalten ist, sind gesondert mit einem „davon-Vermerk" auszuweisen.

Verbindlichkeiten gegenüber Kreditinstituten stellen sämtliche Verbindlichkeiten gegenüber Banken und Sparkassen dar. Passiviert wird nur der in Anspruch genommene Betrag, nicht etwa die eingeräumte Kreditlinie.

Erhaltene Anzahlungen auf Bestellungen sind Vorleistungen des Vertragspartners, denen noch keine Gegenleistung gegenübersteht. Solange ein Unternehmen noch keine abrechenbare Leistung erbracht hat und damit ein schwebendes Geschäft vorliegt, hat es erhaltene Zahlungen von Kunden hier auszuweisen (= zu passivieren). Die Verbindlichkeit besteht dabei in Form der noch zu erbringenden Leistung bzw. der Rückzahlung des Betrages, sofern die Leistung aus unvorhersehbaren Gründen doch nicht erbracht werden kann. Bei den erhaltenen Anzahlungen besteht darüber hinaus gemäß § 268 Abs. 5 Satz 2 HGB die Möglichkeit, diese von den Vorräten im Umlaufvermögen der Aktivseite offen abzusetzen und somit die Bilanzsumme zu verringern.

Verbindlichkeiten aus Lieferungen und Leistungen stellen alle Verpflichtungen aus bereits vom Vertragspartner erfüllten Umsatzgeschäften dar, bei denen die eigene Gegenleistung noch nicht erbracht wurde. Dazu gehören alle Verbindlichkeiten aufgrund von Liefer-, Werk- und Dienstleistungsverträgen.

Bei **Verbindlichkeiten aus der Annahme gezogener Wechsel und der Ausstellung eigener Wechsel** handelt es sich um zu erfüllende Zahlungsversprechungen aus schuldrechtlichen Urkunden.

Verbindlichkeiten gegenüber verbundenen Unternehmen sind kurz- und langfristige Verbindlichkeiten gegenüber Unternehmen, mit denen eine sog. Verbundbeziehung (siehe die Ausführungen zu Finanzanlagen in Teil A Kapitel 5.2.2.1.3) besteht. Hierzu gehören Verbindlichkeiten aus Lieferungen und Leistungen sowie kurz- und langfristige Kreditaufnahmen gegenüber verbundenen Unternehmen.

Verbindlichkeiten gegenüber Unternehmen, mit denen ein Beteiligungsverhältnis besteht, sind dementsprechend Verbindlichkeiten aus Lieferungen und Leistungen bzw. kurz- und langfristige Kreditaufnahmen gegenüber Unternehmen, mit denen ein Beteiligungsverhältnis besteht (auch hier sei auf die Ausführungen zu Finanzanlagen in Teil A Kapitel 5.2.2.1.3 verwiesen).

Sonstige Verbindlichkeiten umfassen als Sammel- und Auffangposten alle Schulden der Gesellschaft, die keinem der anderen Posten zugeordnet werden können. Dazu gehören z. B. Steuerschulden, Sozialabgaben, Zinsschulden gegenüber Nichtbanken, antizipative passive Posten (z. B. Mietaufwand jetzt, Ausgabe später). Die in den sonstigen Verbindlichkeiten enthaltenen Verbindlichkeiten aus Steuern und für die Sozialversicherungsbeiträge sind mit einem „davon-Vermerk“ zu kennzeichnen.

Die Verbindlichkeiten sind nach ihrer Fristigkeit (Fälligkeit) in kurz- und nichtkurzfristige Verbindlichkeiten zu unterscheiden. **Kurzfristige Verbindlichkeiten** sind Verbindlichkeiten mit einer Restlaufzeit bis zu einem Jahr und nichtkurzfristige mit einer Restlaufzeit von mehr als einem Jahr. Beide sind gemäß § 268 Abs. 5 Satz 1 HGB in der Bilanz bei jedem Verbindlichkeitsposten gesondert zu vermerken (durch einen „davon-Vermerk“).

Die nichtkurzfristigen Verbindlichkeiten sind darüber hinaus wie folgt zu differenzieren: **Mittelfristige Verbindlichkeiten** haben eine Restlaufzeit von mehr als einem Jahr bis zu fünf Jahren. Sie ergeben sich als Zwischenwert aus kurz- und langfristigen Verbindlichkeiten. Ein separater Ausweis wird gesetzlich nicht gefordert. **Langfristige Verbindlichkeiten** liegen vor, wenn die Restlaufzeit mehr als fünf Jahre beträgt. Sie sind gemäß § 285 Nr. 1 Buchst. a HGB im Anhang gesondert auszuweisen.

Gemäß § 265 Abs. 7 Nr. 2 HGB ist es zulässig, Bilanzposten, die mit arabischen Ziffern bezeichnet sind, zusammenzufassen und die zusammengefassten Posten im Anhang gesondert auszuweisen. In der Praxis wird von dieser Möglichkeit i. d. R. durch Darstellung eines sog. Verbindlichkeitenspiegels im Anhang Gebrauch gemacht. Die nach ihrer Art gegliederten Schulden des Unternehmens werden nach Fristigkeiten differenziert und unter Angabe der Besicherung tabellarisch dokumentiert.

5.2.3.4 Passive Rechnungsabgrenzungsposten

Wie bereits bei den aktiven Rechnungsabgrenzungsposten erläutert (hierzu Teil A Kapitel 5.2.2.3), ist das Ziel der passiven Rechnungsabgrenzungsposten die Ermittlung des richtigen Periodenerfolges. Passive (transitorische) Rechnungsabgrenzungsposten erfassen gemäß § 250 Abs. 2 HGB Einnahmen vor dem Bilanzstichtag, die Ertrag nach diesem darstellen. Ein Beispiel ist der Vermieter, der bereits Mitte Dezember t1 von seinem Mieter die Januarmiete t2 vereinnahmt. Es handelt sich zwar in t1 um eine Erhöhung des Geldvermögens, jedoch fällt der Ertrag in das Jahr t2, da in diesem die Mietsache dem Mieter überlassen werden muss und damit die Erträge erst wirtschaftlich entstehen.

5.2.3.5 Passive latente Steuern

Für einen Überhang passiver latenter Steuern gegenüber aktiven latenten Steuern besteht gemäß § 274 Abs. 1 Satz 1 HGB eine Passivierungspflicht. Die tatsächliche Steuerzahlung ist damit niedriger als die – fiktiv – auf Basis des handelsrechtlichen Gewinnes berechnete Steuer. Gemäß § 274 Abs. 1 Satz 1 HGB i. V. m. § 266 Abs. 3 HGB ist in der Bilanz ein eigener Posten „E. Passive latente Steuern" zu bilden; die Bildung einer Steuerrückstellung nach § 249 Abs. 1 Satz 1 HGB entfällt daher zumindest für mittelgroße und große Kapitalgesellschaften insoweit. Kleine Kapitalgesellschaften im Sinne des § 267 Abs. 1 HGB (und damit auch Kleinstkapitalgesellschaften nach § 267a HGB) müssen jedoch nach h. M. passive latente Steuern unter dem Konzept des § 249 HGB als Steuerrückstellungen berücksichtigen.

Passive latente Steuern können z. B. durch die handelsrechtliche Aktivierung selbst geschaffener immaterieller Vermögensgegenstände des Anlagevermögens entstehen, da steuerrechtlich eine Aktivierung gemäß § 5 Abs. 2 EStG ausscheidet.

5.2.3.6 Passiver Sonderposten „Eventualverbindlichkeiten"

Neben den auf der Passivseite gemäß § 266 Abs. 3 HGB mindestens auszuweisenden Posten kann es ggf. zur Bildung eines passiven Sonderpostens kommen.

Eventualverbindlichkeiten sind Haftungsverhältnisse des Unternehmens, wie z. B. Bürgschafts-, Wechsel- und Gewährleistungsobligo, Patronatserklärungen und Sicherungsabtretungen. Sie sind gemäß § 251 HGB **unter der Bilanz** auf der Passivseite zu vermerken, sofern sie nicht als Rückstellung oder Verbindlichkeit zu passivieren sind. Eventualverbindlichkeiten dienen der Dokumentation und Rechenschaft über einen möglicherweise künftig eintretenden Kapitalbedarf, bei dem noch kein Schuldverhältnis vorliegt. Die Eventualverbindlichkeit tritt im Gegensatz zu Rückstellungen eher unwahrscheinlich bzw. sehr unsicher auf; es spricht mehr gegen als für eine Verbindlichkeit.

6 Bilanzbewertungsnormen

Lernziele

- Mit welchem Wert müssen Vermögensgegenstände und Schulden in der Bilanz angesetzt werden?
- Welche wesentlichen Bewertungsprinzipien sind bei der Bilanzierung zu beachten?
- Was sind Anschaffungskosten?
- Wie werden Herstellungskosten ermittelt?
- Was versteht man unter planmäßigen und außerplanmäßigen Abschreibungen?
- Wann fallen Zuschreibungen an?
- Was sind Bewertungsvereinfachungsverfahren?
- Wie werden die Passivposten bewertet?

Nachdem geklärt ist, ob ein Vermögensgegenstand oder eine Schuld in der Bilanz auszuweisen ist (Bilanzierung dem Grunde nach), stellt sich die Frage, wie er oder sie zu bewerten ist (Bilanzierung der Höhe nach).

Die Bewertungsvorschriften für alle Kaufleute befinden sich in den §§ 252-256a HGB.

6.1 Bewertungsprinzipien (Grundsätze ordnungsmäßiger Bilanzierung)

Zusätzlich zu den bereits in Teil A Kapitel 4.3 erläuterten Grundsätzen ordnungsmäßiger Bilanzierung (GoBil), die den Ansatz betreffen (Grundsatz der Bilanzklarheit, Grundsatz der Zeitnähe, Grundsatz der Vollständigkeit, Bruttoprinzip, Grundsatz der formellen Bilanzkontinuität etc.), sind in § 252 HGB Bewertungsprinzipien vorgegeben.

6.1.1 Grundsatz der Bilanzidentität

Nach dem Grundsatz der Bilanzidentität müssen die Wertansätze in der Eröffnungsbilanz einer Rechnungsperiode mit den Wertansätzen in der Schlussbilanz der vorhergehenden Rechnungsperiode übereinstimmen (§ 252 Abs. 1 Nr. 1 HGB). Die Bilanzidentität lässt sich sowohl aus der Konzeption einer Totalrechnung, als auch damit begründen, dass ohne zwingende Beachtung dieses Grundsatzes Erträge und Aufwendungen zeitlich verlagert werden könnten, mit der Folge, dass Gewinne außenstehenden Anteilseignern vorenthalten werden (z. B. Aktionären, Kommanditisten). Durch die Einhaltung des Bilanzzusammenhangs (Schlussbilanz führt zur Eröffnungsbilanz) soll die vollständige und lückenlose Erfassung des Gewinns über alle Perioden von der Gründung bis zur Schließung des Unternehmens (Totalgewinn) gesichert werden.

6.1.2 Grundsatz der Unternehmensfortführung

Gemäß § 252 Abs. 1 Nr. 2 HGB ist bei der Bewertung von der Fortführung der Unternehmenstätigkeit auszugehen, soweit dem keine tatsächlichen (z.B. beabsichtigte Liquidation) oder rechtlichen (z.B. Eröffnung des Insolvenzverfahrens) Gegebenheiten entgegenstehen. Aus dem Grundsatz der Unternehmensfortführung (vielfach auch als Going-Concern-Prinzip bezeichnet) folgt, dass ein Ansatz von Liquidationswerten grundsätzlich nicht zulässig ist; vielmehr sind Vermögensgegenstände und Schulden nach Maßgabe der §§ 253-256a HGB zu bewerten. Damit soll sichergestellt werden, dass der Jahresabschluss ein den tatsächlichen Verhältnissen entsprechendes Bild der Vermögens-, Finanz- und Ertragslage vermittelt. Von der Fortführung der Unternehmenstätigkeit kann ausgegangen werden, wenn das Unternehmen bei vernünftiger kaufmännischer Beurteilung seine Tätigkeit als werbendes Unternehmen für einen überschaubaren Zeitraum fortsetzen kann. Die Beurteilung wird jeweils einzelfallbezogen erfolgen müssen; eine exakte Abgrenzung dessen, was unter „überschaubarem Zeitraum" zu verstehen ist, wird i. d. R. nicht möglich sein.

6.1.3 Grundsatz der Einzelbewertung

Der Grundsatz der Einzelbewertung gemäß § 252 Abs. 1 Nr. 3 HGB besagt, dass jeder Vermögensgegenstand und jede Verbindlichkeit gesondert, d.h. für sich zu bewerten ist. Voraussetzung für eine Einzelbewertung ist, dass die Risiken eines jeden Vermögensgegenstandes für sich beurteilt werden können und dass die Bewertung nach den individuellen Gegebenheiten des jeweiligen Vermögensgegenstandes auszurichten ist.

Letztlich korrespondiert der Grundsatz der Einzelbewertung mit den Grundsätzen, die im Rahmen der Erstellung des Inventars zu beachten sind, wenn gemäß § 240 Abs. 1 HGB gefordert wird, dass der „Wert der einzelnen Vermögensgegenstände und Schulden anzugeben" ist. Einzelbewertung erfordert, dass die in Betracht kommenden Wertmaßstäbe, insbesondere die Anschaffungs- oder Herstellungskosten, den Vermögensgegenständen und Schulden direkt zugeordnet werden; diese bilden jeweils für sich eine Bewertungseinheit. Die Abgrenzung solcher Bewertungseinheiten ist unproblematisch, soweit es sich um die Bewertung von Verbindlichkeiten (Schulden) handelt; Probleme können demgegenüber bei Sachgesamtheiten auftreten, bei denen die Teilaggregate unterschiedlichem Verschleiß unterworfen sind. Zur Abgrenzung von Sachgesamtheiten wird i.d.R. die wirtschaftliche Betrachtungsweise herangezogen werden müssen. Insbesondere in der steuerlichen Rechtsprechung hat sich dabei die funktionale Betrachtungsweise weitgehend durchgesetzt: Eine Bewertungseinheit kann danach durch einen „einheitlichen Nutzungs- und Funktionszusammenhang" gekennzeichnet werden (BFH-Urteil vom 26.11.1973).

Der Abgrenzung der Bewertungseinheiten kommt erhebliche Bedeutung bei, da ein Bewertungsausgleich zwischen Vermögensgegenständen der Zielsetzung nach verhindert werden soll: Wertminderungen einzelner Vermögensgegenstände dürfen somit nicht mit Wertsteigerungen anderer Vermögensgegenstände verrechnet werden. Gleichzeitig ist zu berücksichtigen, dass je genauer Bewertungseinheiten abgegrenzt werden, desto exakter der Periodenerfolg zu ermitteln ist.

Soweit der Identitätsnachweis nicht geführt werden kann, ist eine individuelle Zuordnung der Anschaffungs- oder Herstellungskosten zu einzelnen Vermögensgegenständen nicht möglich.

Ist ein Identitätsnachweis nicht möglich oder wirtschaftlich nicht zumutbar, kann der Grundsatz der Einzelbewertung zulässigerweise durchbrochen werden; an die Stelle der Einzelbewertung treten in solchen Fällen

1. die Sammelbewertung mittels Verbrauchsfolgeannahmen gemäß § 256 Satz 1 HGB;
2. Festbewertung gemäß § 256 Satz 2 i. V. m. § 240 Abs. 3 HGB;
3. Gruppenbewertung gemäß § 256 Satz 2 i. V. m. § 240 Abs. 4 HGB;
4. Verrechnung des sog. Planvermögens mit den damit zusammenhängenden Verpflichtungen aus der betrieblichen Altersversorgung gemäß § 246 Abs. 2 Satz 2 HGB.

Die Abweichungen vom Einzelbewertungsprinzip werden in Teil A Kapitel 6.2.6 behandelt.

6.1.4 Stichtagsprinzip

Gemäß § 252 Abs. 1 Nr. 3 HGB sind die Vermögensgegenstände und Schulden zum Abschlussstichtag zu bewerten, d. h. maßgeblich sind die Verhältnisse des letzten Tages einer Rechnungsperiode. Alle vor dem Abschlussstichtag liegenden Ereignisse fließen damit in die Bewertung ein, alle nach dem Abschlussstichtag liegenden Ereignisse werden grundsätzlich nicht berücksichtigt. Damit handelt es sich bei der Erstellung der Bilanz um eine stichtagsbezogene Darstellung, genauer gesagt um eine zeitpunktbezogene Darstellung (z. B. 31.12. um 24:00 Uhr)

6.1.5 Vorsichtsprinzip

Zu den zentralen Prinzipien der Rechnungslegung in der Bundesrepublik Deutschland zählt das Vorsichtsprinzip, dessen zwingende Beachtung zwar die Informationsfunktion des Jahresabschlusses beeinträchtigen kann, das aber uneingeschränkt der nominellen Kapitalerhaltung dient. Durch das Vorsichtsprinzip sollen Risiken, die beim Ansatz und/oder der Bewertung von Bilanzposten bestehen, berücksichtigt werden. Bei zahlreichen Bilanzposten lässt sich wegen der Ungewissheit über die tatsächlichen Verhältnisse und zukünftigen Entwicklungen kein sicherer, eindeutiger Wert am Abschlussstichtag bestimmen. In allgemeiner Form fordert das Vorsichtsprinzip, dass die Vermögens-, Finanz- und Ertragslage des Unternehmens im Zweifel vorsichtig – wenngleich nicht übervorsichtig – dargestellt werden soll. Kodifiziert ist der Grundsatz der Vorsicht in § 252 Abs. 1 Nr. 4 HGB.

Das Vorsichtsprinzip wird konkretisiert durch das Realisationsprinzip und das Imparitätsprinzip.

6.1.5.1 Realisationsprinzip

Das Realisationsprinzip besagt, dass ein Gewinn erst dann berücksichtigt werden darf, wenn er am Absatzmarkt durch einen konkreten Umsatzakt realisiert wurde. Das Realisationsprinzip regelt damit die Berücksichtigung von Gewinn aus Produktion und Verwertung der Unternehmensleistung (Sachgüter und/oder Dienstleistungen), aber auch von Gewinnen, die z. B. aus der Verwertung nicht mehr benötigter Anlagegüter erwirtschaftet werden. Durch das Realisationsprinzip wird letztlich abgegrenzt, bis zu welchem Zeitpunkt die Unternehmensleistung erfolgsneutral behandelt werden muss und ab welchem Zeitpunkt ein Gewinn zu berücksichtigen ist. Maßgebend hierfür ist der Zeitpunkt der Gewinnrealisierung. Dieser bestimmt sich allgemein nach den GoB, wobei – der Abfolge des Leistungserstellungs- und -verwertungsprozesses entsprechend – die Gewinnrealisation voraussetzt, dass gegenüber einem Dritten eine Leistung erbracht und damit ein Anspruch auf Gegenleistung begründet wurde. Daraus folgt, dass i. d. R. der Zeitpunkt der Lieferung oder Leistung als Zeitpunkt der Gewinnrealisierung zu betrachten ist („Übergang der Preisgefahr"). Bis zu diesem Zeitpunkt sind z. B. Fertigerzeugnisse oder Handelswaren mit ihren Anschaffungs- oder Herstellungskosten anzusetzen.

Inwieweit bei langfristiger Fertigung ggf. eine periodische Teilgewinnrealisierung vor Auftragsabschluss in Betracht kommen kann, ist strittig. Nach h. M. ist die für die angelsächsische Rechnungslegung entwickelte „percentage-of-completion-method" mit der 4. EG-Richtlinie nicht vereinbar. Demnach ist eine Teilgewinnrealisation nur bei Abnahme von Teilleistungen möglich; ansonsten gilt die sog. „completed-contract-method".

In engem Zusammenhang mit dem Realisationsprinzip stehen die Abgrenzungen von Erträgen und Aufwendungen der Sache nach („matching principle") und der Zeit nach. Bei der sachlichen Abgrenzung von Erträgen und Aufwendungen wird berücksichtigt, dass Aufwendungen getätigt werden, um bestimmte Erträge zu erzielen, sodass eine kausale Beziehung zwischen bestimmten Aufwendungen und Erträgen gegeben ist.

Daraus folgt, dass z. B. den Umsatzerlösen sachlich diejenigen Aufwendungen zugeordnet werden, die zur Erzielung der Umsatzerlöse beigetragen haben.

Das Realisationsprinzip wird durch das Anschaffungswertprinzip konkretisiert.

Das **Anschaffungswertprinzip** (vielfach auch als Anschaffungskostenprinzip bezeichnet) besagt, dass

- Vermögensgegenstände höchstens mit ihren Anschaffungs- oder Herstellungskosten, vermindert um Abschreibungen,
- Schulden mindestens zum Erfüllungsbetrag sowie
- Rentenverpflichtungen, für die eine Gegenleistung nicht mehr zu erwarten ist, zum Barwert

anzusetzen sind.

Das Anschaffungswertprinzip ist in § 253 Abs. 1 HGB verankert und stellt sich als Ausfluss des Nominalwertprinzips dar. Das Anschaffungswertprinzip dient der Objektivierung der Rechnungslegung, da hinsichtlich des Wertansatzes auf objektiv belegbare, wenn auch historische Daten zurückgegriffen wird; es weist somit einen unmittelbaren Zusammenhang zum Realisationsprinzip auf.

Sowohl das Anschaffungswertprinzip als auch das Realisationsprinzip verhindern im Interesse der Gläubiger den Ausweis unrealisierter Gewinne, sodass zumindest die nominelle Kapitalerhaltung sichergestellt wird. Das hat zur Folge, dass sich bei Vermögensgegenständen, deren Werte im Zeitablauf steigen, zwangsläufig stille Reserven (Zwangsrücklagen) ergeben, da eine Bewertung über den Anschaffungs- oder Herstellungskosten ausgeschlossen ist.

Lediglich bei Währungsumrechnung von kurzfristigen, auf fremde Währung lautenden Vermögensgegenständen und Verbindlichkeiten hat gemäß § 256a Satz 2 HGB eine Bewertung – entgegen dem Realisationsprinzip und dem Anschaffungswertprinzip – mit dem Zeitwert am Bilanzstichtag zu erfolgen.

6.1.5.2 Imparitätsprinzip

Das Imparitätsprinzip besagt, dass zwar noch nicht realisierte, am Abschlussstichtag aber vorhersehbare Risiken und Verluste zu berücksichtigen und der entsprechenden Rechnungsperiode zuzurechnen sind. Noch nicht realisierte Gewinne einerseits, sowie noch nicht realisierte, aber vorhersehbare Verluste andererseits werden somit ungleich („imparitätisch") behandelt. Das Imparitätsprinzip konkretisiert sich sowohl in den Niederstwertprinzipien als auch in der Bildung von Rückstellungen für drohende Verluste aus schwebenden Geschäften.

Die **Niederstwertprinzipien** sind gemäß § 253 Abs. 3 und Abs. 4 HGB bei der Bewertung von Vermögensgegenständen zu beachten. Die beiden Ausprägungen des Niederstwertprinzips werden in Teil A Kapitel 6.2.4 ausführlich behandelt.

Den Niederstwertprinzipien bei Vermögensgegenständen entspricht das Höchstwertprinzip beim Wertansatz von Schulden (Verbindlichkeiten). Dem **Höchstwertprinzip** zufolge sind Verbindlichkeiten mit dem gegenüber dem Rückzahlungskurs ggf. höheren Tageswert am Abschlussstichtag anzusetzen. Bei Schulden in Inlandswährung kommt dem Höchstwertprinzip keine Bedeutung zu, wohl aber bei Fremdwährungsverbindlichkeiten.

Beispiel

Am 30.06.t1 wurde ein langfristiger US-Kredit über 1.000 $ aufgenommen. Der Kurs bei Kreditaufnahme beträgt 0,90 €/$, dies ergibt eine Kreditaufnahme von 900 €.

a) Am 31.12.t1 beträgt der Kurs 0,80 €/$
Die Verbindlichkeit ist zum 31.12.t1 weiterhin mit 900 € anzusetzen. Der noch nicht realisierte Gewinn i. H. v. 100 € darf nicht ausgewiesen werden.

b) Am 31.12.t1 beträgt der Kurs 1,00 €/$
Die Verbindlichkeit ist zum 31.12.t1 mit 1.000 € anzusetzen. Der drohende Verlust i. H. v. 100 € muss ausgewiesen werden.

Lediglich bei Verbindlichkeiten, deren Restlaufzeit am Bilanzstichtag ein Jahr nicht übersteigt, wären gemäß § 256a Satz 2 HGB auch unrealisierte Kursgewinne (100 € im Fall a) auszuweisen, da insoweit das Realisationsprinzip ausgehebelt ist.

6.1.6 Wertaufhellungsprinzip

Erlangt ein Unternehmen zwischen dem Abschlussstichtag und dem Tag der Aufstellung des Jahresabschlusses bessere Kenntnisse über die zu bilanzierenden Vorgänge, müssen diese berücksichtigt werden, sofern sich die Vorgänge vor dem Bilanzstichtag ereignet haben (Wertaufhellungsprinzip).

Da der Jahresabschluss innerhalb der ersten Monate der Folgeperiode für die zurückliegende Rechnungsperiode erstellt wird, ist regelmäßig ein time lag zwischen Abschlussstichtag und Zeitpunkt der Abschlusserstellung gegeben. Ereignisse, die erst nach dem Abschlussstichtag bekannt werden, können die Bewertung erheblich beeinflussen. Diese sog. **wertaufhellenden Ereignisse** sind bei der Ermittlung des

Wertansatzes zwingend zu berücksichtigen. Dies gilt für Risiken und Verluste ebenso wie für Chancen. Die Notwendigkeit, werterhellende Ereignisse zu berücksichtigen, wird nicht nur von der Rechtsprechung bejaht, sie ergibt sich zudem zwingend aus § 252 Abs. 1 Nr. 4 HGB.

Grundsätzlich unberücksichtigt bleiben demgegenüber die sog. **wertbegründenden Ereignisse**, die erst nach dem Abschlussstichtag eingetreten sind. Solchen Ereignissen ist ggf. durch vorsichtige Bewertung oder Berichterstattung hierüber Rechnung zu tragen. Für Kapitalgesellschaften ist die Berichterstattung – über wertbegründende Ereignisse von besonderer Bedeutung – zwingend (§ 285 Nr. 33 HGB); einzig kleine – und damit auch Kleinstkapitalgesellschaften – sind von der Berichtspflicht ausgenommen, § 288 Abs. 1 Nr. 1 HGB.

6.1.7 Grundsatz der periodengerechten Abgrenzung

Der Grundsatz der Periodenabgrenzung zählt zu den tradierten Rechnungslegungsgrundsätzen in Deutschland. Im kaufmännischen Rechnungswesen werden Aufwendungen und Erträge losgelöst von Zahlungsbewegungen berücksichtigt; insoweit unterscheidet sich das kaufmännische vom kameralistischen Rechnungswesen, aber auch von einer – von Ausnahmen abgesehen – mit den Kategorien „Einnahmen“ und „Ausgaben“ arbeitenden Einnahmen-Überschussrechnung i. S. d. § 4 Abs. 3 EStG (Einzelheiten hierzu in Teil B Kapitel 2.2.1). Der Grundsatz der Periodenabgrenzung ist in allgemeiner Form im § 252 Abs. 1 Nr. 5 HGB verankert. Für die Zurechnung von Aufwendungen und Erträgen zu einer bestimmten Rechnungsperiode ist letztlich das Verursachungsprinzip entscheidend, nicht der Zeitpunkt der Zahlung.

6.1.8 Grundsatz der materiellen Bilanzkontinuität (Stetigkeitsprinzip)

Der in § 252 Abs. 1 Nr. 6 HGB verankerte Grundsatz der Bewertungsstetigkeit schreibt für die Bewertung von Vermögensgegenständen und Schulden zwingend die Beibehaltung der in der Vorperiode angewandten Bewertungsmethoden vor. Dies wird immer dann von erheblicher Bedeutung sein, wenn bei der Ermittlung der Wertansätze dem Bilanzierenden Wahlrechte eingeräumt werden (so z. B. bei der planmäßigen Abschreibung, der Ermittlung der Herstellungskosten usw.) und eine Änderung der Bewertungsmethode zu einer unmittelbaren Änderung der Ertragslage führen würde.

6.2 Bewertung der Aktivposten

Nach dem Anschaffungswertprinzip sind Vermögensgegenstände höchstens mit ihren Anschaffungs- bzw. Herstellungskosten, vermindert um Abschreibungen anzusetzen (§ 253 Abs. 1 Satz 1 HGB).

Lediglich bei Kreditinstituten und Versicherungsunternehmen sind gemäß § 340e Abs. 3 Satz 1 HGB für zu Handelszwecken erworbene Finanzinstrumente mit dem beizulegenden Zeitwert abzüglich eines Risikoabschlags zu bewerten, selbst wenn diese über den Anschaffungs- bzw. Herstellungskosten liegen; Ähnliches gilt für das sog. Planvermögen (hierzu auch Teil A Kapitel 5.2.2.5).

6.2.1 Anschaffungskosten

Anschaffungskosten sind gemäß § 255 Abs. 1 HGB die Aufwendungen, die geleistet werden, um einen Vermögensgegenstand zu erwerben und ihn in einen betriebsbereiten Zustand zu versetzen, soweit sie dem Vermögensgegenstand einzeln zugeordnet werden können. Durch den Ansatz von Anschaffungskosten soll der Erwerbsvorgang weitgehend erfolgsneutral (d. h. in Form einer reinen Vermögensumschichtung) erfasst werden.

Die Anschaffungskosten setzen sich im Handelsrecht wie folgt zusammen:

	Anschaffungspreis
+	Anschaffungsnebenkosten
+	nachträgliche Anschaffungskosten
–	Anschaffungspreisminderungen
=	Anschaffungskosten.

Anschaffungspreis ist der Rechnungsbetrag ohne die gemäß § 15 UStG verrechenbare Vorsteuer, § 9b EStG. Diese stellt als sog. Vorsteuer eine gesondert auszuweisende sonstige Forderung gegenüber dem Fiskus dar. Ist der Vorsteuerabzug ganz oder teilweise ausgeschlossen (z. B. weil die Maschine zur Bewirkung steuerfreier Lieferungen genutzt wird), gehört die in Rechnung gestellte Umsatzsteuer zu den Anschaffungskosten.

Anschaffungsnebenkosten sind mit der Anschaffung untrennbar verbundene Nebenleistungen. Dazu gehören alle Aufwendungen, die neben dem eigentlichen Kaufpreis getätigt werden,

- um das (wirtschaftliche) Eigentum an einem Wirtschaftsgut zu erlangen (z. B. Provisionen für die Vermittlung der Anschaffung des Wirtschaftsgutes, Bankprovisionen und Maklergebühren, die beim Erwerb von Wertpapieren entstehen),
- um es zum Verwendungsort zu bringen (z. B. Zölle, Transportversicherungen, Verpackungen, Frachten) bzw.
- um es in einen betriebsbereiten Zustand zu versetzen (z. B. Kosten für Fundamente, Montagekosten für die Aufstellung von Anlagen, Kosten für die Abnahme von Anlagen durch Sachverständige, Probeläufe).

Nachträgliche Anschaffungskosten fallen erst mit größerem zeitlichen Abstand an. Die Aufwendungen müssen einen Wertsteigerungscharakter haben. Dazu gehören z. B. nachträgliche Anschaffungspreiserhöhungen, nachträgliche Erwerbsnebenkosten, nachträgliche Aufwendungen zur Versetzung in die Betriebsbereitschaft.

Anschaffungspreisminderungen sind gemäß § 255 Abs. 1 Satz 3 HGB abzuziehen. Zu den Anschaffungspreisminderungen gehören Rabatte, Skonti und Boni, die dem Vermögensgegenstand einzeln zugeordnet werden können.

Rabatte sind Preisnachlässe auf den Nettowarenwert im Zeitpunkt der Vertragsschließung, die die Anschaffungskosten mindern. Sie werden bereits bei Rechnungsstellung mindernd berücksichtigt.

Skonti sind Preisnachlässe auf den Bruttowarenwert, die bei frühzeitiger Zahlung entstehen; sie dürfen gemäß H 6.2 EStH erst im Zeitpunkt der Inanspruchnahme abgesetzt werden.

Boni sind nachträgliche Preisnachlässe. Sie sind von den Anschaffungskosten derjenigen Waren bzw. Vermögensgegenstände abzusetzen, für deren Anschaffung sie gewährt worden sind, soweit diese im Zeitpunkt der buchmäßigen Berücksichtigung des Bonus noch vorhanden sind. Sofern die Zuordnung nicht mehr möglich ist, sind Boni ertragswirksam zu erfassen.

Zu den Anschaffungskosten gehören nicht

1. kalkulatorische Kosten, sondern nur tatsächlich angefallene Aufwendungen;
2. sämtliche Gemeinkosten, da § 255 Abs. 1 HGB nur die Aktivierung von Aufwendungen zulässt, sofern sie einzeln dem Vermögensgegenstand zuzuordnen sind;
3. Fremdkapitalzinsen.

6.2.2 Herstellungskosten

Gemäß § 255 Abs. 2 Satz 1 HGB sind Herstellungskosten Aufwendungen, die durch den Verbrauch von Gütern und die Inanspruchnahme von Diensten, für die Herstellung eines Vermögensgegenstandes, seine Erweiterung oder für eine über seinen ursprünglichen Zustand hinausgehende wesentliche Verbesserung entstehen.

Sowohl aus dem Wortlaut des § 255 Abs. 2 HGB als auch aus dem pagatorischen Charakter des Jahresabschlusses folgt, dass nur aufwandsgleiche Kosten (Grundkosten = Zweckaufwand) und sog. neutrale Aufwendungen einzubeziehen sind; Zusatzkosten bleiben mithin unberücksichtigt.

Der Gesetzgeber hat handelsrechtlich sowohl die Wertuntergrenze als auch die Wertobergrenze der Herstellungskostenermittlung definiert. Die Wertuntergrenze ergibt sich gemäß § 255 Abs. 2 Satz 2 HGB aus den Materialeinzelkosten, den Fertigungseinzelkosten und den Sondereinzelkosten der Fertigung sowie den angemessenen Teilen der notwendigen Materialgemeinkosten, der notwendigen Fertigungsgemeinkosten und des Werteverzehrs des Anlagevermögens, soweit dieser durch die Fertigung veranlasst ist. Die Wertobergrenze setzt sich aus der Wertuntergrenze zuzüglich der einbeziehungsfähigen Gemeinkosten gemäß § 255 Abs. 2 Satz 3 und Satz 4 HGB zusammen, gegebenenfalls unter Einschluss von Fremdkapitalzinsen gemäß § 255 Abs. 3 Satz 2 HGB, soweit sie auf den Zeitraum der Herstellung entfallen.

Dem Grundsatz nach gilt, dass die Einbeziehungswahlrechte jeweils für sich ausgeübt werden können, allerdings unter Beachtung des Grundsatzes der Bewertungsstetigkeit gemäß § 252 Abs. 1 Nr. 6 HGB.

Die Bewertung von selbst erstellten bzw. wesentlich verbesserten Vermögensgegenständen besteht somit aus Pflicht- und Wahlbestandteilen.

	Materialeinzelkosten
+	Fertigungseinzelkosten
+	Sondereinzelkosten der Fertigung
+	Materialgemeinkosten
+	Fertigungsgemeinkosten
+	Werteverzehr des Anlagevermögens, soweit er durch die Herstellung des Vermögensgegenstands veranlasst ist
=	Bewertungsuntergrenze nach Handelsrecht
+	Verwaltungskosten
+	freiwillige soziale Aufwendungen
+	Fremdkapitaleinzelkosten, soweit sie auf den Zeitraum der Herstellung entfallen
=	Bewertungsobergrenze nach Handelsrecht.

Erläuterungen der Herstellungskostenbestandteile:

1. **Pflichtbestandteile des Handelsrechts**
   Gemäß § 255 Abs. 2 Satz 2 HGB müssen Materialkosten, Fertigungskosten und Sonderkosten der Fertigung in die Herstellungskosten einbezogen werden. Dabei handelt es sich um die Einzelkosten. Darüber hinaus sind auch angemessene Teile der Material- und Fertigungsgemeinkosten sowie des Werteverzehrs des Anlagevermögens mit einzubeziehen.
   - **Materialeinzelkosten** sind direkt zurechenbare Stoffkosten bzw. Leistungen, die zur Herstellung unfertiger bzw. fertiger Erzeugnisse und aktivierbarer Eigenleistungen in Anspruch genommen wurden. Dazu gehören Rohstoffaufwendungen für ein Produkt, Fertigungsmaterial etc.
   - **Fertigungseinzelkosten** umfassen die Kosten, die bei der Fertigung des Produktes angefallen und direkt zurechenbar sind, sofern sie nicht Sonderkosten der Fertigung darstellen. Dazu gehören z. B. Fertigungslöhne einschließlich aller Zuschüsse und gesetzlicher und tariflicher Sozialleistungen.
   - **Sondereinzelkosten der Fertigung** sind Einzelaufwendungen für z. B. Modelle und Spezialwerkzeuge. Sie stellen auftragsgebundene Entwicklungs-, Versuchs- und Konstruktionskosten sowie Materialprüfungskosten dar.
   - **Materialgemeinkosten** umfassen die Kosten des Materialbereichs, sofern sie nicht den Produkten direkt zurechenbar sind und nicht den Charakter der Fertigungs- oder Verwaltungsgemeinkosten haben. Dazu gehören z. B. Kosten für die Lagerhaltung und für den Transport der benötigten Rohstoffe.
   - **Fertigungsgemeinkosten** treten zur Vorbereitung und Kontrolle der Fertigung auf, wie z. B. Löhne des Meisters.
   - **Werteverzehr des Anlagevermögens**, soweit er durch die Herstellung des Vermögensgegenstands veranlasst ist, z. B. die bilanzielle Abschreibung der Produktionsmaschinen.

2. **Wahlbestandteile des Handelsrechts**
   Handelsrechtlich können gemäß § 255 Abs. 2 Satz 3 HGB folgende Gemeinkosten in die Berechnung der Herstellungskosten einbezogen werden, sofern sie angemessen und notwendig sind bzw. auf den Zeitraum der Herstellung entfallen:
   - **Kosten der allgemeinen Verwaltung** wie Aufwendungen für die Geschäftsleitung, Einkauf und Wareneingang, Betriebsrat, Personalbüro, Feuerwehr, Werkschutz, Gehälter für Rechnungswesen etc.
   - **Aufwendungen für soziale Einrichtungen des Betriebes** wie bspw. Kantine, Sporteinrichtungen, Erholungsheime, Bibliotheken.
   - **Aufwendungen für freiwillige soziale Leistungen**, wie Jubiläumsgeschenke, Weihnachtszuwendungen, Wohnungsbeihilfen etc.
   - **Aufwendungen für betriebliche Altersversorgung** wie z. B. Leistungen in eine Direktversicherung, Zuschüsse an Pensions- und Unterstützungskassen.

Gemäß § 255 Abs. 3 Satz 2 HGB dürfen Fremdfinanzierungskosten, soweit sie auftragsbezogen innerhalb des Zeitraums der Herstellung anfallen, wie Herstellungskosten behandelt werden.

Die Pflichtbestandteile zzgl. der Wahlbestandteile bilden die sog. **Bewertungsobergrenze.**

Darüber hinaus anfallende Aufwendungen wie z. B. Forschungs- und Vertriebskosten und Fremdfinanzierungsgemeinkosten dürfen hingegen in der Berechnung der Herstellungskosten nicht berücksichtigt werden (Ansatzverbot gemäß § 255 Abs. 2 Satz 4 und Abs. 3 Satz 1 HGB).

Herstellungskosten eines selbst geschaffenen immateriellen Vermögensgegenstandes des Anlagevermögens sind gemäß § 255 Abs. 2a HGB die bei dessen Entwicklung anfallenden Aufwendungen nach Absatz 2; Forschungskosten dürfen hingegen – wie bereits ausgeführt – nicht aktiviert werden, § 255 Abs. 2 Satz 4 HGB. Damit stellt sich zwingend die Problematik einer Abgrenzung zwischen Forschungs- und Entwicklungsaufwendungen.

§ 255 Abs. 2a HGB bestimmt, dass unter **Entwicklung** die Anwendung von Forschungsergebnissen oder anderem Wissen für die Neuentwicklung von Gütern oder Verfahren oder die Weiterentwicklung von Gütern oder Verfahren mittels wesentlicher Änderungen zu verstehen ist. **Forschung** ist die eigenständige und planmäßige Suche nach neuen wissenschaftlichen oder technischen Erkenntnissen oder Erfahrungen allgemeiner Art, über deren technische Verwertbarkeit und wirtschaftliche Erfolgsaussichten grundsätzlich keine Aussagen gemacht werden können. Entscheidend hierbei ist, dass, sofern Forschung und Entwicklung nicht verlässlich voneinander getrennt werden können, eine Aktivierung der selbst geschaffenen immateriellen Vermögensgegenstände des Anlagevermögens ausgeschlossen ist, § 255 Abs. 2a Satz 4 HGB.

6.2.3 Planmäßige Abschreibungen

Bei Vermögensgegenständen des Anlagevermögens, deren Nutzung zeitlich begrenzt ist, sind die Anschaffungs- bzw. Herstellungskosten um planmäßige Abschreibungen zu vermindern (§ 253 Abs. 3 Satz 1 HGB).

Abschreibungen haben den Zweck, die Anschaffungs-/Herstellungskosten über die Jahre der Nutzungsdauer eines Vermögensgegenstandes (planmäßig) als Aufwand zu verteilen. Buchungstechnisch ist das Abschreibungskonto ein Aufwandskonto; die Abschreibung wirkt deshalb gewinnmindernd und dient der Ermittlung eines (richtigen) Periodenerfolgs.

Durch die Vornahme planmäßiger Abschreibungen auf Gegenstände des Anlagevermögens, deren Nutzung zeitlich begrenzt ist, wird vorrangig dynamischen, aber auch statischen Gesichtspunkten Rechnung getragen:

- Durch die Verrechnung von Abschreibungen wird eingetretenen Wertminderungen bei Gegenständen des Anlagevermögens entsprochen und sichergestellt, dass diese Wertminderungen bei Ermittlung des Wertansatzes berücksichtigt werden. Damit kann aus statischer Sicht eine zutreffende Darstellung der Vermögenslage erreicht werden.
- Aus dynamischer Sicht kommt der Abschreibung die Aufgabe zu, durch Verteilung der Anschaffungs- oder Herstellungskosten auf die Nutzungsdauer des Anlagegegenstandes eine periodengerechte Aufwandserfassung sicherzustellen und damit ein zutreffendes Bild der Ertragslage zu vermitteln.

Nicht zu verwechseln ist die hier angesprochene bilanzielle Abschreibung mit der kalkulatorischen Abschreibung des internen Rechnungswesens. Diese berechnet sich gerade nicht durch Bezug auf die Anschaffungs- bzw. Herstellungskosten, sondern wählt als Bemessungsgrundlage die Wiederbeschaffungskosten. Was handelsrechtlich – aufgrund des Gläubigerschutzgedankens – als Verstoß gegen das Vorsichtsprinzip gilt, ist in der Kosten- und Leistungsrechnung unabdingbare Voraussetzung zur exakten Preiskalkulation. In Zeiten von Inflation ist es dem Unternehmen ansonsten nicht möglich, über die Umsatzerlöse Wiederbeschaffungen vorzunehmen. Im externen Rechnungswesen ist ein Ansatz geschätzter (weil zukünftiger) Größen indes grundsätzlich unzulässig.

Da planmäßige Abschreibungen auf Basis „historischer" Anschaffungs- oder Herstellungskosten vorgenommen werden, kann letztlich nur die nominelle Kapitalerhaltung sichergestellt werden.

Bei Vornahme planmäßiger Abschreibungen ist zudem der Grundsatz der Bewertungsstetigkeit zu beachten. Das bedeutet, dass eine einmal gewählte Abschreibungsmethode für den betreffenden Vermögensgegenstand bis zum Ende seiner Nutzungsdauer beizubehalten ist.

Planmäßig abzuschreiben sind alle Anlagegegenstände, deren Nutzung zeitlich begrenzt ist; hierfür können unterschiedliche Gründe in Betracht kommen:

- Abnutzung (z. B. von Maschinen durch einen bestimmungsmäßigen Gebrauch) oder Ausbeutung (z. B. Abbau einer Kiesgrube),
- technischer oder wirtschaftlicher Verschleiß (z. B. durch Produktionsumstellung oder technischen Fortschritt),
- Nutzungsdauerbegrenzung durch Gesetz oder Vertrag (z. B. vereinbarte Lizenzdauer, zeitlich limitierter Patentschutz).

Nicht den Bestimmungen über die planmäßigen Abschreibungen unterliegen beispielsweise Finanzanlagen, Grundstücke, Anzahlungen sowie Anlagen im Bau.

Gemäß § 253 Abs. 3 Satz 2 HGB sind bei der planmäßigen Abschreibung die Anschaffungs- oder Herstellungskosten auf die Geschäftsjahre zu verteilen, in denen der Vermögensgegenstand voraussichtlich genutzt wird.

Aus dem Grundsatz der Planmäßigkeit der Abschreibung ergibt sich die Notwendigkeit, einen **Abschreibungsplan** zu erstellen, der durch folgende Merkmale bestimmt ist:

- Anschaffungs- oder Herstellungskosten des abnutzbaren Vermögensgegenstandes,
- voraussichtliche Nutzungsdauer oder geschätztes Leistungspotenzial des Vermögensgegenstandes,
- Abschreibungsmethode,
- eventueller Restverkaufserlös am Ende der Nutzung.

Handelsrechtlich ist keine bestimmte Abschreibungsmethode vorgeschrieben, das Verfahren muss lediglich den GoB entsprechen, d. h. eine willkürfreie und periodengerechte Aufwandserfassung sicherstellen. Es kommen zeitbezogene und leistungsbezogene Abschreibungsmethoden in Betracht; zu den zeitbezogenen Methoden zählen die lineare, die degressive und die progressive Methode.

Bei der **linearen** Abschreibung werden während der gesamten Nutzungsdauer konstante periodische Abschreibungsbeträge verrechnet. Unterstellt wird eine im Zeitablauf gleich bleibende Wertminderung des Vermögensgegenstandes.

Die lineare Abschreibung wird wie folgt ermittelt:

$$a = \frac{AHK - RVE}{n}$$

mit:	a	=	jährlicher Abschreibungsbetrag
	AHK	=	Anschaffungs-/Herstellungskosten
	RVE	=	Restverkaufserlös
	n	=	Nutzungsdauer

Bei der **degressiven** Abschreibung werden während der Nutzungsdauer periodisch fallende Abschreibungsbeträge verrechnet. Dadurch kann u. U. der wirtschaftlichen Entwertung sowie dem im Zeitablauf steigenden Reparaturaufwand aufwandsgemäß eher entsprochen werden, als dies bei der linearen Abschreibung der Fall ist. Hinzu kommt, dass in den ersten Jahren der ausschüttungsfähige Gewinn stärker gemindert wird als in den letzten Jahren der Nutzungsdauer.

Die degressive Abschreibung kann handelsrechtlich in zwei Ausprägungen vorkommen: in Form der geometrisch-degressiven Abschreibung und der arithmetisch-degressiven Abschreibung.

Bei der **geometrisch-degressiven** Abschreibung (auch „Buchwertabschreibung“ genannt) wird ein konstanter Abschreibungsprozentsatz zugrunde gelegt, der im ersten Jahr auf die Anschaffungs- oder Herstellungskosten, in den Folgejahren auf die Restbuchwerte bezogen wird.

Die geometrisch-degressive Abschreibung wird wie folgt ermittelt:

$$a = p \cdot BW_n$$

mit: p = Prozentsatz

BW_n = Buchwert zu Beginn jedes Jahres

Der bei der geometrisch-degressiven Abschreibung verwandte Prozentsatz kann grundsätzlich nicht verändert werden. Handelsrechtlich gibt es von Gesetzes wegen keine absolute Begrenzung des verwandten Prozentsatzes; allerdings muss er den handelsrechtlichen GoB entsprechen. In der Praxis orientiert man sich bei der Ermittlung des Abschreibungssatzes an den steuerrechtlichen Vorschriften. Dieser Abschreibungssatz durfte steuerrechtlich bei Vermögensgegenständen, die vom 01.01.2006 bis 31.12.2007 angeschafft oder hergestellt wurden, höchstens das Dreifache des Abschreibungsbetrags der linearen Abschreibung betragen und 30 % nicht übersteigen. Bei Anschaffung/Herstellung im Jahr 2008 durfte steuerrechtlich überhaupt keine geometrisch-degressive Abschreibung vorgenommen werden. Für Vermögensgegenstände, die vom 01.01.2009 bis 31.12.2010 angeschafft oder hergestellt wurden, betrug der Abschreibungssatz das 2,5-fache des linearen Abschreibungssatzes, höchstens jedoch 25 %. Für alle Vermögensgegenstände, die seit dem 01.01.2011 angeschafft oder hergestellt wurden, darf steuerrechtlich keine geometrisch-degressive Abschreibung mehr vorgenommen werden; handelsrechtlich hingegen weiterhin sehr wohl.

Im Rahmen des Konjunktur- und Zukunftspakets der Bundesregierung zur Bekämpfung der coronabedingten Folgen wurde mit dem Zweiten Corona-Steuerhilfegesetz vom 29.06.2020 unter anderem die zeitlich begrenzte Wiedereinführung der geometrisch-degressiven Abschreibung verankert: Als steuerlicher Investitionsanreiz ist – wie schon im Zeitraum 2009/2010 – die geometrisch-degressive Abschreibung mit dem Faktor 2,5 gegenüber der linearen AfA und einem Abschreibungssatz in Höhe von 25 % pro Jahr für bewegliche Wirtschaftsgüter des Anlagevermögens für Neuanschaffungen in den Jahren 2020 und 2021 (wieder) eingeführt worden. Die geometrisch-degressive Abschreibung als klassisches Instrument der Konjunkturpolitik war prädestiniert für eine Wiedereinführung, um Investitionsimpulse zu setzen.

Da eine Abschreibung auf den Wert „Null" bei der geometrisch-degressiven Abschreibung mathematisch bedingt nicht erreicht werden kann, wird in der Praxis bei dieser Methode regelmäßig während der Nutzungsdauer zur linearen Methode gewechselt. Dies ist der einzige Fall, in dem vom Grundsatz der Bewertungsstetigkeit nach § 252 Abs. 1 Nr. 6 HGB abgewichen und die Abschreibungsmethode gewechselt werden darf. Wird hingegen nicht gewechselt und weiterhin geometrisch-degressiv abgeschrieben, erfolgt in der letzten Nutzungsperiode eine außerplanmäßige Abschreibung, um auf den Restbuchwert von „Null" – oder einen avisierten Restverkaufserlös – zu kommen.

Als mögliche Formen der **arithmetisch-degressiven** Abschreibung, bei der sich die Abschreibungsbeträge jährlich um denselben Betrag (Degressionsbetrag) vermindern, kommen handelsrechtlich die sog. digitale Abschreibung und die Abschreibung in fallenden Staffelsätzen in Betracht. Da beide Verfahren steuerrechtlich (außer bei Gebäuden gemäß § 7 Abs. 5 EStG) nicht mehr zulässig sind, kommt diesen Methoden nahezu keine praktische Bedeutung zu.

Die **progressive** Abschreibung, bei der die Abschreibung in steigenden Beträgen vorliegt, stellt eine Umkehrung des Abschreibungsverlaufes der degressiven Abschreibung dar, sodass regelmäßig geometrische oder arithmetische Progressionsverläufe gegeben sein können. Handelsrechtlich ist die progressive Abschreibung nur in Ausnahmefällen zulässig (insbesondere muss der tatsächliche Werteverzehr dieser Art von Wertminderung entsprechen), steuerrechtlich ist sie dagegen generell nicht zugelassen.

Neben den zuvor erläuterten zeitabhängigen Abschreibungsmethoden gibt es die **leistungsabhängige** Abschreibung. Bei dieser Methode wird nach der Inanspruchnahme oder Leistungsabgabe eines Vermögensgegenstands abgeschrieben. Ausgangsgrößen sind die Anschaffungs- oder Herstellungskosten sowie das geschätzte Leistungspotenzial (z. B. Maschinenlaufzeit in Stunden insgesamt, Gesamtkilometerleistung eines PKW oder LKW).

Die Höhe der jährlichen Abschreibungsbeträge bestimmt sich nach dem periodischen Umfang der Leistungsabgabe oder Inanspruchnahme. Die leistungsabhängige Abschreibung setzt voraus, dass der Kaufmann den auf das einzelne Jahr entfallenden Umfang der Leistung nachweist. Der jährliche Betrag der Leistungsabschreibung ermittelt sich wie folgt:

$$a = \frac{AHK - RVE}{Gesamtleistung} \cdot Leistung\ pro\ Periode$$

Mit der Abschreibung ist zu beginnen, sobald ein Vermögensgegenstand angeschafft oder hergestellt wurde. Unter Rückgriff auf das Steuerrecht (§ 7 Abs. 1 Satz 4 EStG) wird auch handelsrechtlich im Jahr der Anschaffung oder Herstellung ein monatsgenauer Abschreibungsbetrag ermittelt, wobei der Monat des Zugangs in vollem Umfang einzubeziehen ist. Wird ein Vermögensgegenstand verkauft, ist die Abschreibung nur für den Zeitraum bis zur Veräußerung durchzuführen.

Besonderheiten der planmäßigen Abschreibungen sind z. B. bei selbstgeschaffenen immateriellen Vermögensgegenständen des Anlagevermögens und dem Geschäfts- oder Firmenwert zu beachten:

Kann in Ausnahmefällen die voraussichtliche Nutzungsdauer eines selbst geschaffenen immateriellen Vermögensgegenstands des Anlagevermögens nicht verlässlich geschätzt werden, sind nach § 253 Abs. 3 Satz 3 HGB planmäßige Abschreibungen auf die Herstellungskosten über einen Zeitraum von zehn Jahren vorzunehmen.

Nach § 246 Abs. 1 Satz 4 HGB gilt der entgeltlich erworbene Geschäfts- oder Firmenwert als zeitlich begrenzt nutzbarer Vermögensgegenstand. Der Geschäfts- oder Firmenwert ist über die betriebsindividuelle Nutzungsdauer planmäßig (linear) abzuschreiben. Die Nutzungsdauer des Geschäfts- oder Firmenwertes ist gemäß § 253 Abs. 3 Satz 4 i. V. m. Satz 3 HGB ebenfalls auf zehn Jahre festgelegt worden, sofern die voraussichtliche Nutzungsdauer nicht verlässlich geschätzt werden kann. Zudem ist der Abschreibungszeitraum des entgeltlich erworbenen Geschäfts- oder Firmenwertes gemäß § 285 Nr. 13 HGB im Anhang zu erläutern.

6.2.4 Außerplanmäßige Abschreibungen

Unabhängig davon, ob es sich um abnutzbare oder nicht abnutzbare Vermögensgegenstände des Anlagevermögens handelt, sind gemäß § 253 Abs. 3 Satz 5 HGB außerplanmäßige Abschreibungen vorzunehmen, wenn den Vermögensgegenständen am Abschlussstichtag aufgrund voraussichtlich dauernder Wertminderung ein niedrigerer Wert beizulegen ist. Bei einer nur vorübergehenden Wertminderung dürfen außerplanmäßige Abschreibungen gemäß § 253 Abs. 3 Satz 6 HGB nur bei Finanzanlagen durchgeführt werden (**gemildertes Niederstwertprinzip**). Dies bedeutet im Umkehrschluss, dass Sachanlagen und immaterielle Vermögensgegenstände – bei nur vorübergehender Wertminderung – nicht abgeschrieben werden dürfen.

Eine Legaldefinition dessen, was ein beizulegender Wert ist und wie er ermittelt wird, enthält das HGB nicht. Der beizulegende Wert wird regelmäßig über Hilfswerte zu bestimmen sein. Als Hilfswerte kommen in Betracht: der Wiederbeschaffungswert, der Einzelveräußerungswert und der Ertragswert.

Der **Wiederbeschaffungswert** wird i. d. R. der beizulegende Wert sein, da Gegenstände des Anlagevermögens auf Dauer dem Geschäftsbetrieb dienen und während des bestimmungsgemäßen Gebrauchs nicht für den Verkauf bestimmt sind. Der Wiederbeschaffungswert kann bei abnutzbaren Gegenständen des Anlagevermögens (z. B. Maschinen, Kraftfahrzeuge) als Wiederbeschaffungsneuwert (ggf. abzüglich planmäßiger Abschreibungen) oder Wiederbeschaffungszeitwert ermittelt werden. I.d.R. wird, von Spezialaggregaten abgesehen, der Wiederbeschaffungszeitwert zugrunde zu legen sein. Bei Gegenständen des Anlagevermögens, für die ein Börsenpreis notiert wird (z. B. Wertpapiere), ist dieser der zugrunde zu legende Wiederbeschaffungswert.

Der **Einzelveräußerungswert** wird nur in Ausnahmefällen als beizulegender Wert in Betracht kommen können, wenn z. B. Anlagegegenstände veräußert werden sollen oder stillgelegte Anlagen bewertet werden, die in absehbarer Zeit nicht mehr betrieblich genutzt werden.

Bei Anlagegegenständen, die in gleicher Form nicht wiederbeschafft werden können (z. B. Patente, Beteiligungen), wird der beizulegende Wert vielfach als **Ertragswert** ermittelt: Ertragswert ist der Kapitalwert, d. h. der Saldo der Barwerte künftiger Erträge und Aufwendungen.

Zwar wurde bereits angedeutet, dass auch Vermögensgegenstände des Umlaufvermögens höchstens zu Anschaffungs- bzw. Herstellungskosten zu aktivieren sind; da es sich bei ihnen allerdings um Vermögensgegenstände handelt, die nur kurzfristig im Unternehmen verweilen (z. B. Vorräte), unterliegen sie keiner planmäßigen Abschreibung. Indes besteht gemäß § 253 Abs. 4 HGB auch beim Umlaufvermögen eine Pflicht, auf den niedrigeren Börsen-/Marktpreis außerplanmäßig abzuschreiben. Anders als im Anlagevermögen spielt hierbei keine Rolle, ob es sich um eine nur vorübergehende oder voraussichtlich dauernde Wertminderung handelt (= **strenges Niederstwertprinzip**). Dies ist sinnvoll, da sich das Umlaufvermögen – definitionsgemäß – nur kurzfristig im Unternehmen befindet und damit auch eine nur vorübergehende Wertminderung in potenziellen Verlusten materialisieren kann.

Ist ein Börsen- oder Marktpreis nicht feststellbar, ist der beizulegende Wert zu bestimmen. Börsenpreis ist der an einer amtlichen Börse aufgrund tatsächlicher Umsätze im amtlichen Handel oder im geregelten Freiverkehr festgestellte Preis für börsengängige Wertpapiere oder Waren. Marktpreis ist der Preis, der für Waren einer bestimmten Gattung und durchschnittlicher Qualität am Abschlussstichtag an einem Handelsplatz im Durchschnitt gezahlt wird. Sowohl beim Börsen- als auch beim Marktpreis ergibt sich der „abgeleitete Wert“ unter Berücksichtigung eventueller Anschaffungsnebenkosten.

Der beizulegende Wert ist auch bei Gegenständen des Umlaufvermögens über Hilfswerte zu ermitteln. Um eine verlustfreie Bewertung sicherstellen zu können, wird dabei – anders als beim Anlagevermögen – ein Absatzmarktbezug gefordert. Da jedoch das Zurechnungsproblem nur bedingt lösbar ist, wird regelmäßig differenziert verfahren:

- Bei Roh-, Hilfs- und Betriebsstoffen ergibt sich der beizulegende Wert aus den Wiederbeschaffungs- oder Reproduktionskosten (damit liegt ein Beschaffungsmarktbezug vor).
- Bei fertigen und unfertigen Erzeugnissen ergibt sich der beizulegende Wert aus dem geschätzten, realisierbaren Veräußerungserlös (Absatzmarktbezug). Von diesem Veräußerungserlös werden noch die nach dem Bilanzstichtag anfallenden Herstellungskosten zur Fertigstellung abgezogen, um den am Bilanzstichtag beizulegenden Wert zu ermitteln (sog. retrograde Ermittlung).
- Für Handelswaren können demgegenüber grundsätzlich die Preise des Absatz- oder Beschaffungsmarktes in Betracht kommen.
- Bei Forderungen ist der beizulegende Wert unter Berücksichtigung des jeweiligen Bonitätsrisikos einzeln oder pauschal zu ermitteln. Dem allgemeinen Kreditrisiko kann durch weitere Abschläge Rechnung getragen werden.

6.2.5 Zuschreibungen

Sind die Gründe für die außerplanmäßige Wertminderung nach § 253 Abs. 3 Satz 5 und Satz 6 sowie Abs. 4 HGB weggefallen, müssen gemäß § 253 Abs. 5 Satz 1 HGB Zuschreibungen erfolgen (sog. **Wertaufholungsgebot**). Ein niedrigerer Buchwert darf nicht beibehalten werden.

Als **Zuschreibungsobergrenze** sind jedoch im nicht abnutzbaren Anlagevermögen sowie im Umlaufvermögen die historischen Anschaffungs- oder Herstellungskosten anzusehen. Beim abnutzbaren Anlagevermögen werden Zuschreibungen begrenzt durch die fortgeführten Anschaffungs- oder Herstellungskosten (d. h. die historischen Anschaffungs- oder Herstellungskosten abzüglich der bis zu diesem Zeitpunkt eigentlich zu berücksichtigenden planmäßigen Abschreibungen). Dies entspricht dem Anschaffungswertprinzip, demzufolge Vermögensgegenstände höchstens mit ihren „fortgeführten“ Anschaffungs- oder Herstellungskosten angesetzt werden dürfen.

Lediglich ein zuvor außerplanmäßig abgeschriebener entgeltlich erworbener Geschäfts- oder Firmenwert darf gemäß § 253 Abs. 5 Satz 2 HGB nicht zugeschrieben werden, da ansonsten ein originärer Geschäfts- oder Firmenwert ausgewiesen würde (hierzu auch Teil B Kapitel 5.2.3.6).

6.2.6 Bewertungsvereinfachungsverfahren

Sowohl für das Anlagevermögen als auch für das Umlaufvermögen ist in aller Regel der Grundsatz der Einzelbewertung zu beachten (§ 252 Abs. 1 Nr. 3 HGB, hierzu auch Teil A Kapitel 6.1.3). Von diesem Grundsatz der Einzelbewertung kann bei Vermögensgegenständen des Umlaufvermögens allerdings abgewichen werden, wenn sich die Anschaffungs- und Herstellungskosten der einzelnen Güter nur mit erheblichen Schwierigkeiten ermitteln lassen. Bei einer Vielzahl von Gütern setzt sich der jeweilige Bestand aus verschiedenen Lieferungen zu verschiedenen Anschaffungs- und Herstellungskosten zusammen, die gemeinsam gelagert werden und sich dabei vermischen. Hierzu zählen bspw. Flüssigkeiten, Gase, Schüttgüter. Vom Einzelbewertungsgrundsatz kann durch Sammelbewertungsverfahren, Gruppenbewertung und Festbewertung abgewichen werden.

Gemäß § 256 Satz 1 HGB besteht die Möglichkeit, bei gleichartigen Vermögensgegenständen des Vorratsvermögens die **Verbrauchs- oder Veräußerungsfolgeverfahren** (vielfach auch als "Sammelbewertungsverfahren" bezeichnet) anzuwenden. Für den Wertansatz kann unterstellt werden, dass die zuerst oder dass die zuletzt angeschafften oder hergestellten Vermögensgegenstände zuerst verbraucht oder veräußert worden sind. Soweit solche Verfahren Anwendung finden, besteht für Kapitalgesellschaften ggf. eine erweiterte Berichterstattungspflicht im Anhang (§ 284 Abs. 2 Nr. 3 HGB).

Der Zweck, der mit der Anwendung der Verbrauchsfolgeverfahren verfolgt wird, ist vorrangig in einer vereinfachten Ermittlung der Anschaffungs- oder Herstellungskosten des Vorratsvermögens zu sehen, die mögliche bilanzpolitische Zielsetzung tritt demgegenüber i. d. R. in den Hintergrund. Die Verfahren sind allgemein dadurch gekennzeichnet, dass entweder eine bestimmte zeitliche oder konzernbezogene Verbrauchsabfolge unterstellt wird und die Anschaffungs- oder Herstellungskosten auf der Basis dieser Verbrauchsfolgefiktion ermittelt werden.

Das Kriterium der Gleichartigkeit der Vermögensgegenstände ist regelmäßig erfüllt, wenn Art- oder Funktionsgleichheit gegeben ist. Hohe Preisunterschiede der einzelnen Vermögensgegenstände stehen indes dem Merkmal der Gleichartigkeit entgegen.

Die in Betracht kommenden Verfahren sind das Lifo- und das Fifo-Verfahren. Zu beachten ist jedoch, dass die aufgrund der Bewertungsvereinfachungsverfahren ermittelten Werte stets vor dem Hintergrund des strengen Niederstwertprinzips mit dem am Bilanzstichtag geltenden Marktpreis abzugleichen sind.

Beim **Lifo-Verfahren** (Last-in-first-out) wird unterstellt, dass die zuletzt angeschafften oder hergestellten Vermögensgegenstände zuerst veräußert oder verbraucht werden. Der Bestandsbewertung werden demnach die ältesten Bestände oder Zugänge der Rechnungsperiode zugrunde gelegt. Verfahrenstechnisch kann zwischen permanentem Lifo (mit fortlaufender Lifo-Bewertung während des Jahres) und Perioden-Lifo (mit einmaliger Bestandsbewertung am Jahresende) unterschieden werden.

Bei der **permanenten Lifo-Methode** werden alle Zu- und Abgänge laufend mengen- und wertmäßig erfasst:

Beispiel

	Menge	Preis/kg	Bewertung
Anfangsbestand	2.000 kg	10 €	20.000 €
Zugang 1	1.000 kg	12 €	12.000 €
Abgang 1	1.600 kg	1.000 kg zu 12 € 600 kg zu 10 €	18.000 €
Zwischenbestand	1.400 kg	10 €	14.000 €
Zugang 2	2.000 kg	13 €	26.000 €
Abgang 2	1.200 kg	13 €	15.600 €
Endbestand	2.200 kg	1.400 kg zu 10 € 800 kg zu 13 €	24.400 €

Verbrauch (2.800 kg) somit: 18.000 € + 15.600 € = 33.600 €

Das **Perioden-Lifo-Verfahren** bewertet den Bestand hingegen lediglich zum Ende des Wirtschaftsjahres. In o. g. Beispiel ergeben sich folgende Werte:

Endbestand (2.200 kg) = 2.000 kg zu 10 € + 200 kg zu 12 € = 22.400 €

Verbrauch (2.800 kg) = 2.000 kg zu 13 € + 800 kg zu 12 € = 35.600 €

Das **Fifo-Verfahren** (First-in-first-out) geht von der Fiktion aus, dass die zuerst angeschafften oder hergestellten Vermögensgegenstände auch zuerst wieder veräußert oder verbraucht werden. Die am Abschlussstichtag zu bewertenden Bestände entstammen demnach den zeitlich gesehen letzten Zugängen der Rechnungsperiode. In obigem Beispiel gilt:

Endbestand (2.200 kg): 2.000 kg zu 13 € + 200 kg zu 12 € = 28.400 €

Verbrauch (2.800 kg): 2.000 kg zu 10 € + 800 kg zu 12 € = 29.600 €

Neben diesen Sammelbewertungsverfahren existiert ein weiteres Bewertungsvereinfachungsverfahren für das Vorratsvermögen: die **Gruppenbewertung**. Gemäß § 256 Satz 2 i. V. m. § 240 Abs. 4 HGB können gleichartige Vermögensgegenstände des Vorratsvermögens sowie andere gleichartige oder annähernd gleichwertige bewegliche Vermögensgegenstände jeweils zu einer Gruppe zusammengefasst und mit dem gewogenen Durchschnitt angesetzt werden. Gleichwertigkeit wird als gegeben unterstellt, wenn die Preise der zu einer Gruppe zusammengefassten Vermögensgegenstände nur geringfügig differieren.

Beispiel

Periodische Gruppenbewertung

t1	Menge	Preis/kg	Bewertung
Anfangsbestand	2.000 kg	10 €	20.000 €
Zugang 1	1.000 kg	12 €	12.000 €
Zugang 2	2.000 kg	13 €	26.000 €
Bestand gesamt	5.000 kg		58.000 €
Abgang gesamt	2.800 kg	∅-Preis 11,60 € (58.000 €/5.000 kg)	32.480 €
Endbestand	2.200 kg	∅-Preis 11,60 €	25.520 €

Das Verfahren kann dadurch verfeinert werden, dass laufend nach jedem Zugang ein neuer Durchschnittspreis ermittelt und der zeitlich folgende Abgang damit bewertet wird.

Für Roh-, Hilfs- und Betriebsstoffe und für Vermögensgegenstände des Sachanlagevermögens kann darüber hinaus ein **Festwert** angesetzt werden. Dies setzt voraus, dass die angesprochenen Güter regelmäßig ersetzt werden, ihr Gesamtwert für das Unternehmen von nachrangiger Bedeutung ist und der Bestand in seiner Größe, seinem Wert und seiner Zusammensetzung nur geringen Veränderungen unterliegt, § 256 Satz 2 i. V. m. § 240 Abs. 3 HGB.

Dieser Festwert ist im Regelfall an jedem dritten, spätestens - für Sachanlagevermögen - an jedem fünften Bilanzstichtag durch eine körperliche Bestandsaufnahme zu überprüfen. Übersteigt der für diesen Bilanzstichtag ermittelte Wert den bisherigen Festwert um mehr als 10 %, ist der ermittelte Wert als neuer Festwert maßgebend. Eine unmittelbare Zuschreibung ist nicht erforderlich; vielmehr wird mit den nächsten Zugängen der Buchwert sukzessive bis zum neuen Festwert angehoben. Übersteigt der ermittelte Wert den bisherigen Festwert um weniger als 10 %, kann der bisherige Festwert beibehalten werden. Ist der ermittelte Wert niedriger als der bisherige Festwert, so muss der Bilanzierende den ermittelten Wert als neuen Festwert ansetzen.

6.2.7 Zeitwert

Bei Kreditinstituten und Versicherungsunternehmen sind die zu Handelszwecken erworbenen Finanzinstrumente gemäß § 340e Abs. 3 Satz 1 HGB mit ihrem beizulegenden Zeitwert (abzüglich eines Risikoabschlags) zu bewerten. Dasselbe gilt für einen ggf. existierenden aktiven Unterschiedsbetrag aus der Vermögensverrechnung von Altersversorgungsverpflichtungen gemäß § 246 Abs. 2 Satz 3 HGB.

Der beizulegende Zeitwert entspricht dabei gemäß § 255 Abs. 4 Satz 1 HGB dem Marktpreis. Soweit kein aktiver Markt besteht, anhand dessen sich der Marktpreis ermitteln lässt, ist der beizulegende Zeitwert gemäß § 255 Abs. 4 Satz 2 HGB mit Hilfe allgemein anerkannter Bewertungsmethoden zu bestimmen. Lässt sich der beizulegende Zeitwert weder nach § 255 Abs. 4 Satz 1 noch nach Satz 2 HGB ermitteln, sind gemäß § 255 Abs. 4 Satz 3 HGB die Anschaffungs- oder Herstellungskosten nach § 253 Abs. 4 HGB fortzuführen.

6.3 Bewertung der Passivposten

6.3.1 Bewertung des Eigenkapitals

Das gezeichnete Kapital ist gemäß § 272 Abs. 1 Satz 1 HGB zum Nennbetrag auszuweisen. Gesonderte Bewertungsmethoden erübrigen sich insoweit.

6.3.2 Bewertung von Rückstellungen

Rückstellungen sind gemäß § 253 Abs. 1 Satz 2 HGB in Höhe des nach vernünftiger kaufmännischer Beurteilung notwendigen **Erfüllungsbetrags** anzusetzen. Der vernünftige kaufmännische Wert wird sich dabei i. d. R. nur im Wege der Schätzung ermitteln lassen; dies gilt für Schuld- wie Aufwandsrückstellungen gleichermaßen. Soweit möglich, ist dabei objektiviert zu verfahren, d. h. objektive Umstände sind zu berücksichtigen. Dabei ist von grundsätzlicher Bedeutung, ob z. B. eine Verpflichtung nur hinsichtlich ihrer Eintrittswahrscheinlichkeit, hinsichtlich ihrer Höhe oder aber hinsichtlich beider Kriterien ungewiss ist. Bei Rückstellungen, bei denen das Entstehen sicher, nur die Höhe ungewiss ist (z. B. Schadensersatz wird bejaht, die Schadenshöhe ist jedoch strittig), muss als Ausfluss des Vorsichtsprinzips der Wert mit der größten Eintrittswahrscheinlichkeit der Bewertung zugrunde gelegt werden. Darüber hinaus verlangt eine Bewertung zum Erfüllungsbetrag, auch zukünftige Preisentwicklungen einzubeziehen.

Bei der Bewertung von Drohverlustrückstellungen (Rückstellungen für drohende Verluste aus schwebenden Geschäften), d. h. Absatz- oder Beschaffungsgeschäften, bei denen ein künftiger Aufwendungsüberschuss (= Verlust) zu erwarten ist, werden im Schrifttum unterschiedliche Auffassungen vertreten. Strittig ist, ob die Leistungsverpflichtung zu Voll- oder Teilkosten anzusetzen ist und inwieweit noch nicht realisierte, aber zu erwartende Erträge verlustmindernd berücksichtigt werden müssen.

Rückstellungen mit einer Laufzeit von mehr als einem Jahr sind gemäß § 253 Abs. 2 Satz 1 HGB abzuzinsen mit dem ihrer Restlaufzeit entsprechenden durchschnittlichen Marktzinssatz, der sich im Falle von Rückstellungen für Altersversorgungsverpflichtungen aus den vergangenen zehn Geschäftsjahren und im Falle sonstiger Rückstellungen aus den vergangenen sieben Geschäftsjahren ergibt (so § 253 Abs. 2 Satz 1 HGB). Abweichend hiervon dürfen Rückstellungen für laufende Pensionen oder Anwartschaften auf Pensionen pauschal mit dem durchschnittlichen Marktzinssatz abgezinst werden, der sich bei einer angenommenen Restlaufzeit von 15 Jahren ergibt. Diese Vorschriften gelten entsprechend für auf Rentenverpflichtungen beruhenden Verbindlichkeiten, für die eine Gegenleistung nicht mehr zu erwarten ist. Der anzuwendende Abzinsungssatz wird von der Deutschen Bundesbank nach Maßgabe einer Rechtsverordnung ermittelt und monatlich bekannt gegeben (§ 253 Abs. 2 Satz 2 bis Satz 4 HGB). Die Bewertung beispielsweise einer Pensionsrückstellung zum **Erfüllungsbetrag** gemäß § 253 Abs. 1 Satz 2 HGB bedeutet zudem, dass auch zukünftige Lohn-, Gehalts- und Rententrends miteinbezogen werden müssen.

6.3.3 Bewertung von Verbindlichkeiten

Gemäß § 253 Abs. 1 Satz 2 HGB sind Verbindlichkeiten mit ihrem **Erfüllungsbetrag** anzusetzen. Der Erfüllungsbetrag ist i. d.R wertmäßig durch Vertrag oder Eingangsrechnung bestimmt; steht der Erfüllungsbetrag in Ausnahmefällen am Abschlussstichtag noch nicht exakt fest, muss dieser u. U. (vorsichtig) geschätzt werden, ggf. ist eine Rückstellung zu bilden.

Bei Fremdwährungsverbindlichkeiten entspricht der Erfüllungsbetrag i. d. R. dem Briefkurs im Zeitpunkt der buchhalterischen Erfassung der Verbindlichkeit. Die Bewertung der Währungsverbindlichkeit am Abschlussstichtag erfolgt zum Devisenkassamittelkurs (§ 256a Satz 1 HGB) und bestimmt sich nach dem Imparitätsprinzip, d. h. steigende Wechselkurse (eine Abwertung der heimischen Währung) führen zu einem höheren Ansatz der Verbindlichkeit gegenüber dem Zeitpunkt der Erstbuchung, während sinkende Wechselkurse (eine Aufwertung der heimischen Währung) nur bis zur Untergrenze des gebuchten Erfüllungsbetrages berücksichtigt werden. Lediglich bei kurzfristigen Fremdwährungsverbindlichkeiten wird gemäß § 256a Satz 2 HGB entgegen dem Realisationsprinzip eine niedrigere Schuld in der Bilanz ausgewiesen (hierzu auch das Beispiel in Teil A Kapitel 6.1.5.2).

7 Gewinn- und Verlustrechnung

Lernziele

- Welche Funktionen erfüllt die Gewinn- und Verlustrechnung?
- Welche Gliederungsmöglichkeiten der Gewinn- und Verlustrechnung gibt es?
- Wie unterscheidet sich die Gliederung der Gewinn- und Verlustrechnung nach dem Gesamtkostenverfahren von der Gliederung nach dem Umsatzkostenverfahren?

Zum Jahresabschluss gehört neben der Bilanz gemäß den §§ 242 Abs. 3, 264 Abs. 1 HGB auch die Gewinn- und Verlustrechnung (GuV), die jeder Kaufmann zu erstellen hat. Das Handelsrecht enthält in § 242 Abs. 2 HGB eine Legaldefinition der GuV, d. h. diese stellt eine Zusammenstellung der Erträge und Aufwendungen der Rechnungsperiode dar. Während die Bilanz eine Zeitpunktrechnung ist, die Vermögen und Schulden an einem Zeitpunkt (= Bilanzstichtag) gegenüberstellt, ist die GuV eine Zeitraumrechnung, da sie die Stromgrößen Ertrag und Aufwand erfasst.

Die GuV ist im System der doppelten Buchführung unmittelbar mit der Bilanz verbunden; Bilanzierungs- und Bewertungsentscheidungen eines Unternehmens wirken sich somit unmittelbar auf die GuV aus, wie auch umgekehrt Aufwands- und Ertragsverrechnung Auswirkungen auf die Bilanz haben (müssen). Zwar weist auch die Bilanz den Jahresüberschuss/Jahresfehlbetrag der Periode als Änderung des Eigenkapitals aus; die GuV zeigt indes gleichzeitig, wie das Jahresergebnis zustande gekommen ist.

Da Aufwendungen als periodisierte Ausgaben, Erträge als periodisierte Einnahmen definiert werden, dient die GuV der Periodenerfolgsermittlung durch Zuordnung der Wertzuwächse und Wertminderungen zu einer abgegrenzten Rechnungsperiode. Aus dynamischer Sicht stehen dabei die periodengerechte Erfassung und Verrechnung von Einnahmen und Ausgaben sowie die Darstellung der Erfolgsquellen im Vordergrund, aus statischer Sicht kommt der GuV primär die Aufgabe zu, die durch betriebliche Prozesse verursachten Veränderungen des Reinvermögens nach Höhe und Ursachen zu erfassen und zu dokumentieren.

Sowohl in statischer als auch in dynamischer Hinsicht hat die GuV die Aufgabe, die Erfolgskomponenten eines Unternehmens aufzuzeigen, d.h. zu dokumentieren, durch welche Prozesse bzw. in welchen Bereichen unternehmerischer Betätigung positive und/oder negative Erfolge erwirtschaftet wurden. Dieser Aufgabe wird durch eine möglichst weit gefasste Erfolgsspaltung entsprochen. Für Kapitalgesellschaften wird dieser Zielsetzung durch die Gliederungsvorschriften gemäß § 275 Abs. 2 und Abs. 3 HGB sowie durch zusätzliche Erläuterungen im Anhang gemäß § 285 Nr. 4 und Nr. 8 HGB gefolgt, während bei Nicht-Kapitalgesellschaften unter Beachtung der GoB weitgehende Gestaltungsfreiheit besteht.

Während somit bei Nicht-Kapitalgesellschaften keine besonderen Formvorschriften zu beachten sind, ist die GuV der Kapitalgesellschaften gemäß § 275 Abs. 1 HGB zwingend in Staffelform nach dem Gesamtkosten- oder Umsatzkostenverfahren zu erstellen (unzulässig: Kontoform). Bei Kapitalgesellschaften ist zudem das Bruttoprinzip zu beachten, von dem kleine und mittelgroße Kapitalgesellschaften gemäß § 276 HGB durch Postenzusammenfassung abweichen dürfen. Die allgemeinen Gliederungsgrundsätze, wie sie in § 265 HGB verankert sind, gelten auch für die GuV (Gliederungsstetigkeit, Nichtausweis von Leerposten, Angabe von Vorjahresbeträgen, geschäftszweigbedingte Abweichungen usw.). Da die GuV i. d. R. ihrer Aufgabe, die Ertragslage gemäß § 264 Abs. 2 HGB zu verdeutlichen, nicht uneingeschränkt entsprechen kann, sieht das HGB eine Reihe von Angabepflichten im Anhang vor, die sich auf Posten der GuV beziehen (so z. B. § 285 Nr. 4, Nr. 8, Nr. 9, Nr. 17 HGB).

Von der Wahl des Gesamtkostenverfahrens (GKV) oder Umsatzkostenverfahrens (UKV) sind letztlich die Art und der Umfang der Aufwands- und Ertragserfassung und -verrechnung abhängig. Die beiden Verfahren erfassen jedoch – entgegen den gewählten Termini „... kostenverfahren" – Erträge und Aufwendungen, nicht aber Leistungen und Kosten, sodass durch die gewählten Begriffe letztendlich lediglich die Verfahrenstechnik der Ertrags- und Aufwandsverrechnung kenntlich gemacht wird.

Die wesentlichen Unterschiede zwischen dem Gesamtkostenverfahren und dem Umsatzkostenverfahren lassen sich vereinfacht wie nachfolgend dargestellt skizzieren.

7.1 Das Gesamtkostenverfahren

Beim Gesamtkostenverfahren werden dem Gesamtaufwand dieser Periode – gegliedert nach Aufwandsarten – die am Markt realisierten Umsatzerlöse sowie auch die (noch) nicht realisierten Erträge (Bestandserhöhungen und aktivierte Eigenleistungen) gegenübergestellt. Die nicht realisierte Leistung wird damit in die Gesamtleistung des Geschäftsjahres einbezogen, periodisiert und den Gesamtaufwendungen gegenübergestellt. Das Verfahren stellt sich als relativ unkompliziert dar, die Aufwandsarten (z. B. Personalaufwand, Materialaufwand usw.) können unmittelbar aus der Finanzbuchhaltung übernommen werden. Lediglich bei der Erfassung und Bewertung der Bestände – einschließlich der selbst erstellten Anlagen (aktivierte Eigenleistungen) zu Herstellungskosten – muss auf Daten der Kostenrechnung zurückgegriffen oder mittels anderer Maßnahmen eine den gesetzlichen Vorgaben entsprechende Wertermittlung sichergestellt werden. Die nach diesem Verfahren erstellte GuV lässt sich auch als Produktionskostenrechnung bezeichnen, bei der das Betriebsergebnis nach den Produktionsfaktoren Werkstoffe (Materialaufwendungen), Arbeit (Löhne und Gehälter) und Betriebsmittel (Abschreibungen) gegliedert ist.

Dem GKV liegt nachfolgendes Gliederungsschema zugrunde:

1. Umsatzerlöse
2. Erhöhung oder Verminderung des Bestands an FE/UE
3. andere aktivierte Eigenleistungen
4. Sonstige betriebliche Erträge
5. Materialaufwand
   a) Aufwendungen für RHB und für bezogene Waren
   b) Aufwendungen für bezogene Leistungen
6. Personalaufwand
   a) Löhne und Gehälter
   b) soziale Abgaben und Aufwendungen für Altersversorgung und Unterstützung
7. Abschreibungen
   a) auf immaterielle VG des AV und Sachanlagen
   b) auf VG des UV, soweit diese die in der Kapitalgesellschaft üblichen Abschreibungen überschreiten
8. Sonstige betriebliche Aufwendungen
9. Erträge aus Beteiligungen
   davon aus verbundenen Unternehmen
10. Erträge aus anderen Wertpapieren und Ausleihungen des Finanzanlagevermögens;
   davon aus verbundenen Unternehmen
11. sonstige Zinsen und ähnliche Erträge;
   davon aus verbundenen Unternehmen
12. Abschreibungen auf Finanzanlagen und Wertpapiere des UV
13. Zinsen und ähnliche Aufwendungen;
   davon aus verbundenen Unternehmen
14. Steuern vom Einkommen und vom Ertrag
15. Ergebnis nach Steuern
16. Sonstige Steuern
17. Jahresüberschuss/ Jahresfehlbetrag

Abbildung 1: *Gesamtkostenverfahren (§ 275 Abs. 2 HGB)*

Als Umsatzerlöse sind gemäß § 277 Abs. 1 HGB die Erlöse aus dem Verkauf und der Vermietung oder Verpachtung von Produkten sowie aus der Erbringung von Dienstleistungen der Kapitalgesellschaft nach Abzug von Erlösschmälerungen und der Umsatzsteuer sowie sonstiger direkt mit dem Umsatz verbundener Steuern auszuweisen. Dazu gehören neben den Entgelten für Leistungen, die für die gewöhnliche Geschäftstätigkeit des Unternehmens typisch sind, auch Entgelte für – bezogen auf die Geschäftstätigkeit – untypische Dienstleistungen, wie z. B. Beraterleistungen, Miet- und Pachteinnahmen aus Nebengeschäften, Schrottverkäufe und Patent- und Lizenzgebühren, Verkäufe an Personal.

Bestandsveränderungen an fertigen und unfertigen Erzeugnissen (Nr. 2) werden gemäß § 277 Abs. 2 HGB sowohl aufgrund von Wert- als auch Mengenänderungen berücksichtigt. Wertänderungen ergeben sich z. B. aufgrund von Abschreibungen wegen des Niederstwertprinzips (hierzu auch Teil A Kapitel 6.2.4). Mengenänderungen entstehen, wenn die Produktion größer oder kleiner ist als der Verkauf.

Andere aktivierte Eigenleistungen (Nr. 3) sind Produkte, z. B. Werkzeuge, Maschinen, etc., die der Betrieb selbst nutzt. Die bei der Erstellung von Eigenleistungen angefallenen Aufwendungen, z. B. Löhne, Material, sind in den Aufwandsposten enthalten, sodass es einer Ausgleichsposition bedarf, um die betriebliche Gesamtleistung nicht zu niedrig auszuweisen.

Zu den **sonstigen betrieblichen Erträgen** (Nr. 4) gehören Erträge aus der Auflösung von Einzelwertberichtigungen, Erträge aus der Auflösung oder Herabsetzung von Rückstellungen, Erträge aus Verschmelzungen oder andere Umwandlungsgewinne, Zahlungseingänge auf im Vorjahr ausgebuchte Forderungen, Erträge aus Anlagenabgängen sowie Zuschreibungen.

Unter **Materialaufwand** (Nr. 5) werden Aufwendungen für Roh-, Hilfs- und Betriebsstoffe (a) aufgenommen, unabhängig davon, in welchem Bereich sie angefallen sind, und sämtliche Aufwendungen für Leistungen Dritter (b), sofern sie dem Materialaufwand zugeordnet werden können, wie z. B. Lohnbe- und -verarbeitungen.

Der **Personalaufwand** (Nr. 6) umfasst unter a) die gesamte Entlohnung für im Betrieb beschäftigte Arbeiter, Angestellte und Mitglieder des Vorstands bzw. der Geschäftsführung. Auszuweisen ist der Bruttobetrag, d. h. vor Abzug der Steuern und Arbeitnehmeranteile zur Sozialversicherung. Separat unter b) sind auszuweisen soziale Abgaben, d. h. Lohnnebenkosten, wie z. B. Arbeitgeberbeiträge zur Sozialversicherung und Aufwendungen für Altersversorgung.

Abschreibungen (Nr. 7) nehmen unter a) sowohl planmäßige als auch außerplanmäßige Abschreibungen auf immaterielle Vermögensgegenstände des Anlagevermögens und Sachanlagen auf. Unter b) werden Abschreibungen des Umlaufvermögens ausgewiesen, soweit diese die in der Kapitalgesellschaft üblichen Abschreibungen überschreiten. Hierunter fallen sog. Mehrabschreibungen, die z. B. bei Änderung von bisherigen Abschreibungsmethoden oder bei Vornahme von ungewöhnlichen, selten vorkommenden Abschreibungen die üblich anfallenden Abschreibungsbeträge wesentlich überschreiten.

Der Posten „**sonstiger betrieblicher Aufwand**" (Nr. 8) gilt als Sammelposten aller Aufwendungen, die nicht unter andere Aufwandsposten fallen. Dazu zählen z. B. Aufwand zur Bildung von Rückstellungen, Mieten, Pachten, Beiträge, Gebühren, Versicherungen, Werbe-, Reise-, Vertreterkosten, Bürokosten, Verluste aus dem Abgang von Vermögensgegenständen des Anlage- und Umlaufvermögens, Bankgebühren, Zeitschriften, Bücher, Leasingraten, Provisionen, Spenden, Transportkosten, Wartungskosten, Steuerstrafen.

Die Posten Nr. 1 bis 8 bilden das Betriebsergebnis, das zwar nicht in der GuV separat ausgewiesen wird, aber als Beurteilungsmaßstab in der Jahresabschlussanalyse dient. Zum Finanzergebnis, das wiederum nicht in der GuV separat auszuweisen ist, gehören die folgenden Posten Nr. 9 bis Nr. 13.

Unter **Erträge aus Beteiligungen** (Nr. 9) zählen alle laufenden Erträge aus den Bilanzposten „Beteiligungen" und „Anteile an verbundenen Unternehmen", wie z. B. Dividenden von Kapitalgesellschaften, Gewinnanteile von Personengesellschaften, Zinsen auf beteiligungsähnliche Darlehen. Die enthaltenen Erträge aus verbundenen

Unternehmen sind mit einem „davon-Vermerk" hervorzuheben. Nicht dazu gehören Gewinne aus der Veräußerung von Beteiligungen, diese sind i. d. R. unter dem Posten „sonstige betriebliche Erträge" auszuweisen.

Erträge aus anderen Wertpapieren und Ausleihungen des Finanzanlagevermögens (Nr. 10) weisen die übrigen Erträge aus langfristig gehaltenen Anteilen sowie aus sämtlichen Ausleihungen aus. Dazu gehören z. B. Zinsen, Dividenden und ähnliche Ausschüttungen auf Wertpapiere des Anlagevermögens (Aktien, Anleihen etc.) sowie Zinserträge aus Ausleihungen des Finanzanlagevermögens (z. B. langfristige Darlehen). Die enthaltenen Erträge aus verbundenen Unternehmen sind wieder mit einem „davon-Vermerk" hervorzuheben. Nicht erfasst werden hierunter Gewinne aus der Veräußerung von Wertpapieren; diese werden i. d. R. als sonstige betriebliche Erträge erfasst.

Sonstige Zinsen und ähnliche Erträge (Nr. 11) sind z. B. Zinsen für Guthaben für Termingelder, Spareinlagen und andere Anlagen bei Kreditinstituten, Zinsen aus Forderungen und Darlehen an Dritte (soweit nicht Finanzanlagen), Zinsen, Dividenden und dergleichen auf Wertpapiere des Umlaufvermögens. Die enthaltenen Beträge aus verbundenen Unternehmen sind mit einem „davon-Vermerk" hervorzuheben.

Abschreibungen auf Finanzanlagen und auf Wertpapiere des Umlaufvermögens (Nr. 12) stellen außerplanmäßige Abschreibungen dar.

Unter **Zinsen und ähnliche Aufwendungen** (Nr. 13) werden alle Zinsaufwendungen und ähnliche Aufwendungen für das im Unternehmen gebundene Fremdkapital aufgenommen. Dazu gehören Zinsen für geschuldete Kredite (z. B. Bankkredite, Hypotheken, Schuldverschreibungen, Darlehen, Lieferantenkredite), Kredit-, Überziehungs- und Bereitstellungsprovisionen, Bürgschafts- und Avalprovisionen, Abschreibungen auf ein aktiviertes Disagio ebenso sowie der Sofortaufwand bei Nichtaktivierung eines Disagios.

Zu den **Steuern vom Einkommen und vom Ertrag** (Nr. 14) zählen alle Steuern vom Einkommen und vom Ertrag, die das Unternehmen als Steuerschuldner zu tragen hat, wie z. B. die Körperschaftsteuer, die Gewerbesteuer und ausländische Ertragsteuern. Es sind alle gezahlten sowie zurückgestellten Beträge aufzuführen, unabhängig davon, ob sie das laufende Geschäftsjahr oder eine frühere Rechnungsperiode betreffen. Steuererträge, die z. B. durch Auflösung von Steuerrückstellungen oder Steuererstattungen entstehen, sind ebenfalls unter diesem Posten auszuweisen.

In der Nr. 15 wird ein **Ergebnis nach Steuern** als eigenständiger Zwischensaldo ausgewiesen.

Der Posten **„sonstige Steuern"** (Nr. 16) ist ein Sammelposten aller übrigen Steuern. Dazu gehören z. B. die Grundsteuer, die KFZ-Steuer, die Versicherungsteuer, Ausfuhrzölle etc. Dabei müssen Steuern, die mit dem Umsatz direkt verbunden sind, wie z. B. Biersteuer, Mineralölsteuer, Stromsteuer, Sektsteuer, vom Posten Umsatzerlöse abgezogen werden.

Nach Abzug der sonstigen Steuern vom Ergebnis nach Steuern wird in der GuV das Jahresergebnis als **Jahresüberschuss** oder **Jahresfehlbetrag** (Nr. 17) ausgewiesen.

Erträge und Aufwendungen von außergewöhnlicher Größenordnung oder außergewöhnlicher Bedeutung, soweit die Beträge nicht von untergeordneter Bedeutung sind, sind gem. § 285 Nr. 31 HGB jeweils mit ihrem Betrag und ihrer Art einzelnen im Anhang anzugeben.

Außergewöhnlich sind solche Erträge und Aufwendungen, die außerhalb der gewöhnlichen Geschäftstätigkeit des Unternehmens angefallen sind. Eine einheitliche Auffassung dessen, was „außerordentlicher Art" ist, lässt sich im Schrifttum nicht feststellen. Das Spektrum der Meinungen reicht von „unternehmensfremd" über „unregelmäßig anfallend", „der Größenordnung nach bedeutend" bis zu einer Kombination dieser Charakteristika. Geschäftsvorfälle, die der Art nach ungewöhnlich sind, d. h. außerhalb der betriebsgewöhnlichen Geschäftstätigkeit anfallen, und einmalig oder selten und von erheblicher materieller und/oder immaterieller Bedeutung sind, erfüllen i. d. R. die Kriterien, die der Außerordentlichkeit zugrunde gelegt werden. Dies trifft z. B. in folgenden Fällen zu: Gewinne/Verluste aus der Veräußerung eines Betriebes oder Teilbetriebes, Gewinne/Verluste aus der Veräußerung wesentlicher Beteiligungen, von Patenten oder sonstigen Rechten, Sanierungsgewinne/-verluste sowie Entschädigungsleistungen aufgrund von Sozialplänen.

7.2 Das Umsatzkostenverfahren

Beim Umsatzkostenverfahren werden demgegenüber nur die am Markt realisierten Umsatzerlöse berücksichtigt und den hierfür angefallenen Umsatzaufwendungen gegenübergestellt; Bestandsveränderungen und aktivierte Eigenleistungen bleiben hier unberücksichtigt.

Das Umsatzkostenverfahren enthält lediglich im Bereich des Betriebsergebnisses (Nr. 1 bis Nr. 7) eine unterschiedliche Struktur. Das Betriebsergebnis ist im Umsatzkostenverfahren nach den Funktionsbereichen Produktion, Vertrieb und Verwaltung gegliedert. Das Finanzergebnis, das Jahresergebnis nach Steuern und der Jahresüberschuss/Jahresfehlbetrag enthalten dieselben Informationen wie bei Anwendung des Gesamtkostenverfahrens.

Dem UKV liegt nachfolgendes Gliederungsschema zugrunde:

1. Umsatzerlöse
2. Herstellungskosten der zur Erzielung der Umsatzerlöse erbrachten Leistungen
3. **Bruttoergebnis vom Umsatz**
4. Vertriebskosten
5. Allgemeine Verwaltungskosten
6. Sonstige betriebliche Erträge
7. Sonstige betriebliche Aufwendungen
8. Erträge aus Beteiligungen;
   davon aus verbundenen Unternehmen
9. Erträge aus anderen Wertpapieren und Ausleihungen des Finanzanlagevermögens;
   davon aus verbundenen Unternehmen
10. sonstige Zinsen und ähnliche Erträge;
    davon aus verbundenen Unternehmen
11. Abschreibungen auf Finanzanlagen und Wertpapiere des UV
12. Zinsen und ähnliche Aufwendungen;
    davon aus verbundenen Unternehmen
13. Steuern vom Einkommen und Ertrag
14. Ergebnis nach Steuern
15. Sonstige Steuern
16. **Jahresüberschuss/Jahresfehlbetrag**

Abbildung 2: *Umsatzkostenverfahren (§ 275 Abs. 3 HGB)*

Die **Umsatzerlöse** (Nr. 1) entsprechen dem Posten Nr. 1 im Gesamtkostenverfahren.

Unter **Herstellungskosten der zur Erzielung der Umsatzerlöse erbrachten Leistungen** (Nr. 2) fallen die Herstellungskosten der in der Rechnungsperiode abgesetzten Sachgüter oder Dienstleistungen, unabhängig davon, in welcher Periode die Herstellungskosten angefallen sind. Demgegenüber sind die Herstellungskosten der fertigen und unfertigen Erzeugnisse, die noch nicht verkauft wurden, sowie der selbsterstellten Anlagegüter hier nicht einzubeziehen.

Das **Bruttoergebnis vom Umsatz** (Nr. 3) stellt eine zwingend auszuweisende Zwischensumme dar und liefert im Zeitvergleich wichtige Informationen über die Entwicklung der Produktivität des Unternehmens.

Als Vertriebskosten (Nr. 4) werden alle periodenbezogenen, nicht umsatzbezogenen direkt und indirekt zurechenbaren Aufwendungen für Verkaufsabteilungen, Werbeagenturen, Marketingabteilungen, Vertreternetz etc. bezeichnet; dazu gehören auch Verpackungs- und Transportkosten sowie Provisionen.

Unter **allgemeine Verwaltungskosten** (Nr. 5) zählen z. B. Aufwendungen für die Geschäftsführung, für das Rechnungswesen, für die Rechtsabteilung, für die Revisionsabteilung, soweit diese nicht unter den Posten Nr. 2 und Nr. 4 erfasst werden.

Der Posten **„sonstige betriebliche Erträge“** (Nr. 6) entspricht dem Posten Nr. 4 im Gesamtkostenverfahren.

Sonstige betriebliche Aufwendungen (Nr. 7) sind alle Aufwendungen der entsprechenden Position im Gesamtkostenverfahren (Nr. 8), abzüglich der bereits unter Nr. 2, Nr. 4 oder Nr. 5 ausgewiesenen sonstigen betrieblichen Aufwendungen. Daher wird dieser Posten i. d. R. niedriger ausfallen als im Gesamtkostenverfahren.

Die Posten Nr. 8 bis Nr. 16 stimmen mit den entsprechenden Posten des Gesamtkostenverfahrens (Nr. 9 bis Nr. 17) überein, wodurch sich ein identisches Jahresergebnis ergibt.

8 Anhang

- Welche Unternehmen haben den Jahresabschluss um einen Anhang zu ergänzen?
- Welchen Zwecken dienen die Angaben im Anhang?

Lernziele

Kapitalgesellschaften – und im Übrigen auch Personenhandelsgesellschaften i. S. d. § 264a HGB – haben gemäß § 264 Abs. 1 HGB ergänzend zu Bilanz und GuV einen Anhang zu erstellen; Bilanz, GuV und Anhang bilden als Einheit den Jahresabschluss, der gemäß § 264 Abs. 2 HGB unter Beachtung der GoB ein den tatsächlichen Verhältnissen entsprechendes Bild der Vermögens-, Finanz- und Ertragslage der Gesellschaft vermitteln soll. Der Anhang ist damit notwendiger und integraler Bestandteil des Jahresabschlusses einer Kapitalgesellschaft. Neben Kapitalgesellschaften haben auch bestimmte Unternehmen, die unter das PublG fallen, die Pflicht, einen Anhang aufzustellen (§ 1 Abs. 1 und Abs. 2 i. V. m. § 5 Abs. 2 Satz 1 PublG).

Der Anhang dient folgenden Zwecken:

- **Interpretationsfunktion**: Die in der Bilanz und GuV enthaltenen Daten sollen im Anhang zur Erleichterung des Verständnisses analysiert bzw. kommentiert werden.
- **Entlastungsfunktion**: Eine Vielzahl von Informationen kann entweder in der Bilanz, in der GuV oder im Anhang erfolgen. Dieses Wahlrecht, Angaben im Anhang vorzunehmen, soll die Übersichtlichkeit und Klarheit der Bilanz und GuV verbessern.
- **Ergänzungsfunktion**: Der Anhang liefert Informationen über Bereiche, die nicht in der Bilanz oder GuV ihren Niederschlag gefunden haben. Somit findet eine tiefergehende bzw. ergänzende Informationsbereitstellung statt.

Der Inhalt des Anhangs sowie die mit diesem verbundenen Angabe- und Erläuterungspflichten werden durch die §§ 284-288 HGB geregelt.

In den Anhang sind gemäß § 284 Abs. 1 Satz 1 HGB diejenigen Angaben aufzunehmen, die zu den einzelnen Posten der Bilanz und der Gewinn- und Verlustrechnung vorgeschrieben sind. Die Angaben sind in der Reihenfolge der einzelnen Posten der Bilanz und der Gewinn- und Verlustrechnung darzustellen.

Um die mit dem Jahresabschluss verbundene Informationsfunktion adäquat erfüllen zu können, enthält der Anhang

- **Pflichtangaben** in Form von Erläuterungen, Angaben, Darstellungen, Aufgliederungen zur Bilanz und GuV sowie zu einzelnen Posten dieser Instrumente sowie zu den angewandten Bewertungsmethoden einschließlich einer möglichen Durchbrechung des Grundsatzes der Stetigkeit,

- **Wahlpflichtangaben**, die zur Entlastung von Bilanz oder GuV und zur Verbesserung der Transparenz dieser Instrumente von der Bilanz oder GuV in den Anhang verlagert werden sowie
- **Zusatzangaben**, die dann erforderlich werden, wenn durch Bilanz, GuV sowie Pflicht- und Wahlangaben im Anhang allein kein dem § 264 Abs. 2 HGB entsprechendes Bild der Vermögens-, Finanz- und Ertragslage des Unternehmens vermittelt würde.

Für kleine und mittelgroße Kapitalgesellschaften hat der Gesetzgeber einzelne Vereinfachungsregeln festgelegt. Diese sind in § 288 HGB kodifiziert. Zusätzliche Angaben (z. B. §§ 58, 152, 158, 160, 261 AktG, § 42 GmbHG, Art. 24, 28, 66, 67 EGHGB) sind notwendigerweise dann vorzunehmen, wenn diese Informationen zur Beurteilung der tatsächlichen Verhältnisse der Vermögens-, Finanz- und Ertragslage entsprechend erforderlich sind.

9 Lagebericht

- Wer erstellt einen Lagebericht?
- Welche Funktion hat ein Lagebericht und was wird darin erläutert?

Lernziele

Mittelgroße und große Kapitalgesellschaften und Personenhandelsgesellschaften i. S. d. § 264a HGB haben neben dem Jahresabschluss (bestehend aus Bilanz, GuV und Anhang) einen Lagebericht (§ 289 HGB) aufzustellen. Der Lagebericht ist damit ein eigenständiges Informationsinstrument und nicht Bestandteil des Jahresabschlusses. Ziel ist es, aus vergangenheits- und zukunftsbezogenen Informationen eine Gesamtbeurteilung des Unternehmens in der gegenwärtigen Situation und in der zukünftigen Entwicklung entsprechend den tatsächlichen Verhältnissen zu ermöglichen.

Der Lagebericht beinhaltet zwingend

1. den sog. Wirtschaftsbericht. Hier ist
   - auf den Geschäftsverlauf einzugehen; dies ist eine vergangenheitsbezogene Betrachtung. Inhalt einer solchen Analyse sind die gesamtwirtschaftlichen und branchentypischen Verhältnisse und Entwicklungen, wichtige unternehmerische Ereignisse, der Beschaffungsmarkt, der Leistungserstellungsprozess, der Absatzmarkt, Investitionen und Finanzierung sowie der Personal- und Sozialbereich des Unternehmens;
   - die Lage des Unternehmens entsprechend den tatsächlichen Verhältnissen darzustellen; diese Ausführungen sind zeitpunktbezogen, d. h. stichtagsbezogen. Die zu tätigenden Angaben beziehen sich auf die Struktur des Unternehmens (Organisationsstruktur, Abteilungen, Sparten, Bereiche), die Absatzlage (Marktanteile, Marktentwicklung, Auftragslage), die Vermögens-, Finanz- und Ertragslage des Unternehmens und weitere wichtige Vorgänge (bspw. Abschluss oder Beendigung wichtiger Verträge, schwebende Geschäfte);
   - auf die Chancen und Risiken der zukünftigen Entwicklung einzugehen. Dabei ist insbesondere auf bestandsgefährdende Risiken (bspw. drohende Zahlungsunfähigkeit) und sonstige Risiken mit wesentlichem Einfluss auf die Vermögens-, Finanz- und Ertragslage (sowohl unternehmensexterne als auch unternehmensinterne Risiken) hinzuweisen.
2. den Nachtragsbericht. In diesem Berichtsteil ist auf wesentliche Vorgänge (positive und negative) nach dem Bilanzstichtag einzugehen (so zum Beispiel Preisveränderungen, Kapitalerhöhung/-herabsetzung, Gründung oder Auflösung von Tochterunternehmen/Zweigstellen, Veränderung branchenbezogener Rahmenbedingungen).

3. den Prognosebericht. Hier erfolgt eine Verflechtung mit dem Nachtragsbericht, da auf die Entwicklung des wirtschaftlichen Umfelds, die Branchenentwicklung und die Entwicklung des Unternehmens sowie der einzelnen Bereiche einzugehen ist.
4. den Forschungs- und Entwicklungsbericht.
5. den Zweigniederlassungsbericht. Anzuführen sind Gegenstand und Sitz von Zweigniederlassungen, deren Errichtung, Zusammenlegung und/ oder Auflösung im Berichtsjahr sowie die wirtschaftlich wesentlichen Eckdaten (bspw. Umsatz, Mitarbeiter und Ergebnis je Zweigniederlassung).

Teil B

Steuerbilanz

1 Einführung in die Steuerbilanz

- Was ist eine Steuerbilanz, als weiteres Element der Rechnungslegung, überhaupt?
- Auf welche Einkunftsarten des deutschen Einkommensteuerrechts bezieht sich die steuerliche Gewinnermittlung mittels Steuerbilanz?

Lernziele

Die betriebswirtschaftliche Steuerlehre beschäftigt sich mit der steuerlichen Belastung von Bürgern und Unternehmen aus betriebswirtschaftlicher Sicht. Sie untersucht u. a. den steuerlichen Einfluss auf Investitions- und Finanzierungsentscheidungen, Standortwahl, Wahl der Gesellschaftsform und auf das (externe) Rechnungswesen.

Handels- und steuerrechtliche Gesetzesvorschriften üben einen dominanten Einfluss auf die betriebswirtschaftliche Steuerlehre aus. In der Bundesrepublik Deutschland greift zudem eine Besonderheit: Die steuerliche Einkünfteermittlung innerhalb der Gewinneinkunftsarten beruht – allerdings mit abnehmender Tendenz – auf Vorschriften der handelsrechtlichen Rechnungslegung (Maßgeblichkeit).

Gewinneinkunftsarten orientieren sich an der sog. Reinvermögenszugangstheorie, nach der jeder Reinvermögenszuwachs, unabhängig von der Einkunftsquelle bzw. der Anzahl der Geschäftsvorfälle, Einkommen darstellt.

Zu den Gewinneinkunftsarten gehören gemäß § 2 Abs. 1 Satz 1 Nr. 1-3 EStG:

- Einkünfte aus Land- und Forstwirtschaft (§ 13 EStG),
- Einkünfte aus Gewerbebetrieb (§ 15 EStG) und
- Einkünfte aus selbstständiger Arbeit (§ 18 EStG).

Einkünfte sind bei diesen Einkunftsarten der Gewinn, § 2 Abs. 2 Satz 1 Nr. 1 EStG.

Neben den Gewinneinkunftsarten existieren im Einkommensteuerrecht die sog. Überschusseinkunftsarten, die grundsätzlich – abgesehen z. B. von der Erfassung von Gewinnen bei Wertpapierveräußerungen unter den Einkünften aus Kapitalvermögen – auf der Quellentheorie beruhen, welche besagt, dass nur stetige, regelmäßig wiederkehrende Einkünfte steuerlich bedeutsames Einkommen verkörpern.

Die **Überschusseinkunftsarten** gliedern sich gemäß § 2 Abs. 1 Satz 1 Nr. 4-7 EStG in:

- Einkünfte aus nichtselbstständiger Arbeit (§ 19 EStG),
- Einkünfte aus Kapitalvermögen (§ 20 EStG),
- Einkünfte aus Vermietung und Verpachtung (§ 21 EStG) und
- sonstige Einkünfte im Sinne des § 22 EStG.

Einkünfte sind bei diesen Einkunftsarten der Überschuss der Einnahmen über die Werbungskosten, § 2 Abs. 2 Satz 1 Nr. 2 EStG.

Im Folgenden geht es ausschließlich um die steuerliche Gewinnermittlung. Da die Gewinnermittlung mittels einer Steuerbilanz aber nur einem bestimmten Personenkreis „zugemutet" wird, ist zunächst zum einen zu klären, was der steuerliche Gesetzgeber überhaupt als Gewinn versteht, und zum anderen sind die verschiedenen Gewinnermittlungsverfahren vorzustellen, die der Gesetzgeber für unterschiedliche Adressatenkreise zulässt, bevor das Hauptaugenmerk im Rahmen dieses Lehrbuches auf die Steuerbilanz gelegt wird.

2 Gewinnbegriff und Gewinnermittlungsverfahren

Lernziele

- Was versteht man im Einkommensteuerrecht unter dem Begriff „Gewinn"?
- Welche Verfahren zur Ermittlung des Gewinns gibt es im deutschen Einkommensteuerrecht und wer kann diese jeweils anwenden?
- Welchen Zeitraum umfasst die steuerliche Gewinnermittlung?

2.1 Gewinnbegriff des Einkommensteuerrechts

Einkünfte sind wie bereits erläutert gemäß § 2 Abs. 2 Satz 1 Nr. 1 EStG bei Land- und Forstwirtschaft, Gewerbebetrieb und selbstständiger Arbeit der Gewinn. Der Gewinn ist gemäß den §§ 4-7k sowie 13a EStG zu ermitteln.

Der Gewinnbegriff und die Gewinnermittlungsvorschriften des Einkommensteuergesetzes sind nicht nur bei Personenunternehmen, sondern auch bei Kapitalgesellschaften die Grundlage für die Ermittlung des steuerpflichtigen Einkommens.

Der Begriff des Gewinns ist in § 4 EStG definiert:

- Allgemein gilt als Gewinn der Unterschiedsbetrag zwischen dem Betriebsvermögen am Schluss des Wirtschaftsjahres und dem Betriebsvermögen am Schluss des vorangegangenen Wirtschaftsjahres, vermehrt um den Wert der Entnahmen und vermindert um den Wert der Einlagen, § 4 Abs. 1 Satz 1 EStG.
- Für bestimmte Steuerpflichtige ist als Gewinn der Überschuss der Betriebseinnahmen über die Betriebsausgaben anzusetzen, § 4 Abs. 3 Satz 1 EStG.

2.2 Verfahren der Gewinnermittlung

Das Einkommensteuergesetz sieht für die Gewinnermittlung sechs verschiedene Verfahren mit unterschiedlichen Geltungsbereichen vor:

- Gewinnermittlung durch Einnahmen-Überschussrechnung gemäß § 4 Abs. 3 EStG,
- Gewinnermittlung durch originären Vermögensvergleich gemäß § 4 Abs. 1 EStG,
- Gewinnermittlung durch derivativen Vermögensvergleich gemäß § 5 EStG,
- Gewinnermittlung mittels Tonnagebesteuerung gemäß § 5a EStG,
- Gewinnermittlung nach Durchschnittssätzen gemäß § 13a EStG und
- Gewinnermittlung durch Richtsatzschätzung gemäß § 162 AO.

2.2.1 Gewinnermittlung durch Einnahmen-Überschuss-Rechnung gemäß § 4 Abs. 3 EStG

Steuerpflichtige, die nicht aufgrund gesetzlicher Vorschriften verpflichtet sind, Bücher zu führen und regelmäßig Abschlüsse zu machen, und die auch keine Bücher führen und keine Abschlüsse machen, können als Gewinn den Überschuss der Betriebseinnahmen über die Betriebsausgaben ansetzen, § 4 Abs. 3 Satz 1 EStG, R 4.5 Abs. 1 Satz 1 EStR.

Der Verweis auf die aufgrund gesetzlicher Vorschriften zu erfüllende Buchführungs- und Bilanzierungspflicht bezieht sich dabei auf die §§ 140, 141 AO.

Gemäß § 140 AO (derivative Buchführungspflicht) hat derjenige, der nach anderen Gesetzen als den Steuergesetzen Bücher und Aufzeichnungen, die für die Besteuerung von Bedeutung sind, zu führen hat, die Verpflichtungen, die ihm nach den anderen Gesetzen obliegen, auch für die Besteuerung zu erfüllen. Unter diesen Personenkreis fallen die handelsrechtlichen Kaufleute (vgl. Teil A Kapitel 3).

Gewerbliche Unternehmer sowie Land- und Forstwirte, bei denen sich keine steuerliche Buchführungspflicht aus § 140 AO ergibt, sind verpflichtet, für diesen Betrieb steuerlich Bücher zu führen und aufgrund jährlicher Bestandsaufnahmen Abschlüsse zu machen, wenn sie eine der Voraussetzungen des § 141 AO (originäre Buchführungspflicht) für den einzelnen Betrieb erfüllen:

- Umsätze einschließlich der steuerfreien Umsätze, ausgenommen die Umsätze gemäß § 4 Nr. 8-10 UStG, von mehr als 600.000 € im Kalenderjahr oder
- selbstbewirtschaftete land- und forstwirtschaftliche Flächen mit einem Wirtschaftswert (§ 46 BewG) von mehr als 25.000 € oder
- einen Gewinn aus Gewerbebetrieb von mehr als 60.000 € im Wirtschaftsjahr oder
- einen Gewinn aus Land- und Forstwirtschaft von mehr als 60.000 € im Kalenderjahr.

Ob eine der Voraussetzungen erfüllt ist, richtet sich nach den Werten, die die Finanzbehörden für die Vorjahre feststellen. Die Buchführungspflicht beginnt dann in dem Jahr, das auf die Aufforderung seitens der Finanzbehörde folgt, § 141 Abs. 2 AO.

Den Gewinn durch Einnahmen-Überschussrechnung gemäß § 4 Abs. 3 EStG ermitteln somit:

- Land- und Forstwirte (auf Antrag), die nicht gemäß den §§ 140, 141 AO buchführungspflichtig sind und sich gegen die Ermittlung gemäß § 13a EStG entschieden haben,
- Gewerbetreibende, die nicht gemäß den §§ 140, 141 AO buchführungspflichtig sind und freiwillig keine Bücher führen sowie
- Freiberufler, die nicht freiwillig Bücher führen.

Der Gewinn gemäß § 4 Abs. 3 EStG wird durch Gegenüberstellung der Betriebseinnahmen und -ausgaben ermittelt. Bei dieser Einnahmen-Überschussrechnung ist grundsätzlich der Zeitpunkt des Zu- bzw. Abflusses und nicht der Zeitpunkt der Verursachung entscheidend (Zufluss- bzw. Abflussprinzip, § 11 EStG, R 4.5 Abs. 2 Satz 1 EStR).

Der Gewinn („vereinfachter Gewinnbegriff“) bestimmt sich anhand von Zahlungsvorgängen:

	Summe der Betriebseinnahmen des Wirtschaftsjahres
./.	Summe der Betriebsausgaben des Wirtschaftsjahres
=	Gewinn des Wirtschaftsjahres gemäß § 4 Abs. 3 EStG
./.	steuerfreie Betriebseinnahmen des Wirtschaftsjahres
+	nicht abzugsfähige Betriebsausgaben des Wirtschaftsjahres
=	steuerpflichtiger Gewinn.

Zu den **Betriebseinnahmen** gehören gemäß § 8 Abs. 1 EStG alle Güter, die in Geld oder Geldeswert bestehen und dem Steuerpflichtigen im Rahmen seines Betriebes zufließen. Betriebseinnahmen sind die nicht um die Betriebsausgaben gekürzten Einnahmen, d. h. die Roheinnahmen.

Voraussetzung ist, dass die Einnahmen zugeflossen sind, § 8 Abs. 1 EStG. Reine Vermögensumschichtungen (z. B. Schuldentilgung oder Darlehensaufnahme) stellen keine Einnahmen dar.

Bei der Gewinnermittlung gemäß § 4 Abs. 3 EStG sind nur die tatsächlich vereinnahmten Betriebseinnahmen zu berücksichtigen. Potenzielle Betriebseinnahmen (z. B. kalkulierte Zinsen aus einem Darlehen, für das Zinsfreiheit vereinbart wurde) und realisierte Umsätze, deren Forderung noch nicht beglichen wurde, stellen keine Betriebseinnahmen dar.

Betriebsausgaben sind gemäß § 4 Abs. 4-6 EStG die Aufwendungen, die durch den Betrieb veranlasst sind. Eine betriebliche Veranlassung ist stets anzunehmen, wenn objektiv ein Zusammenhang mit dem Betrieb besteht und subjektiv die Aufwendungen zur Förderung des Betriebes getätigt werden.

Die Betriebsausgaben müssen durch den Betrieb veranlasst sein. Das Finanzamt kann nicht im Einzelnen nachvollziehen, ob die Aufwendungen wirtschaftlich notwendig oder sinnvoll waren. Aufwendungen, die objektiv nicht notwendig, üblich oder zweckmäßig sind, müssen folglich zunächst als Betriebsausgaben anerkannt werden. Jedoch ist eine Angemessenheitsprüfung bei solchen Betriebsausgaben zulässig, die zugleich die private Lebensführung betreffen. Nicht notwendige, unübliche oder unangemessene Betriebsausgaben können ein Indiz dafür sein, dass ein nicht abzugsfähiger Aufwand der privaten Lebensführung gemäß § 12 Nr. 1 EStG vorliegt. Ist eine unternehmerische Tätigkeit insgesamt nur vorgeschoben, fehlt bspw. die grundsätzliche Gewinnerzielungsabsicht, so wird diese Tätigkeit als Liebhaberei bezeichnet und den Aufwendungen der privaten Lebensführung zugeordnet.

Bei den Auszahlungen und Einzahlungen der Gewinnermittlung gemäß § 4 Abs. 3 EStG handelt es sich grundsätzlich um direkt erfolgswirksame und nicht um periodisierte Größen.

Dieses Prinzip wird jedoch an einigen wichtigen Stellen durchbrochen:

- Betriebseinnahmen und Betriebsausgaben, die im Namen und für Rechnung eines Dritten vereinnahmt und verausgabt werden (durchlaufende Posten), fließen nicht in die Gewinnermittlung ein, § 4 Abs. 3 Satz 2 EStG.

- Die Anschaffungs- oder Herstellungskosten der abnutzbaren Wirtschaftsgüter des Anlagevermögens, die keine geringwertigen Wirtschaftsgüter nach § 6 Abs. 2 EStG sind, sind nicht im Zeitpunkt ihrer Anschaffung oder Herstellung zu berücksichtigen, sondern gemäß den Vorschriften zur AfA, Bildung von Sammelposten oder Substanzverringerung über die Nutzungsdauer zu verteilen, § 4 Abs. 3 Satz 3 EStG. Durch diese Vorschrift erfolgt eine Einschränkung des Steuerpflichtigen, da eine (Anlagen-)Buchführung notwendig wird und eine sofortige Absetzung der gesamten Auszahlungen und eine sofortige Minderung der Steuerlast verhindert wird.
- Die Anschaffungs- oder Herstellungskosten für (1) nicht abnutzbare Wirtschaftsgüter des Anlagevermögens sowie (2) für Anteile an Kapitalgesellschaften, für Wertpapiere, für Grund und Boden sowie Gebäude des Umlaufvermögens sind erst im Zeitpunkt des Zuflusses des Veräußerungserlöses oder bei Entnahme dieser Wirtschaftsgüter als Betriebsausgaben zu berücksichtigen, § 4 Abs. 3 Satz 4 EStG.
- Einzahlungen aus der Aufnahme eines Darlehens sowie dessen Rückzahlung gelten nicht als Betriebseinnahmen bzw. -ausgaben, H 4.5 Abs. 2 EStH.
- Für regelmäßig wiederkehrende Betriebseinnahmen und -ausgaben, die bei dem Steuerpflichtigen kurze Zeit vor Beginn oder kurze Zeit nach Beendigung des Kalenderjahres zu- bzw. abfließen, wird vom Zufluss-/Abfluss-Prinzip abgewichen. Diese Zahlungen werden dem Kalenderjahr zugeordnet, zu dem sie wirtschaftlich gehören, § 11 EStG. Als kurzer Zeitraum werden allgemein bis zu zehn Tage anerkannt, H 11 EStH. Typische Beispiele eines derartigen Dauerschuldverhältnisses sind Miet- oder Zinszahlungen.

2.2.2 Gewinnermittlung durch originären Vermögensvergleich gemäß § 4 Abs. 1 EStG

§ 4 Abs. 1 Satz 1 EStG nennt neben § 4 Abs. 3 Satz 1 EStG einen anderen Gewinnbegriff; danach geht es um einen Vermögens- bzw. Bestandsvergleich im Sinne einer **Reinvermögensmehrung**. Das Eigenkapital stellt das Betriebsreinvermögen (also das Betriebsvermögen laut § 4 Abs. 1 Satz 1 EStG) dar. Einlagen und Entnahmen gelten – wie auch bei der Gewinnermittlung gemäß § 4 Abs. 3 EStG – nicht als Bestandteil des Gewinns. Steuerlich erfasst werden Vermögensänderungen, die auf betrieblichen Vorgängen beruhen, für die keine Steuerbefreiungen gelten und für die der Abzug von Ausgaben nicht versagt ist:

	Betriebs(rein)vermögen am Schluss des Wirtschaftsjahres
./.	Betriebs(rein)vermögen am Schluss des vorangegangenen Wirtschaftsjahres
=	Veränderung des Eigenkapitals
+	Wert der Entnahmen des Wirtschaftsjahres
./.	Wert der Einlagen des Wirtschaftsjahres
=	Gewinn des Wirtschaftsjahres gemäß § 4 Abs. 1 EStG
./.	steuerfreie Betriebseinnahmen des Wirtschaftsjahres
+	nicht abzugsfähige Betriebsausgaben des Wirtschaftsjahres
=	steuerpflichtiger Gewinn.

Das Betriebsvermögen am Schluss der Wirtschaftsjahre wird aus den jeweiligen Bilanzen abgeleitet, deren Aufstellung nach den steuerlichen Gewinnermittlungsvorschriften der §§ 4-7k EStG erfolgt. Diese Bilanzen werden als **originäre Steuerbilanzen** bezeichnet. Es handelt sich im Gegensatz zur Gewinnermittlung gemäß § 4 Abs. 3 EStG um periodisierte Größen. Für eine Gewinnermittlung gemäß § 4 Abs. 1 EStG ist das Führen von Büchern unerlässlich.

Die Veränderung des Eigenkapitals muss um Entnahmen und Einlagen korrigiert werden, da alle betriebsfremden Einflüsse ausgeschaltet werden müssen. Diese dürfen den steuerpflichtigen Gewinn nicht beeinflussen, da sie nicht durch den Betrieb veranlasst sind.

Entnahmen sind gemäß § 4 Abs. 1 Satz 2 EStG alle Wirtschaftsgüter, die der Steuerpflichtige dem Betrieb für sich, für seinen Haushalt oder für andere betriebsfremde Zwecke im Laufe eines Wirtschaftsjahres entnimmt. Sie werden gemäß § 6 Abs. 1 Nr. 4 EStG grundsätzlich zum Teilwert bewertet. In Höhe der Differenz zwischen Buch- und Teilwert werden durch die Entnahme stille Reserven aufgelöst und damit auch besteuert. Die Begründung ist naheliegend: Häufig verliert das Wirtschaftsgut aufgrund der Entnahme seine Betriebsvermögenseigenschaft; Gewinne im Privatvermögen sind jedoch in der Regel (Ausnahmen: §§ 17, 20 Abs. 2, 23 EStG) steuerfrei.

Ist die inländische Besteuerung der stillen Reserven trotz der Entnahme des Wirtschaftsgutes aus dem Betriebsvermögen gesichert, da das Wirtschaftsgut in ein anderes inländisches Betriebsvermögen desselben Steuerpflichtigen überführt wird, erfolgt die Überführung zum Buchwert, der dann in dem neuen Betriebsvermögen fortgeführt wird, § 6 Abs. 5 Satz 1 EStG. Dabei ist es gemäß BFH-Urteil vom 14.06.1988 unerheblich, ob gleichzeitig die gewerbesteuerliche Erfassung der stillen Reserven gewahrt bleibt.

Zu den **Einlagen** gehören gemäß § 4 Abs. 1 Satz 8 EStG alle Wirtschaftsgüter, die der Steuerpflichtige dem Betrieb im Laufe des Wirtschaftsjahres zugeführt hat. Auch für sie erfolgt die Bewertung grundsätzlich zum Teilwert, da außerbetriebliche Wertzuwächse den steuerpflichtigen Gewinn nicht erhöhen dürfen. § 6 Abs. 1 Nr. 5 EStG kennt drei Ausnahmen, indem er eine Bewertung maximal zu Anschaffungs- oder Herstellungskosten vorschreibt, wenn

- das eingelegte Wirtschaftsgut innerhalb der letzten drei Jahre vor der Einlage angeschafft oder hergestellt worden ist. Damit soll verhindert werden, dass Steuerpflichtige Wirtschaftsgüter, die eigentlich zum Einsatz im Betriebsvermögen bestimmt sind, zunächst im Privatvermögen belassen, um - steuerfrei - Wertsteigerungen zu realisieren;
- es sich bei dem eingelegten Wirtschaftsgut um eine wesentliche Beteiligung an einer Kapitalgesellschaft i. S. d. § 17 EStG oder
- es sich um ein Wirtschaftsgut i. S. d. § 20 Abs. 2 EStG handelt.

In den beiden letztgenannten Fällen sollen Wertsteigerungen, die noch vor der Einlage im Privatvermögen entstanden sind, in die betriebliche Sphäre verlagert und dort besteuert werden. Denn eine Einlage aus dem Privatvermögen in das (Sonder-) Betriebsvermögen desselben Steuerpflichtigen löst weder einen Besteuerungstatbestand nach § 17 EStG noch nach § 20 Abs. 2 EStG aus.

Der Unterschied der Gewinnermittlung durch Ermittlung des Überschusses der Betriebseinnahmen über die Betriebsausgaben gemäß § 4 Abs. 3 EStG und dem Betriebsvermögensvergleich gemäß § 4 Abs. 1 EStG besteht im Gewinnrealisationszeitpunkt. Beim Betriebsvermögensvergleich erfolgt eine periodengenaue Gewinnabgrenzung. Der Totalgewinn bleibt bei beiden Gewinnermittlungsmethoden über alle Perioden hinweg gleich, da sich Zeitdifferenzen in späteren Veranlagungszeiträumen, spätestens bei Aufgabe oder Veräußerung des Betriebes oder beim Wechsel der Gewinnermittlungsart, ausgleichen.

Den Gewinn durch originären Vermögensvergleich gemäß § 4 Abs. 1 EStG ermitteln:

- Land- und Forstwirte, die gemäß §§ 140 und 141 AO verpflichtet sind, Bücher zu führen und aufgrund jährlicher Bestandsaufnahmen Abschlüsse zu machen, R 4.1 Abs. 1 Satz 1 EStR,
- Land- und Forstwirte, die freiwillig Bücher führen, d. h. wenn sie sich gegen die Ermittlung gemäß § 13a EStG entschieden haben und einen Antrag auf Gewinnermittlung gemäß § 4 Abs. 1 EStG stellen, R 4.1 Abs. 1 Satz 2 EStR und
- Freiberufler, die freiwillig Bücher führen.

2.2.3 Gewinnermittlung durch derivativen Vermögensvergleich gemäß § 5 EStG

Bei der Gewinnermittlung gemäß § 5 EStG ist das Betriebsvermögen aufgrund der handelsrechtlichen Grundsätze ordnungsmäßiger Buchführung zu ermitteln. Die Steuerbilanz wird aus der Handelsbilanz abgeleitet (**„derivative Steuerbilanz“**) und beruht nicht auf rein steuerlichen Bilanzierungsvorschriften, sondern auch auf handelsrechtlichen Bilanzierungs- und Bewertungsregeln. Diese sind grundsätzlich anzuwenden, sofern keine zwingenden steuerlichen Vorschriften entgegenstehen oder steuerliche Wahlrechte ausgeübt werden.

In diesem als Maßgeblichkeitsprinzip bezeichneten Grundsatz (vgl. hierzu Teil A Kapitel 2.2.3.2) besteht der zentrale Unterschied zwischen der Gewinnermittlung nach § 4 Abs. 1 EStG (originärer Betriebsvermögensvergleich) und § 5 EStG (derivativer Betriebsvermögensvergleich).

Den Gewinn durch derivativen Betriebsvermögensvergleich ermitteln gemäß § 5 Abs. 1 EStG:

- Gewerbetreibende, die gemäß den §§ 140, 141 AO verpflichtet sind, Bücher zu führen und aufgrund jährlicher Bestandsaufnahmen Abschlüsse zu machen und
- Gewerbetreibende, die freiwillig Bücher führen und Abschlüsse machen, so R 4.1 Abs. 2 Satz 1 EStR.

2.2.3.1 Das Verhältnis der Handels- zur Steuerbilanz

Bei der Aufstellung der **Handelsbilanz** ist darauf zu achten, dass der Kaufmann seinen Gläubigern einen möglichst zutreffenden Einblick in seine Vermögens-, Finanz- und Ertragslage gewährt (Gläubigerschutz). Der Gesetzgeber muss im Interesse des Gläubigerschutzes dafür sorgen, dass die Bewertungsvorschriften keine zu positive (falsche) Darstellung der Vermögens- und Ertragslage zulassen. Es wird eine möglichst exakte Messung der Schuldendeckungsmöglichkeit angestrebt. Für einige Posten der Bilanz bestehen Ausschüttungssperren, die vor einem überhöhten Mittelabfluss aus dem Unternehmen schützen sollen.

Diesem (Fremd-)Informationszweck wird u. a. durch die Offenlegungs- und Publizitätspflichten für Kapitalgesellschaften gemäß §§ 325f. HGB und für andere Gesellschaften gemäß § 9 PublG Rechnung getragen. Die generelle Informationsfunktion der Handelsbilanz wurde durch das BilMoG zusätzlich gestärkt.

Der Kaufmann soll durch den Jahresabschluss ein Instrument erhalten, das es ihm ermöglicht, zu erkennen, ob die aufgestellten Ziele eines Abrechnungszeitraumes dem tatsächlich erreichten Ergebnis entsprechen, und ob die künftigen Ertragsaussichten eine Weiterführung des Betriebes als wünschenswert erscheinen lassen. Darüber hinaus soll das erwirtschaftete Einkommen gemessen werden, das Grundlage für eine wirtschaftlich vertretbare Ausschüttung ist.

Der Gesetzgeber muss Mindestwertgrenzen aufstellen, um zu verhindern, dass der Gewinn (z. B. zum Nachteil der Aktionäre) zu niedrig ausgewiesen wird.

Im Gegensatz zur Handelsbilanz dient die **Steuerbilanz** lediglich als Anknüpfungspunkt für die Ermittlung der Ertragsteuerbelastung eines Unternehmens; ein Informationszweck sowie eine Ausschüttungsbemessungsfunktion sind ihr fremd. Handelsrechtliche Bilanzierungsnormen, die primär auf den Gläubigerschutz und auf das Vorsichtsprinzip abgestellt sind, scheinen zur Ermittlung der steuerlichen Leistungsfähigkeit eines Unternehmens unbrauchbar.

Der Gesetzgeber ist gezwungen, Wertuntergrenzen festzulegen, um zu verhindern, dass Gewerbetreibende zur Minimierung der Steuerlast einen möglichst niedrigen Gewinn ausweisen. Neben der Zielsetzung der Ermittlung des Periodengewinnes werden jedoch die Vorschriften des Steuerrechts (insbesondere steuerrechtlicher Bewertungs- und Abschreibungsregeln) ebenfalls dazu genutzt, um allgemeine wirtschafts- und konjunkturpolitische Zielsetzungen zu verfolgen (z. B. Sonderabschreibungen). Solche Ausnahmetatbestände verursachen Steuerverschiebungen in spätere Veranlagungszeiträume (Steuerstundung).

Die Vermutung, dass Bilanzansatz und -bewertung in Handels- und Steuerbilanz wegen unterschiedlicher Zielsetzung der beiden Rechnungslegungssysteme vollständig voneinander abweichen, wird durch den Verweis auf handelsrechtliche Grundsätze ordnungsmäßiger Buchführung in § 5 Abs. 1 Satz 1 EStG vorerst nicht bestätigt. In der Praxis weichen jedoch die aus den unterschiedlichen Formen des Betriebsvermögensvergleichs resultierenden Gewinne im zunehmenden Maße voneinander ab, ob-

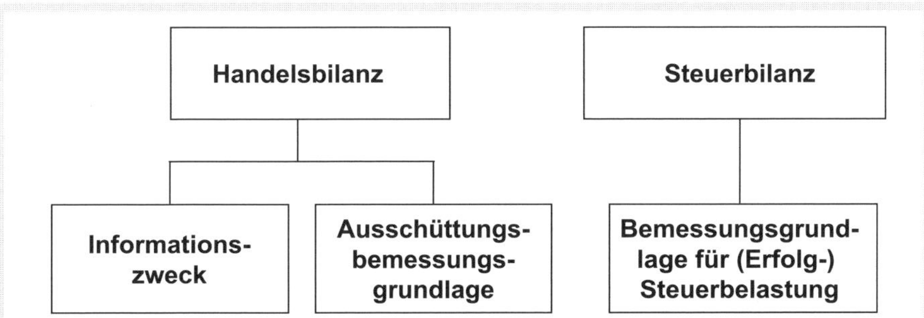

Abbildung 3: Unterschiedliche Zwecksetzung von Handels- und Steuerbilanz

wohl die für die handelsrechtliche Gewinnermittlung geltenden Grundsätze in vielen Fällen auch für die Steuerbilanz (noch) Gültigkeit besitzen.

Es besteht eine starke Tendenz zum Auseinanderfallen von Handels- und Steuerbilanz, da der Steuergesetzgeber mit vom Maßgeblichkeitsprinzip abweichenden Ansatz- und Bewertungsvorbehalten zunehmend Einschränkungen steuerlicher Gestaltungsmöglichkeiten vornimmt. Hierdurch kommt es im Ergebnis zu einer Abkehr von der Einheitsbilanz (also einer Bilanz, die sowohl handels- als auch steuerrechtlichen Vorschriften entspricht).

2.2.3.2 Maßgeblichkeitsprinzip

Ein Motiv der Maßgeblichkeit der Handelsbilanz für die Steuerbilanz liegt in der Effizienz der Erstellung von nur einer Bilanz, der sog. Einheitsbilanz. Befürworter des Maßgeblichkeitsprinzips sehen die steuerliche Leistungsfähigkeit der Steuerpflichtigen durch den handelsrechtlichen Gewinn ausgedrückt: Was handelsrechtlich und betriebswirtschaftlich richtig ist, kann steuerrechtlich nicht falsch sein. Vor diesem Hintergrund wurde die Maßgeblichkeit der Handelsbilanz für die Steuerbilanz durch das Einkommensteueränderungsgesetz vom 16.05.1969 gesetzlich kodifiziert.

Das Maßgeblichkeitsprinzip postuliert die Maßgeblichkeit des Handels(bilanz)rechts für die Gewinnermittlung in der Steuerbilanz, § 5 Abs. 1 Satz 1 Hs. 1 EStG. Der Steuerpflichtige hat bei der steuerlichen Gewinnermittlung die abstrakten handelsrechtlichen Vorgaben (Grundsätze ordnungsmäßiger Buchführung) zu befolgen.

Demnach ist steuerlich zu aktivieren/zu passivieren, was handelsrechtlich aktiviert/passiviert wird. Der Grundsatz der Maßgeblichkeit gilt nach h. M. auch für den konkreten Wertansatz in der Steuerbilanz, sofern keine steuerlichen Wahlrechte bestehen oder steuerliche Regelungen den konkreten Wertansatz ausschließen (Bewertungsvorbehalt).

Der Große Senat des BFH hat in seinem Beschluss vom 03.02.1969 entschieden, dass sich der Bilanzierende in der Steuerbilanz an folgenden Grundsätzen orientieren muss:

- Aus einem handelsrechtlichen Aktivierungs**gebot** wird ein steuerrechtliches Aktivierungs**gebot**.
- Ein handelsrechtliches Aktivierungs**wahlrecht** führt steuerrechtlich zu einem Aktivierungs**gebot**.
- Ein handelsrechtliches Aktivierungs**verbot** bleibt auch steuerrechtlich ein Aktivierungs**verbot**.
- Ein handelsrechtliches Passivierungs**gebot** bedingt ein steuerrechtliches Passivierungs**gebot**.
- Ein handelsrechtliches Passivierungs**wahlrecht** führt zu einem steuerrechtlichen Passivierungs**verbot**.
- Ein handelsrechtliches Passivierungs**verbot** bleibt auch steuerrechtlich ein Passivierungs**verbot**.

Durchbrochen werden die oben aufgeführten Grundsätze durch die steuerlichen Ansatz- und Bewertungsvorbehalte (§ 5 Abs. 1a bis Abs. 7 EStG; §§ 6, 6a und 7 EStG). Somit greifen die handelsrechtlichen Aktivierungs- und Passivierungsvorschriften nur, sofern keine verbindlichen steuerlichen Sondervorschriften diesen entgegenstehen.

Keine Gültigkeit besitzt diese Regelung für handelsrechtliche Bilanzierungshilfen, wie z. B. aktive latente Steuern. Dies hängt insbesondere damit zusammen, dass **Bilanzierungshilfen** keine Vermögensgegenstände/Wirtschaftsgüter darstellen. Im Handelsrecht ist die Bildung einer Bilanzierungshilfe darüber hinaus immer mit einer Ausschüttungssperre verbunden.

Dem Grundsatz der Maßgeblichkeit zufolge ist für den Schluss des Wirtschaftsjahres das Betriebsvermögen anzusetzen (§ 4 Abs. 1 Satz 1 EStG), das nach **handelsrechtlichen Grundsätzen ordnungsmäßiger Buchführung** auszuweisen ist, **es sei denn**, im Rahmen der Ausübung eines **steuerlichen Wahlrechts** wird oder wurde ein **anderer Ansatz** gewählt.

Wahlrechte, welche sowohl handelsrechtlich als auch steuerrechtlich beziehungsweise nur steuerrechtlich bestehen, können **unabhängig** vom handelsrechtlichen Wertansatz in der Steuerbilanz ausgeübt werden, § 5 Abs. 1 Satz 1 Hs. 2 EStG.

Beispiele für nur steuerrechtlich bestehende Wahlrechte:

- Übertragung stiller Reserven bei der Veräußerung bestimmter Anlagegüter (§ 6b EStG)
- Übertragung stiller Reserven bei Ersatzbeschaffung (R 6.6 EStR)
- Sonderabschreibungen (z. B. § 7g Abs. 5 und Abs. 6 EStG)
- Erhöhte Absetzungen (z. B. §§ 7h, 7i EStG)
- Teilwertabschreibungen (§ 6 Abs. 1 Nr. 1 Satz 2 und Nr. 2 Satz 2 EStG)
- Geringwertige Wirtschaftsgüter und Bildung eines Sammelpostens (§ 6 Abs. 2 und Abs. 2a EStG)

Beispiel

Beispiele für handelsrechtlich und steuerrechtlich bestehende Wahlrechte

- Verbrauchsfolgeverfahren: handelsrechtlich Fifo- oder Lifo-Verfahren (§ 256 HGB); steuerrechtlich Lifo-Verfahren (§ 6 Abs. 1 Nr. 2a EStG)
- Handelsrechtlich lineare, degressive, progressive und Leistungsabschreibung (§ 253 Abs. 3 Satz 1 HGB), steuerrechtlich Absetzung für Abnutzung in gleichen Jahresbeträgen oder nach Maßgabe der Leistung des Wirtschaftsgutes (§ 7 Abs. 1 Satz 1 und Satz 6 EStG); bei der Anschaffung oder Herstellung von Wirtschaftsgütern nach dem 31.12.2019 und vor dem 1. Januar 2022 ist steuerlich eine Absetzung für Abnutzung in fallenden Jahresbeträgen (= degressive Abschreibung) zulässig (§ 7 Abs. 2 EStG)

Werden steuerliche Wahlrechte abweichend vom handelsrechtlich maßgeblichen Wert in der Gewinnermittlung ausgewiesen, sind diese gemäß § 5 Abs. 1 Satz 2 und Satz 3 EStG in besondere, laufend zu führende Verzeichnisse aufzunehmen. Diese Verzeichnisse sind Bestandteil der Buchführung und Tatbestandsvoraussetzung für die wirksame Ausübung des steuerlichen Wahlrechts.

2.2.4 Gewinnermittlung nach Durchschnittssätzen gemäß § 13a EStG

Bei Land- und Forstwirten sind zunächst folgende Fallkonstellationen zu unterscheiden:

- Gemäß § 140 AO buchführungspflichtige Land- und Forstwirte ermitteln ihren Gewinn gemäß § 4 Abs. 1 EStG. Sie sind handelsrechtlich gemäß § 3 i. V. m. § 238 HGB buchführungspflichtig.
- Gemäß § 141 AO buchführungspflichtige Land- und Forstwirte ermitteln ihren Gewinn gemäß § 4 Abs. 1 EStG.
- Nicht buchführungspflichtige Land- und Forstwirte können auf Antrag die Gewinnermittlung gemäß § 4 Abs. 1 EStG wählen, ansonsten erfolgt die Gewinnermittlung gemäß § 4 Abs. 3 EStG.
- Nicht buchführungspflichtige „kleine" Land- und Forstwirte ermitteln ihren Gewinn gemäß § 13a Abs. 3-7 EStG (Durchschnittssätze) oder auf Antrag gemäß § 4 Abs. 1 oder § 4 Abs. 3 EStG.

Obwohl die Gewinnermittlung nach Durchschnittssätzen eine pauschalierte Gewinnermittlungsmethode darstellt, findet sie für kleinere land- und forstwirtschaftliche Betriebe Anwendung, § 13a Abs. 1 EStG. „Kleine" Land- und Forstwirte i. S. d. § 13a EStG sind solche Land- und Forstwirte, die insbesondere hinsichtlich der selbstbewirtschafteten Fläche und Sondernutzung sowie des Tierbestandes die Grenzen des § 13a Abs. 1 Satz 1 Nr. 2-4 EStG nicht überschreiten. Es handelt sich bei der Durchschnittssatzgewinnermittlung um eine Sollgewinnbesteuerung, an die der Steuerpflichtige vier Jahre gebunden ist (§ 13a Abs. 2 Satz 2 EStG). Diese Besteuerung eines typisierten Sollgewinns ist für die Land- und Forstwirte im Allgemeinen günstiger als die alternative Ist-Besteuerung.

Der Durchschnittssatzgewinn bemisst sich grundsätzlich gemäß § 13a Abs. 3 EStG aus:

	einem Grundbetrag für die selbst bewirtschafteten Flächen und den Zuschlägen für Tierzucht und Tierhaltung (§ 13a Abs. 4 EStG)
+	dem Gewinn der forstwirtschaftlichen Nutzung (§ 13a Abs. 5 EStG)
+	dem Gewinn der Sondernutzungen (§ 13a Abs. 6 EStG)
+	den Sondergewinnen, z. B. aus der Auflösung von Rücklagen (§ 13a Abs. 7 EStG)
+	den Einnahmen aus Vermietung und Verpachtung von Wirtschaftsgütern des land- und forstwirtschaftlichen Betriebsvermögens
+	den Einnahmen aus Kapitalvermögen, soweit sie zu den Einkünften aus Land- und Forstwirtschaft gehören (§ 20 Abs. 8 EStG)
=	Durchschnittssatzgewinn.

2.2.5 Gewinnermittlung mittels Tonnagebesteuerung gemäß § 5a EStG

Bei Gewerbebetrieben mit Geschäftsleitung im Inland kann der Teil des Gewinnes, der auf den Betrieb von Handelsschiffen im internationalen Verkehr entfällt, auf Antrag des Steuerpflichtigen statt nach § 4 Abs. 1 bzw. § 5 EStG nach der in dem Gewerbebetrieb geführten Tonnage ermittelt werden, wenn die Bereederung der Handelsschiffe im Inland durchgeführt wird. Wie bei § 13a EStG handelt es sich auch hier um eine Sollgewinnbesteuerung, da typisierte Gewinne als erzielt unterstellt werden (§ 5a Abs. 1 Satz 2 EStG).

2.2.6 Gewinnermittlung durch Richtsatzschätzung gemäß § 162 AO

Die Schätzung von Besteuerungsgrundlagen findet Anwendung, wenn die Finanzbehörde diese nicht ermitteln oder berechnen kann. Dies ist insbesondere dann der Fall, wenn der Steuerpflichtige Bücher oder Aufzeichnungen, die er gemäß den Steuergesetzen zu führen hat, nicht vorlegen kann oder der Steuerpflichtige über seine Angaben keine ausreichenden Aufklärungen zu geben vermag.

Bei der Richtsatzschätzung handelt es sich methodisch nicht um eine eigene Gewinnermittlungsmethode, da die Grundsätze der Gewinnermittlung zugrunde gelegt werden, die bei einer ordnungsmäßigen Erfüllung der Rechnungslegungspflichten Anwendung gefunden hätten. Der Unterschied besteht lediglich darin, dass die einzelnen Bestandteile der Bemessungsgrundlage geschätzt werden. Als Basisgrößen gelten dabei die von den Finanzbehörden festgelegten Richtwerte, die den Gewinn als Prozentsatz des Umsatzes vorgeben. Somit handelt es sich faktisch doch um eine eigene Gewinnermittlungsmethode.

2.3 Gewinnermittlungszeitraum

Der Gewinn ist für Land- und Forstwirte und Gewerbetreibende für ein Wirtschaftsjahr zu ermitteln, § 4a EStG.

Das Wirtschaftsjahr umfasst

- bei Land- und Forstwirten den Zeitraum vom 1. Juli bis 30. Juni des folgenden Jahres, § 4a Abs. 1 Nr. 1 EStG. Besonderheiten für die verschiedenen Formen land- und forstwirtschaftlicher Tätigkeit sind dabei in § 8c EStDV geregelt. Da die Einkommensteuer gemäß § 2 Abs. 7 Satz 1 EStG eine Jahressteuer ist und die Grundlagen für die Festsetzung für ein Kalenderjahr (= Veranlagungszeitraum; § 25 Abs. 1 EStG) errechnet werden müssen, wird bei Land- und Forstwirten der Gewinn je zur Hälfte zwei verschiedenen Kalenderjahren (= Veranlagungszeiträumen) zugerechnet, § 4a Abs. 2 Nr. 1 EStG;
- bei Gewerbetreibenden in der Regel das Kalenderjahr, § 4a Abs. 1 Nr. 3 EStG. Bei Eintragung im Handelsregister kann ein abweichendes Wirtschaftsjahr (z. B. 1. April bis 31. März des folgenden Jahres) gewählt werden. Dieser Zeitraum kann für die steuerliche Gewinnermittlung als Wirtschaftsjahr übernommen werden. In diesen Fällen gilt der Gewinn in dem Kalenderjahr als bezogen, in dem das Wirtschaftsjahr endet, § 4a Abs. 2 Nr. 2 EStG. Anzumerken ist noch, dass eine Umstellung von einem kalendergleichen Wirtschaftsjahr auf einen vom Kalenderjahr abweichenden Zeitraum steuerlich nur wirksam ist, wenn sie im Einvernehmen mit dem Finanzamt vorgenommen wird, § 4a Abs. 1 Nr. 2 Satz 2 EStG.

Für die Gewinnermittlung bei selbstständig Tätigen ist grundsätzlich das Kalenderjahr maßgeblich.

2.4 Wechsel der Gewinnermittlungsmethode

Bei einem Wechsel der Gewinnermittlungsmethode von einem Betriebsvermögensvergleich zur Überschussrechnung gemäß § 4 Abs. 3 EStG und umgekehrt ist zu beachten, dass trotz der unterschiedlichen Periodenabgrenzung, also der abweichenden zeitlichen Erfassung steuerlicher Vorgänge, der Totalgewinn identisch bleibt. Folglich sind Korrekturen erforderlich, um Doppelbesteuerungen und ungewollte Freistellungen zu vermeiden, welche in R 4.6 EStR und Anlage 1 zu den EStR erläutert werden.

2.5 Exkurs: Die E-Bilanz

Für Wirtschaftsjahre, die nach dem 31.12.2010 beginnen, ist nach § 5b EStG der Inhalt der Handelsbilanz sowie der Gewinn- und Verlustrechnung nach amtlich vorgeschriebenem Datensatz (den sog. Taxonomien) dem Finanzamt elektronisch zu übermitteln (die sog. E-Bilanz). Weichen hierbei handelsbilanzielle Ansätze oder Beträge von steuerlichen Vorschriften ab, so ist eine Überleitungsrechnung auf die steuerlich zutreffenden Ansätze und Beträge zu erstellen und ebenfalls dem Finanzamt elektronisch zu übermitteln (§ 5b Abs. 1 Satz 2 EStG). Dies ist beispielsweise erforderlich, wenn im laufenden Geschäftsjahr handelsrechtlich eine Drohverlustrückstellung nach § 249 Abs. 1 Satz 1 HGB passiviert werden musste, die jedoch steuerlich gemäß § 5 Abs. 4a Satz 1 EStG nicht angesetzt werden darf. Der steuerpflichtige Gewinn im Wirtschaftsjahr der Bildung fällt entsprechend höher aus.

Anstelle der Handelsbilanz und einer ggf. ergänzenden Überleitungsrechnung kann der Steuerpflichtige jedoch auch eine eigenständige Steuerbilanz aufstellen, die dem Finanzamt nach amtlich vorgeschriebenem Datensatz durch Datenfernübertragung übermittelt wird, § 5b Abs. 1 Satz 3 EStG.

Auf Antrag kann die Finanzbehörde zur Vermeidung unbilliger Härten auf eine elektronische Übermittlung verzichten, § 5b Abs. 2 EStG. Derartige unbillige Härten sind gegeben, wenn die elektronische Erklärungsabgabe für den Steuerpflichtigen wirtschaftlich oder persönlich unzumutbar ist, beispielsweise aufgrund nur eingeschränkter technischer Kenntnisse oder Fähigkeiten des Steuerpflichtigen, § 150 Abs. 8 AO.

Anwendung findet die Vorschrift des § 5b EStG bei der Gewinnermittlung durch originären oder derivativen Betriebsvermögensvergleich sowie bei der Tonnagebesteuerung (§ 4 Abs. 1, § 5 Abs. 1 sowie § 5a EStG), unabhängig von der Rechtsform oder Größenklasse des Unternehmens.

3 Ansatzvorschriften der steuerlichen Gewinnermittlung

- Unterscheidet sich der steuerrechtliche Begriff „Wirtschaftsgut" vom handelsrechtlichen Vermögensgegenstand?
- Wem werden Wirtschaftsgüter für Zwecke der Besteuerung zugerechnet?
- Nach welchen Kriterien wird zwischen Betriebs- und Privatvermögen unterschieden?

Lernziele

3.1 Wirtschaftsgut/Vermögensgegenstand

Während das Handelsrecht von **„Vermögensgegenständen"** spricht, wie z. B. in den §§ 252, 253 HGB, bezeichnet das Steuerrecht einzelne Bilanzposten als **„Wirtschaftsgüter"**, wie bspw. in den § 5 Abs. 2, § 6 Abs. 1 EStG. Dieser unterschiedliche Sprachgebrauch ist historisch begründet: Im Sinne einer eher **statischen Bilanzauffassung**, die – anlehnend an das Vorsichtsprinzip – nach dem Schuldendeckungspotenzial des Unternehmens fragt, orientierte sich der Begriff „Vermögensgegenstand" zunächst an einer rein rechtlichen Betrachtungsweise. Er umfasste mithin nur Sachen, Rechte bzw. Schulden im bürgerlich-rechtlichen Sinne, Gegenstände also, auf die die Gläubiger im Insolvenzfall auf jeden Fall zurückgreifen können.

Anders lag der Ansatzpunkt in der Steuerbilanz, bei der nicht das Vorsichtsprinzip, sondern **eine periodengerechte Gewinnermittlung** im Vordergrund steht. Anlehnend an die **dynamische Bilanzauffassung** sind alle Aufwendungen als Betriebsausgabe zu erfassen, die im Wirtschaftsjahr oder einer späteren Periode Nutzen versprechen. Die Erfassung erfolgte als Aktivierung und Abschreibung über den Zeitraum der wirtschaftlichen Nutzungsdauer. Dementsprechend waren in der Steuerbilanz nicht nur körperliche Rechte und Sachen, sondern sämtliche wirtschaftlichen Vorteile und Möglichkeiten zu aktivieren bzw. alle wirtschaftlichen Lasten zu passivieren.

Die steuerliche Rechtsprechung wandte sich Ende der 1960er/Anfang der 1970er Jahre allerdings von dieser dynamischen Betrachtungsweise ab, da sie dazu führte, dass alles, was in späteren Jahren ggf. für das Unternehmen von Nutzen hätte sein können, als Wirtschaftsgut aktiviert wurde, wie z. B. ein Reklamefeldzug.

Seit dieser Zeit sind die Begriffe Wirtschaftsgut und Vermögensgegenstand inhaltlich nahezu gleichzusetzen, da auch der Begriff „Vermögensgegenstand" heutzutage über den des bürgerlich-rechtlichen Gegenstandes hinausgeht und letztlich danach fragt, ob ein vermögenswerter Vorteil vorliegt (näher hierzu Teil B Kapitel 5.1.1).

3.2 Zugehörigkeit des Wirtschaftsgutes

Wie im Handelsrecht auch, gilt in der Steuerbilanz das Prinzip der wirtschaftlichen Betrachtungsweise. Danach ist grundsätzlich ein Wirtschaftsgut dem Eigentümer zuzuordnen (§ 39 Abs. 1 AO).

Übt allerdings ein anderer als der Eigentümer die tatsächliche Herrschaft über ein Wirtschaftsgut in der Weise aus, dass er den Eigentümer im Regelfall für die gewöhnliche Nutzungsdauer von der Einwirkung auf das Wirtschaftsgut wirtschaftlich ausschließen kann, ist ihm gemäß § 39 Abs. 2 Nr. 1 Satz 1 AO das Wirtschaftsgut zuzurechnen (hierzu auch das BFH-Urteil vom 05.07.2018). Es erfolgt eine Zuordnung des Wirtschaftsgutes entgegen dem rechtlichen Eigentum. Wirtschaftliches Eigentum liegt demnach vor, wenn der juristische Eigentümer auf Dauer von der Sachherrschaft ausgeschlossen werden kann.

Besonderheiten bei der Zuordnung von Wirtschaftsgütern ergeben sich z. B. bei Leasinggeschäften. In bestimmten Fällen von Leasingverträgen wird eine Bilanzierung des Leasingobjektes beim Leasingnehmer als wirtschaftlicher Eigentümer durchgeführt. Zu den Leasinggeschäften siehe Teil B Kapitel 5.2.2.

3.3 Abgrenzung zwischen Betriebs- und Privatvermögen

Bei Einzelkaufleuten und Personengesellschaften ist im Steuerrecht streng zwischen Betriebs- und Privatvermögen zu trennen. Kapitalgesellschaften hingegen können als juristische Personen kein Privatvermögen haben.

§ 5 EStG fordert unter Verweis auf § 4 Abs. 1 EStG den Ansatz des Betriebsvermögens, ohne dass dieser Begriff im Einkommensteuergesetz definiert ist. Unerheblich ist dabei die Herkunft der finanziellen Mittel für den Erwerb.

Eine Abgrenzung zwischen Betriebs- und Privatvermögen ist aus zwei Gründen notwendig:

- Der Werteverzehr kann i. d. R. steuerlich nur dann als Betriebsausgabe geltend gemacht werden, wenn das zugrundeliegende Wirtschaftsgut zum Betriebsvermögen gehört, und
- die Besteuerung von Veräußerungsgewinnen greift i. d. R. nur bei Wirtschaftsgütern, die zum Betriebsvermögen gehören (Ausnahme z. B. private Veräußerungsgeschäfte i. S. d. §§ 17, 20 Abs. 2, 23 EStG).

Die Rechtsprechung bzw. Finanzverwaltung hat folgende Dreiteilung für das Vermögen entwickelt.

3.3.1 Notwendiges Betriebsvermögen

Bei „notwendigem Betriebsvermögen“ handelt es sich um eindeutig dem Betrieb zuzurechnende Wirtschaftsgüter, die in objektiver Beziehung zum Unternehmen stehen (so die BFH-Urteile vom 10.04.2019 und 12.06.2019 mit zahlreichen weiteren Nachweisen). Daneben muss gemäß BFH-Urteil vom 06.03.1991 eine subjektive Komponente i. S. e. konkreten Funktionszuweisung (Zweckbestimmung) durch den

Steuerpflichtigen treten. Das Wirtschaftsgut muss (fast) ausschließlich und unmittelbar für eigenbetriebliche Zwecke des Steuerpflichtigen genutzt werden.

Als Maßstab dient eine prozentuale Quantifizierung i. S. v. R 4.2 Abs. 1 Satz 4 EStR: Notwendiges Betriebsvermögen liegt bei einer betrieblichen Nutzung von mehr als 50 % vor. Eine private (Mit-)Nutzung durch den Gesellschafter ändert an der Zuordnung des gesamten Wirtschaftsgutes zum (notwendigen) Betriebsvermögen nichts. Eine Zerlegung des Wirtschaftsgutes ist nicht möglich (Ausnahme: Gebäude und Grundstücke, R 4.2 Abs. 4 und 7 EStR). Eine derartige Konstellation bewirkt, dass die laufenden Aufwendungen, die auf die private Nutzung entfallen, als Kosten der privaten Lebensführung nicht abzugsfähige Betriebsausgaben sind (R 4.7 Abs. 1 Satz 1 EStR). Ein anfallender Veräußerungsgewinn ist bei teilweiser privater Nutzung in seiner gesamten Höhe steuerpflichtig (H 4.7 EStH).

3.3.2 Notwendiges Privatvermögen

Unter das „notwendige Privatvermögen" fallen Gegenstände, die ihrer Natur nach nur privat genutzt werden können oder nach ihrer Zweckbestimmung privat genutzt werden. Gemäß R 4.2 Abs. 1 Satz 5 EStR liegt notwendiges Privatvermögen bei einer betrieblichen Nutzung von weniger als 10 % vor. Hier gilt grundsätzlich ein Aufteilungsverbot für das Wirtschaftsgut bei betrieblicher Mitnutzung. Aufwendungen, die durch die betriebliche Nutzung entstehen, obwohl das Wirtschaftsgut zum notwendigen Privatvermögen zählt, sind indes als Betriebsausgaben abzugsfähig (R 4.7 Abs. 1 Satz 2 EStR).

3.3.3 Gewillkürtes Betriebsvermögen

Bei „gewillkürtem Betriebsvermögen" handelt es sich nicht zwangsläufig um gemischt genutzte Wirtschaftsgüter; im Allgemeinen liegt gewillkürtes Betriebsvermögen bei einer betrieblichen Nutzung zwischen 10 % und 50 % vor, R 4.2 Abs. 1 Satz 6 EStR. Wirtschaftsgüter, die weder notwendiges Betriebsvermögen noch notwendiges Privatvermögen darstellen, können durch einen Ausweis in den Büchern des Steuerpflichtigen zu (gewillkürtem) Betriebsvermögen werden (hierzu auch BFH-Urteil vom 10.10.2017). Der Ansatz in der Bilanz setzt jedoch voraus, dass das Wirtschaftsgut dem Betriebszweck objektiv dienen kann (BFH-Urteil vom 24.02.2000). Gemäß BFH-Urteil vom 22.09.1993 entscheidet die Deklaration durch den Steuerpflichtigen: Wirtschaftsgüter, die zum Privatvermögen gezählt werden könnten, werden durch eine buchmäßige Erfassung zum (gewillkürten) Betriebsvermögen zugeordnet. Im Ergebnis besteht damit ein Ansatzwahlrecht für den Steuerpflichtigen.

Seit dem BFH-Urteil vom 02.10.2003 können auch Steuerpflichtige, die ihren Gewinn gemäß § 4 Abs. 3 EStG ermitteln, gewillkürtes Betriebsvermögen ansetzen.

Intensität der betrieblichen Nutzung	Zuordnung
> 50 %	Notwendiges BV
≥ 10 % ≤ 50 %	Gewillkürtes BV
< 10 %	Notwendiges PV

Abbildung 4: Abgrenzung von Betriebs- und Privatvermögen

3.3.4 Besonderheiten bei Grundstücken und Gebäuden

Bei Grundstücken und Gebäuden existieren Besonderheiten, die es nachfolgend zu erläutern gilt:

Nach der bis zum Jahre 1973 geltenden sog. Einheitstheorie, nach der das Gebäude als wesentlicher Bestandteil des Grund und Bodens mit diesem zusammen ein einheitliches Wirtschaftsgut bildete, wurden Grundstücke und Gebäude entweder einheitlich als Betriebs- oder Privatvermögen behandelt.

Mit Beschluss vom 26.11.1973 hat der Große Senat des BFH diese Einheitstheorie aufgegeben. In der Bilanz hat ein getrennter Ansatz von Gebäuden und Grundstücken zu erfolgen, R 4.2 Abs. 4 und Abs. 7 EStR.

Gebäudeteile, die nicht in einem einheitlichen Nutzungs- und Funktionszusammenhang mit dem Gebäude stehen, sind selbstständige Wirtschaftsgüter, R 4.2 Abs. 3 Satz 1 EStR. Sie sind selbstständig, wenn sie besonderen Zwecken dienen, mithin in einem von der eigentlichen Gebäudenutzung verschiedenen Nutzungs- und Funktionszusammenhang stehen, R 4.2 Abs. 3 Satz 2 EStR.

Bei den **selbstständigen Gebäudeteilen** ist gemäß R 4.2 Abs. 3 Satz 3 EStR zunächst zu unterscheiden zwischen:

- Betriebsvorrichtungen

Betriebsvorrichtungen sind gemäß § 68 Abs. 2 Nr. 2 BewG die Maschinen und sonstigen Vorrichtungen aller Art, die zu einer Betriebsanlage gehören, auch wenn sie wesentliche Bestandteile sind. Es handelt sich bei den Betriebsvorrichtungen um selbstständige bewegliche Wirtschaftsgüter, weil sie nicht in einem einheitlichen Nutzungs- und Funktionszusammenhang mit dem Gebäude stehen, R 7.1 Abs. 3 EStR.

Beispiel

Ein Automobilhersteller verbindet eine Presse zum Stanzen von Kotflügeln fest mit dem Grund und Boden einer Werkshalle. Die Presse ist als Betriebsvorrichtung ein eigenes bewegliches Wirtschaftsgut des Anlagevermögens und unabhängig vom Gebäude gesondert abzuschreiben.

Weitere **Beispiele** für Betriebsvorrichtungen sind Lastenaufzüge, Kühlanlagen, Alarmanlagen, Förderbänder, Schaukästen.

- Scheinbestandteile

Scheinbestandteile sind gemäß § 95 Abs. 2 BGB und R 7.1 Abs. 4 Satz 1 EStR bewegliche Wirtschaftsgüter, die zu einem vorübergehenden Zweck in ein Gebäude eingefügt werden.

Einbauten zu vorübergehenden Zwecken sind gemäß R 7.1 Abs. 4 Satz 2 EStR auch die vom Steuerpflichtigen für seine eigenen Zwecke vorübergehend eingefügten Anlagen oder die vom Vermieter/Verpächter zur Erfüllung besonderer Bedürfnisse des Mieters/Pächters eingefügten Anlagen, deren Nutzungsdauer nicht länger als die Laufzeit des Vertragsverhältnisses ist.

Bei Mietereinbauten und Mieterumbauten sind diese Voraussetzungen gegeben, wenn dem Mieter das Recht auf Herausnahme zusteht und zu erwarten ist, dass von diesem Herausnahmerecht tatsächlich Gebrauch gemacht wird. Die spätere Herausnahme ist regelmäßig zu erwarten, wenn die Nutzungsdauer der eingeführten Sachen länger als die Mietdauer ist und die Sachen wiederverwendet werden können.

Die Scheinbestandteile sind als selbstständige bewegliche Wirtschaftsgüter des Anlagevermögens zu aktivieren und auf die Mietdauer bzw. die kürzere betriebsgewöhnliche Nutzungsdauer gemäß § 7 Abs. 1 EStG linear abzuschreiben.

- Ladeneinbauten

Zu den selbstständigen Wirtschaftsgütern, die einer eigenen Abschreibung zugänglich sind, gehören Ladeneinbauten, Schaufensteranlagen, Gaststätteneinbauten, Schalterhallen und ähnliche Einbauten, die einem schnellen Wandel des modischen Geschmackes unterliegen und keinen Einfluss auf die Statik des Gebäudes haben, R 4.2 Abs. 3 Satz 3 Nr. 3 EStR.

- Sonstige Mietereinbauten

Bei sonstigen Mietereinbauten gelten vielfach Sonderregelungen. Werden die eingebauten Sachen während der Mietdauer technisch und wirtschaftlich verbraucht oder hat der Mieter bei Beendigung des Mietverhältnisses einen Erstattungsanspruch auf den Restwert, so sind gemäß § 39 AO die Sachen dem Mieter als wirtschaftlichem Eigentümer zuzurechnen (BMF-Schreiben vom 15.01.1976).

Liegt weder eine Betriebsvorrichtung noch ein Scheinbestandteil vor, handelt es sich um sonstige Mietereinbauten, wenn der Einbau nicht in einem Nutzungs- und Funktionszusammenhang mit dem restlichen Gebäude steht und der Einbau dem betrieblichen Zweck des Mieters dient.

- Sonstige selbstständige Gebäudeteile

Sonstige selbstständige Gebäudeteile entstehen durch unterschiedliche Nutzungen und Funktionen eines Gebäudes.

Bei einem Gebäude, das teils eigenbetrieblich, teils fremdbetrieblich, teils zu Wohnzwecken durch Vermietung oder durch Eigengebrauch genutzt wird, sind die einzelnen Gebäudeteile gesondert zu behandeln, da verschiedene Nutzungs- und Funktionszusammenhänge vorliegen, R 4.2 Abs. 3 Nr. 5 i. V. m. R 4.2 Abs. 4 EStR.

Beispiel

A ist Eigentümer eines mit einem vierstöckigen Gebäude bebauten Grundstückes. Das Erdgeschoss dient in vollem Umfang dem eigenen Betrieb. Der 1. Stock ist als Büroraum an Dritte vermietet, den 2. Stock bewohnt A selbst, während der 3. Stock zu Wohnzwecken vermietet ist.

Lösung: Es liegen vier verschiedene Wirtschaftsgüter vor, weil verschiedene Nutzungs- und Funktionszusammenhänge gegeben sind, R 4.2 Abs. 4 EStR:

- Das Erdgeschoss dient eigenbetrieblichen Zwecken.
- Der 1. Stock dient fremdbetrieblichen Zwecken.
- Der 2. Stock wird zu eigenen Wohnzwecken genutzt.
- Der 3. Stock dient fremden Wohnzwecken.

Für die Bemessung der Abschreibung sind die Anschaffungs- oder Herstellungskosten nach dem Verhältnis der Nutzflächen aufzuteilen, R 4.2 Abs. 6 EStR.

Für jeden Grundstücksteil (Gebäudeteil zzgl. dazugehörigem Grund und Boden) ist gesondert zu prüfen, ob Betriebs- oder Privatvermögen vorliegt.

Beispiel *(Fortsetzung)*

Zum notwendigen Betriebsvermögen gehören Grundstücke und Grundstücksteile, die ausschließlich und unmittelbar für eigenbetriebliche Zwecke des Steuerpflichtigen genutzt werden, R 4.2 Abs. 7 EStR. Der zum eigenbetrieblich genutzten Gebäude gehörende Grund und Boden gehört ebenfalls zum notwendigen Betriebsvermögen; bei Gebäudeteilen ist nur der entsprechende Anteil am Grund und Boden, sofern der Betriebsinhaber Eigentümer des Grund und Bodens ist, notwendiges Betriebsvermögen.

Eigenbetrieblich genutzte Grundstücksteile müssen nicht als Betriebsvermögen ausgewiesen werden, wenn ihr Wert von untergeordneter Bedeutung ist, R 4.2 Abs. 8 EStR. Das ist anzunehmen, sofern

- der Wert des Grundstücksteiles nicht mehr als 20 % des gemeinen Werts des gesamten Grundstückes und
- nicht mehr als 20.500 € beträgt, § 8 EStDV.

Der Wert ist nach dem Verhältnis der Nutzflächen aufzuteilen. Wird der eigenbetrieblich genutzte Grundstücksteil zulässigerweise nicht dem Betriebsvermögen zugeordnet, stellen die zugehörigen Aufwendungen (inkl. Abschreibung) trotzdem Betriebsausgaben dar, R 4.7 Abs. 2 Satz 4 EStR.

Fremdvermietete Grundstücke oder Grundstücksteile dürfen als gewillkürtes Betriebsvermögen ausgewiesen werden, wenn sie in einem gewissen objektiven Zusammenhang mit dem Betrieb stehen und ihn zu fördern bestimmt und geeignet sind, R 4.2 Abs. 9 Satz 1 EStR. Für die Förderung genügt es, dass das Wirtschaftsgut zwecks Stärkung der Kreditwürdigkeit ausgewiesen wird. Die Zuordnung des Wirtschaftsgutes inkl. (anteiligem) Grund und Boden zum Betriebsvermögen muss eindeutig dokumentiert sein, H 4.2 Abs. 9 EStH.

Die Einnahmen aus den Grundstücken oder Grundstücksteilen, die zum Betriebsvermögen gehören, stellen Betriebseinnahmen und nicht Einnahmen aus Vermietung und Verpachtung dar. Die Aufwendungen (inkl. Abschreibungen) sind entsprechend als Betriebsausgaben zu behandeln. Gewinne aus der Veräußerung der Grundstücke oder Grundstücksteile gehören zu den laufenden Einnahmen.

Den an Dritte für betriebliche Zwecke vermieteten ersten Stock sowie den für fremde Wohnzwecke vermieteten dritten Stock kann A als gewillkürtes Betriebsvermögen behandeln, da Mieteinnahmen objektiv geeignet sind, den Betrieb zu stärken.

Der zweite Stock, den A selbst bewohnt, wird stets dem notwendigen Privatvermögen zugeordnet.

4 Bewertungsvorschriften der steuerlichen Gewinnermittlung

Lernziele

- Zu welchem Zeitpunkt gelten Gewinne steuerlich als realisiert?
- Welche Bewertungsmaßstäbe sieht das deutsche Einkommensteuerrecht vor?

Die steuerrechtliche Bewertungskonzeption und damit die steuerliche Gewinnermittlung orientiert sich – wie das Handelsrecht – am Realisationsprinzip, § 5 Abs. 1 EStG i. V. m. § 252 Abs. 1 Nr. 4 HGB (vgl. ausführlich Teil A Kapitel 6.1.5.1).

Gemäß § 252 Abs. 1 Nr. 4 HGB ist vorsichtig zu bewerten, namentlich sind alle vorhersehbaren Risiken und Verluste, die bis zum Abschlussstichtag entstanden sind, zu berücksichtigen, selbst wenn diese erst zwischen dem Abschlussstichtag und dem Tag der Aufstellung des Jahresabschlusses bekannt geworden sind; Gewinne sind nur zu berücksichtigen, wenn sie am Abschlussstichtag realisiert sind.

Nach dem sog. **Realisationsprinzip** dürfen Gewinne mithin erst ausgewiesen werden, wenn sie durch einen Umsatzakt, d. h. durch Veräußerung oder durch einen sonstigen Realisationsvorgang, verwirklicht sind. Gewinne sind damit bilanzrechtlich erst realisiert, wenn sie dem Grunde nach „so gut wie sicher" sind.

Die Quasisicherheit des Gewinns muss nur dem Grunde nach bestehen; die Unsicherheit der Höhe wird durch eine vorsichtige Bewertung bzw. durch Rückstellungen berücksichtigt.

4.1 Realisationszeitpunkt

Die Entstehung des Gewinnes ist zu folgenden Zeitpunkten denkbar:

- Zeitpunkt des Vertragsabschlusses (§ 433 BGB)

Der **frühest** denkbare Zeitpunkt für eine Gewinnrealisation ist der Vertragsabschluss. Dieser Zeitpunkt entspricht der wirtschaftlichen Betrachtungsweise, missachtet aber das Vorsichtsprinzip. Er ist unter Risikogesichtspunkten nicht vertretbar, da ein Gewinn nicht bereits bei Vertragsabschluss als realisiert anzusehen ist, denn Leistung und Gegenleistung sind nicht ausgetauscht worden, sondern stehen sich in aller Regel zu diesem Zeitpunkt ausgeglichen gegenüber. Es handelt sich um ein sog. schwebendes Geschäft, das in der Bilanz grundsätzlich nicht berücksichtigt werden darf.

Beispiel

Es wurden Furniere vor dem Stichtag veräußert, die noch nicht ausgeliefert, sondern lediglich auf Gefahr des Auftraggebers getrennt gelagert wurden. Der Veräußerer behielt sich ein Rücktrittsrecht vor, für den Fall von Ereignissen „höherer Gewalt" bei „Transport- und Betriebsstörung".

Lösung: Der Käufer ist gemäß BFH-Urteil vom 27.02.1986 weder der rechtliche noch der wirtschaftliche Eigentümer der verkauften Furniere geworden, weil die Ware im tatsächlichen Herrschaftsbereich des Veräußerers verblieben ist, eine Einigung über den Eigentumsübergang nicht stattgefunden hat und zivilrechtlich nicht eindeutig ist, dass die Gefahr des zufälligen Unterganges bzw. der zufälligen Verschlechterung der Ware übergegangen ist.

- Zeitpunkt der Zahlung

Der **letztmögliche** Zeitpunkt der Gewinnrealisierung ist der Zahlungszeitpunkt. Er bietet die größte Sicherheit der Gewinnrealisation und würde dem Vorsichtsprinzip am weitesten entsprechen. Der Zahlungszeitpunkt ist aber gemäß den §§ 4 Abs. 1, 5 EStG für die Gewinnrealisation nicht maßgebend. Aufwendungen und Erträge sind unabhängig von deren Zahlungen zu berücksichtigen, § 252 Abs. 1 Nr. 5 HGB. Dieser Realisationszeitpunkt entspricht zwar dem Vorsichtsgedanken, missachtet aber die wirtschaftliche Betrachtungsweise i. S. e. periodengerechten Gewinnermittlung.

Beispiel

Ein Steuerpflichtiger vertrat die Auffassung, dass der Gewinn erst mit der Rechnungsbegleichung und nicht bereits bei der Lieferung realisiert sei.

Lösung: Diese Auffassung widerspricht laut BFH-Urteil vom 23.11.1967 der Verkehrsauffassung, den handelsrechtlichen Vorschriften sowie den maßgebenden Grundsätzen ordnungsmäßiger Buchführung.

- Zeitpunkt der Lieferung und Leistung

Für die Gewinnrealisierung ist der Zeitpunkt der Lieferung und Leistung maßgebend, d. h. die Leistungsbewirkung.

Die Leistung ist zivilrechtlich bewirkt, wenn eine Leistungshandlung des Schuldners erfolgt ist und der Leistungserfolg hergestellt ist. Dem Leistungsschuldner muss durch seine Handlung die Forderung auf die Gegenleistung „so gut wie" sicher sein, im Ergebnis muss die **Preisgefahr** auf den Gläubiger übergegangen sein (Gefahrenübergang). Das bedeutet, dass der Käufer das Risiko des zufälligen Unterganges oder der zufälligen Verschlechterung des Gegenstandes trägt.

Die Lieferung erfordert keine rechtliche Erfüllung durch einen Kaufvertrag gemäß § 433 Abs. 1 Satz 1 BGB, bei dem die Übergabe und die Verschaffung des Eigentums an der Sache gefordert wird, sondern die wirtschaftliche Erfüllung, d. h. zur Gewinnrealisierung genügt die Übergabe. Bspw. darf die Forderung aus der Lieferung aktiviert werden, auch wenn unter Eigentumsvorbehalt verkauft wurde.

4.2 Bewertungsmaßstäbe

Der Anschaffungs- bzw. der Herstellungsvorgang gilt grundsätzlich als erfolgsneutrale Vermögensumschichtung (= Erfolgsneutralitätsprinzip). Im Einzelnen kennt das Steuerrecht seit jeher drei Bewertungsmaßstäbe:

- die Anschaffungskosten,
- die Herstellungskosten und
- den Teilwert.

In 2010 wurde erstmalig auch ein über die Bewertung zu fortgeführten Anschaffungs-/Herstellungskosten hinausgehender Bewertungsmaßstab eingeführt. U.a. Finanzinstrumente des Handelsbestandes von Kredit- und Finanzdienstleistungsinstituten sind in der Handelsbilanz mit dem beizulegenden Zeitwert abzüglich eines Risikoabschlages zu bewerten, § 340e Abs. 3 HGB. Der beizulegende Zeitwert ist in diesem Fall gemäß § 6 Abs. 1 Nr. 2b EStG in die Steuerbilanz zu übernehmen. Die Ausweitung des Realisationsprinzips auf realisierbare Wertsteigerungen wird zwar durch den Risikoabschlag beschränkt; es erfolgt dennoch insoweit eine Besteuerung noch nicht realisierter Gewinne.

4.2.1 Anschaffungskosten

Der Zeitpunkt, in dem das Wirtschaftsgut angeschafft wird, führt - wie bereits angesprochen - nicht zu gewinnwirksamen Vorgängen, sondern es erfolgt eine erfolgsneutrale Vermögensumschichtung. Im Einkommensteuerrecht sind die Wirtschaftsgüter gemäß § 6 Abs. 1 Nr. 1 Satz 1 bzw. Nr. 2 Satz 1 EStG mit den Anschaffungskosten anzusetzen.

Diese erfolgsneutrale Vermögensumschichtung folgt - wie auch im Handelsrecht - dem Anschaffungskostenprinzip, das eine Ausprägung des Realisationsprinzips darstellt. Nach dem Anschaffungskostenprinzip gemäß § 6 Abs. 1 EStG bzw. § 253 Abs. 1 HGB sind Vermögensgegenstände höchstens mit den Anschaffungs- oder Herstellungskosten, gegebenenfalls vermindert um Abschreibungen, anzusetzen (vgl. handelsrechtlich analog Teil A Kapitel 6.1.5.1).

Eine Definition von Anschaffungskosten ist im Einkommensteuergesetz nicht kodifiziert. Zur Definition der Anschaffungskosten verweist R 6.2 EStR i. V. m. H 6.2 EStH auf § 255 Abs. 1 HGB (so auch das BFH-Urteil vom 22.05.2019, aber auch bereits der Große Senat des BFH in seinem Beschluss vom 04.07.1990).

Anschaffungskosten sind gemäß § 255 Abs. 1 HGB die Aufwendungen, die geleistet werden, um einen Vermögensgegenstand zu erwerben und ihn in einen betriebsbereiten Zustand zu versetzen, soweit sie dem Vermögensgegenstand einzeln zugeordnet werden können (so BFH vom 07.06.2018). Deutlich wird, dass nur Einzelkosten in die Bewertung einbezogen werden dürfen.

Die Anschaffungskosten setzen sich im Handels- und Steuerrecht wie folgt zusammen:

	Anschaffungspreis
+	Anschaffungsnebenkosten
+	nachträgliche Anschaffungskosten
–	Anschaffungspreisminderungen
=	Anschaffungskosten.

Zu den Erläuterungen für die einzelnen Bestandteile vgl. Teil A Kapitel 6.2.1.

Zu den Anschaffungskosten zählen nicht:

- Sämtliche (echten) Gemeinkosten, da nur Einzelkosten zu berücksichtigen sind. Die (echten) Gemeinkosten stellen somit sofort abziehbare Aufwendungen dar.
- Fremdkapitalzinsen; Ausnahmen von diesem Grundsatz bestehen jedoch z. B. bei einem noch nicht in Anspruch genommenem Skonto, H 6.2 EStH.

Ein Zuschuss ist gemäß R 6.5 Abs. 1 EStR ein Vermögensvorteil, den ein Zuschussgeber zur Förderung eines - zumindest auch - in seinem Interesse liegenden Zwecks dem Zuschussempfänger zuwendet. Fehlt ein Eigeninteresse des Leistenden, liegt kein Zuschuss vor. In der Regel wird ein Zuschuss nicht vorliegen, wenn ein unmittelbarer wirtschaftlicher Zusammenhang mit einer Leistung des Zuschussempfängers feststellbar ist.

Bei den Zuschüssen ist zu unterscheiden zwischen

- steuerfreien Zuschüssen, für die keine Anschaffungskostenminderung vorzunehmen ist, sondern eine steuerfreie Vereinnahmung stattfindet, wie bspw. Investitionszulagen gemäß § 13 InvZulG 2010,
- nicht-steuerfreien Zuschüssen, bei denen unterschieden wird nach
  - Zuschüssen ohne Verpflichtung zur Gegenleistung (= Investitionszuschüsse), die der Unternehmer von dritter Seite (z. B. von der öffentlichen Hand) erhält, ohne dass damit ein unmittelbarer Leistungsaustausch einhergeht. Für diese Zuschüsse besteht gemäß R 6.5 Abs. 2 i. V. m. R 7.3 Abs. 4 EStR ein steuerliches Wahlrecht, entweder steuerpflichtige Betriebseinnahmen anzunehmen oder eine Anschaffungskostenminderung durchzuführen.
  - Zuschüssen mit Verpflichtung zur Gegenleistung des Empfängers (= Ertragszuschüsse). Bspw. muss für einen Ausbildungsplatzzuschuss ein Ausbildungsplatz durch den Empfänger zur Verfügung gestellt werden. Die Gegenleistung des Zuschussempfängers besteht in der Durchführung einer bezuschussten (meist aufwandswirksamen) Maßnahme oder in der Übernahme einer (meist ertragsmindernden) Verpflichtung. Laut IdW sind diese als „erhaltene Anzahlungen" unter den Verbindlichkeiten zu passivieren, da die Gegenleistung bei Nichterfüllung in einer späteren Rückzahlung besteht, wenn der Zeitbezug fehlt. Geht man davon aus, dass die Gegenleistung des Zuschussempfängers in Form einer späteren Zurverfügungstellung eines zeitlich festgelegten Ausbildungsplatzes anzusehen ist, liegt eine Einnahme vor dem Bilanzstichtag mit Erträgen für eine bestimmte Zeit nach dem Bilanzstichtag vor, für die gemäß § 5 Abs. 5 EStG i. V. m. § 250 Abs. 2 HGB ein passiver Rechnungsabgrenzungsposten gebildet werden muss. Die Abgrenzung zwischen Investitions- und Ertragszuschuss ist oftmals schwierig vorzunehmen:

Beispiel

Ein Krankenhaus erhält einen Zuschuss zu einem bestimmten Bettentyp, zusätzlich muss das Krankenhaus eine bestimmte Pflegeleistung erbringen.

Lösung: Das Krankenhaus hatte diesen Zuschuss als passiven Rechnungsabgrenzungsposten bilanziert. Das FG Niedersachsen hat am 24.06.1993 diesen Zuschuss wegen der ausstehenden Pflegeleistung als Ertragszuschuss angesehen und die Bildung eines passiven Rechnungsabgrenzungspostens zugelassen. Der BFH hat indes mit Urteil vom 26.11.1996 o.g. Entscheidung verworfen und wie im Falle eines Investitionszuschusses ausschließlich die Minderung der Anschaffungskosten zugelassen.

4.2.2 Herstellungskosten

Auch bei der Suche nach einer Definition von **Herstellungskosten** schlägt der Rückgriff auf eine steuerliche Legaldefinition fehl. Gemäß R 6.3 EStR i.V.m. H 6.3 EStH erfolgt zur Begriffsbestimmung ein Verweis auf die im § 255 Abs. 2 HGB kodifizierte handelsrechtliche Definition, wonach Herstellungskosten Aufwendungen darstellen, die durch den Verbrauch von Gütern und die Inanspruchnahme von Diensten, für die Herstellung eines Vermögensgegenstandes, seine Erweiterung oder für eine über seinen ursprünglichen Zustand hinausgehende wesentliche Verbesserung entstehen.

Die Bewertung von selbsterstellten bzw. wesentlich verbesserten Wirtschaftsgütern besteht sowohl handels- als auch steuerrechtlich aus Pflicht- und Wahlbestandteilen, wobei die Bewertungsobergrenze, d.h. die maximale Aktivierungsfähigkeit entstandener Aufwendungen in beiden Rechnungslegungssystemen übereinstimmt.

	Materialeinzelkosten
+	Fertigungseinzelkosten
+	Sondereinzelkosten der Fertigung
+	Materialgemeinkosten
+	Fertigungsgemeinkosten
+	Werteverzehr des Anlagevermögens, soweit er durch die Herstellung des Wirtschaftsgutes veranlasst ist
=	Bewertungsuntergrenze nach Steuer- und Handelsrecht
+	Kosten der allgemeinen Verwaltung
+	Aufwendungen für soziale Einrichtungen des Betriebs
+	Aufwendungen für freiwillige soziale Leistungen
+	Fremdkapitaleinzelkosten, soweit sie auf den Zeitraum der Herstellung entfallen (R 6.3 Abs. 4 EStR und H 6.3 EStH i.V.m. § 255 Abs. 3 HGB)
=	Bewertungsobergrenze nach Handels- und Steuerrecht.

Die einzelnen Bestandteile dieser Darstellung wurden bereits in Teil A Kapitel 6.2.2 erläutert.

Die Einzelkosten sowie die fertigungsnahen Gemeinkosten, welche die Wertuntergrenze ausmachen, stellen demnach die verpflichtend zu berücksichtigenden Bestandteile der Herstellungskosten dar; lediglich die darüber hinaus anfallenden Bestandteile können - müssen jedoch nicht - in die Herstellungskosten einbezogen werden, bis die Wertobergrenze erreicht ist. Vom Ansatz generell ausgeschlossen sind hingegen Forschungs- und Vertriebskosten, § 255 Abs. 2 Satz 4 HGB.

Während die handelsrechtliche Vorschrift (§ 255 Abs. 2 und Abs. 3 HGB) klar die Pflicht- und Wahlbestandteile bei der Bestimmung der Herstellungskosten benennt, herrschte im Steuerrecht über mehrere Jahre Unsicherheit über den Umfang der zwingend anzusetzenden Herstellungskostenbestandteile. Erst mit dem „Gesetz zur Modernisierung des Besteuerungsverfahrens“ vom 18.07.2016 schaffte der Gesetzgeber Rechtssicherheit für Steuerpflichtige, indem nunmehr Folgendes gesetzlich verankert wird: „Bei der Berechnung der Herstellungskosten brauchen angemessene Teile der Kosten der allgemeinen Verwaltung sowie angemessene Aufwendungen für soziale Einrichtungen des Betriebs, für freiwillige soziale Leistungen und für die betriebliche Altersversorgung im Sinne des § 255 Abs. 2 Satz 3 des Handelsgesetzbuchs nicht einbezogen zu werden, soweit diese auf den Zeitraum der Herstellung entfallen“, § 6 Abs. 1 Nr. 1b Satz 1 EStG. Damit haben nunmehr also die Einbeziehungswahlrechte des Handelsrechts auch steuerlich Geltung.

Einzig bei Steuerpflichtigen, die ihren Gewinn durch derivativen Betriebsvermögensvergleich nach § 5 Abs. 1 EStG ermitteln (vgl. hierzu Teil B Kapitel 2.2.3), schreibt § 6 Abs. 1 Nr. 1b Satz 2 EStG vor, dass das Einbeziehungswahlrecht in Übereinstimmung mit der Handelsbilanz auszuüben ist. Ausweislich der Gesetzesbegründung zum „Gesetz zur Modernisierung des Besteuerungsverfahrens“ möchte der Steuergesetzgeber hierdurch vermeiden, dass lediglich steuerlich – zur Vermeidung des Ausweises von Erträgen – auf eine Aktivierung verzichtet wird; vielmehr soll eine einheitliche Ausübung in Handels- und Steuerbilanz eine Vereinfachung und den Abbau von Bürokratie bewirken.

Weiterhin steuerlich nicht aktivierungsfähig sind die Aufwendungen für die Herstellung immaterieller Wirtschaftsgüter des Anlagevermögens, § 5 Abs. 2 EStG. Handelsrechtlich besteht hier das Aktivierungswahlrecht des § 248 Abs. 2 HGB, sodass steuerrechtliche und handelsrechtliche Behandlung voneinander abweichen können. Bei Ausübung des handelsrechtlichen Aktivierungswahlrechts mit der damit verbundenen späteren Abschreibung kann dies zu passiven latenten Steuern führen (vgl. hierzu auch Teil A Kapitel 5.2.3.5).

- Besonderheit bei Gebäuden

Bei der Erstellung von Gebäuden bereitet die Frage, welche Teile der Herstellungskosten auf den Grund und Boden entfallen und welche dem Gebäude zuzurechnen sind, besondere Schwierigkeiten. Alle Aufwendungen der Bauherren für Anschlusskosten, soweit sie für Anlagen der Gemeinde außerhalb des Grundstückes entstanden sind, werden dem Grund und Boden zugerechnet. Sie stellen einen Beitrag des Eigentümers zu den Anlagen, die in der Gemeinde notwendig sind (Kanalanschlussgebühren, Straßenanliegerbeiträge), dar und erhöhen den Grundstückswert. Zu den Herstellungskosten des Gebäudes gehören diejenigen Anschlusskosten, die die Versorgungs- oder Entsorgungsleitungen vom Gebäude bis zur Grundstücksgrenze betreffen, siehe im Einzelnen H 6.4 EStH.

4.2.3 Teilwert

Das Steuerrecht kennt neben den Anschaffungs- und Herstellungskosten einen eigenen Bewertungsmaßstab, sozusagen das steuerrechtliche Pendant zum handelsrechtlichen beizulegenden Wert, den Teilwert. Gemäß § 6 Abs. 1 Nr. 1 Satz 3 EStG und § 10 BewG ist der Teilwert „der Betrag, den ein Erwerber des ganzen Betriebes im Rahmen des Gesamtkaufpreises für das einzelne Wirtschaftsgut ansetzen würde“. Hierbei ist von der Fortführung des Betriebes auszugehen.

Grundlage des Teilwertes ist der Kaufpreis des Gesamtunternehmens, den ein (fiktiver) Erwerber zahlen würde. Dieser ist auf die einzelnen Wirtschaftsgüter des Unternehmens zu verteilen. Entsprechend des Teilwertgedankens wird der Wert eines Wirtschaftsgutes von seiner Zweckbestimmung, d.h. seiner individuellen Verwendung, beeinflusst. Der Teilwert ist kein objektiver Wert, sondern ein Wert, den das Wirtschaftsgut für dieses Unternehmen besitzt.

Der grundsätzliche Teilwertgedanke, dass die Summe der Werte aller Wirtschaftsgüter eines Unternehmens gleich dem Gesamtwert des Unternehmens ist, beinhaltet (mindestens) zwei Probleme:

- Der Gesamtwert des Unternehmens, den ein fiktiver Erwerber zu zahlen bereit wäre, ist insbesondere bei nicht-börsennotierten Gesellschaften schwer ermittelbar und
- die Verteilung des Gesamtwertes (wenn er denn überhaupt bestimmt werden kann) auf die einzelnen Wirtschaftsgüter misslingt, da der Gesamtwert des Unternehmens von allen Produktionsfaktoren gemeinsam erwirtschaftet wird. Erst die spezielle Kombination der eingesetzten Produktionsfaktoren lässt den „ermittelten“ Gesamtwert entstehen.

Die Legaldefinition des Teilwertes enthält eine dreifache Fiktion:

- Ein potenzieller Käufer erwirbt den ganzen Betrieb.
- Es wird ein fiktiver Gesamtkaufpreis ermittelt. Die Betriebsfortführung wird unterstellt.
- Aus dem Gesamtkaufpreis wird für das einzelne Wirtschaftsgut ein Wert abgeleitet.

Zur Ermittlung des Teilwertes sind zwei Methoden denkbar:

- Differenzmethode

Bei der Differenzmethode wird der Wert des Unternehmens zweimal bestimmt: Einmal insgesamt und zum anderen ohne das Wirtschaftsgut, für das der Teilwert bestimmt werden soll. Der Teilwert ergibt sich aus der Differenz zwischen den ermittelten Werten. Die Differenzmethode ist nicht sinnvoll, da sie zu unsinnigen Werten für einzelne Wirtschaftsgüter führen kann (z.B. betriebsnotwendige Schraube in einem Atomkraftwerk).

- Zurechnungsmethode

Bei der ebenfalls kaum praktikablen Zurechnungsmethode wird zunächst vom Gesamtwert der Unternehmung der originäre Geschäftswert abgezogen, der verbleibende Restwert wird auf alle übrigen Wirtschaftsgüter verteilt. Eine Ermittlung des Teilwertes nach dieser Methode ist zum einen nicht durchführbar, weil die Idee des Teilwertes, die den Wert eines Wirtschaftsgutes aus der Summe seiner betriebsbezogenen Nutzungsfunktion ableiten will, an der Tatsache scheitert, dass aus einem Gesamtwert gerade nicht auf einen Einzelwert geschlossen werden kann; zum anderen erscheint der originäre Geschäftswert gerade deshalb nicht in der Bilanz, da sein Wert nicht über den Markt objektiviert und damit nur schwer kalkulierbar ist. Mithin führt diese Methode zu einem Zirkelschluss: Die Ermittlung des originären Geschäftswertes setzt die Kenntnis der unbekannten Einzelwerte voraus; für deren Ermittlung ist es allerdings notwendig, die Höhe des originären Geschäftswertes zu kennen.

Da sich beide Methoden als nicht praktikabel erwiesen haben, hat die Rechtsprechung sog. Teilwertvermutungen aufgestellt, die gelten, wenn sie nicht vom Steuerpflichtigen widerlegt werden. Diese Teilwertvermutungen sind in H 6.7 EStH von der Finanzverwaltung übernommen worden. Sie lauten:

- Der Teilwert im Zeitpunkt der Anschaffung oder Herstellung und an einem kurz darauf folgenden Bewertungsstichtag entspricht den tatsächlichen Anschaffungs- oder Herstellungskosten.
- Bei nicht abnutzbaren Anlagegütern entspricht der Teilwert für die späteren Bewertungsstichtage den Anschaffungs- oder Herstellungskosten.
- Bei abnutzbaren Anlagegütern entspricht der Teilwert den fortgeführten Anschaffungs- oder Herstellungskosten, also den um die lineare Abschreibung (AfA) verringerten Anschaffungs- oder Herstellungskosten.
- Bei Gütern des Umlaufvermögens besteht die Vermutung, dass der Teilwert gleich den Wiederbeschaffungskosten ist.

Der Teilwert findet mithin seine obere Grenze in den Wiederbeschaffungskosten für ein Wirtschaftsgut gleicher Art und Güte im Zeitpunkt der Bewertung. Es wird angenommen, dass ein fiktiver Erwerber höchstens diesen Betrag bezahlen würde.

Eine Anwendung des Teilwertes findet statt,

- wenn der Teilwert unter den (fortgeführten) Anschaffungs-/Herstellungskosten liegt (§ 6 Abs. 1 Nr. 1 Satz 2 und Nr. 2 Satz 2 EStG),
- bei Wertaufholung nach vorangegangener Teilwertabschreibung (§ 6 Abs. 1 Nr. 1 Satz 4 und Nr. 2 Satz 3 EStG),
- für die Bewertung von Einlagen und Entnahmen (§ 6 Abs. 1 Nr. 4 und Nr. 5 EStG) und
- bei Betriebseröffnung/-erwerb (§ 6 Abs. 1 Nr. 6 und Nr. 7 EStG).

Die Teilwertidee als betriebsindividueller, ertragsabhängiger Wert wird allerdings durch die Aufstellung der genannten Teilwertvermutungen zugunsten von objektiven Marktpreisen aufgegeben.

Gemäß R 6.7 Satz 4 und Satz 5 EStR und aufgrund höchstrichterlicher Rechtsprechung können die Teilwertvermutungen widerlegt werden:

a) im Fall nachhaltig gesunkener Wiederbeschaffungskosten.
Dies gilt für Wirtschaftsgüter des Anlagevermögens und nicht des Umlaufvermögens, da für Gegenstände des Umlaufvermögens ohnehin eine Teilwertvermutung in Höhe der Wiederbeschaffungskosten besteht.

b) wenn sich das Wirtschaftsgut als Fehlmaßnahme herausstellt.
Dies ist gegeben, wenn der wirtschaftliche Nutzen des Wirtschaftsgutes objektiv unterhalb der getätigten Aufwendungen liegt.

c) wenn Wertminderungen durch technische Veralterung, Modernisierung oder ähnliches eingetreten sind.

d) wenn eine Unrentierlichkeit des gesamten Unternehmens vorliegt.

Grundsätzlich gilt für einen Ansatz unterhalb der Teilwertvermutung, dass die Umstände und Tatsachen für den niedrigeren Ansatz objektiv feststellbar und nachweisbar sein müssen. Diese Nachweispflicht hierfür liegt beim Steuerpflichtigen.

5 Bilanzierung und Bewertung ausgewählter Aktiva

- Welche Voraussetzungen müssen erfüllt sein, damit steuerlich ein Wirtschaftsgut vorliegt?
- Wie werden Leasingobjekte bilanziert?
- Welche Regelungen gibt es im deutschen Einkommensteuerrecht zur Bilanzierung von Wirtschaftsgütern des Anlage- und Umlaufvermögens?

Lernziele

5.1 Abstrakte und konkrete Bilanzierungsfähigkeit von Wirtschaftsgütern

Der Begriff des Wirtschaftsguts wird im Steuergesetz zwar verwendet, aber nicht definiert. Die Aufzählung in § 4 Abs. 1 Satz 2 EStG (Barentnahmen, Waren, Erzeugnisse, Nutzungen und Leistungen) ist nach einhelliger Auffassung in der Literatur nicht erschöpfend. Aufbauend auf der Rechtsprechung des Reichsfinanzhofs verwendet die heutige Finanzrechtsprechung den Begriff des Wirtschaftsguts sowohl für aktive (positive) Wirtschaftsgüter als auch für passive (negative) Wirtschaftsgüter. Wird im weiteren Verlauf dieses Lehrbuchs allgemein von „Wirtschaftsgütern" ohne Zusatz gesprochen, sollen ausschließlich positive Wirtschaftsgüter gemeint sein. Den negativen Wirtschaftsgütern (also den Passiva) wendet sich Teil B Kapitel 6 zu.

5.1.1 Abstrakte Bilanzierungsfähigkeit

5.1.1.1 Aktiva als vermögenswerte Vorteile

Damit ein Wirtschaftsgut überhaupt vorliegt und es mithin für Zwecke der steuerlichen Gewinnermittlung Berücksichtigung finden kann, muss dessen Bilanzierungsfähigkeit gegeben sein. Ähnlich wie bereits im Handelsrecht (hierzu Teil A Kapitel 5.2.1) differenziert man auch im Steuerrecht zwischen der abstrakten und konkreten Bilanzierungsfähigkeit. Die abstrakte Bilanzierungsfähigkeit widmet sich der Frage, ob ein zu beurteilender Sachverhalt inhaltlich unter einem bestimmten Bilanzposten subsumiert werden kann.

Ein zu aktivierendes Wirtschaftsgut muss wirtschaftlich einen Vermögenswert bilden, und es muss ein längerfristiges Nutzenpotenzial (über den Bilanzstichtag hinaus) bestehen. Der steuerrechtliche Begriff des Wirtschaftsguts ist daher weit zu fassen und auf der Grundlage einer wirtschaftlichen Betrachtungsweise auszulegen, so zuletzt das BFH-Urteil vom 12.06.2019.

Als vermögenswerte Vorteile gelten nach ständiger Finanzrechtsprechung (z. B. BFH-Urteile vom 06.09.2018, vom 21.10.2015 und vom 26.11.2014 mit zahlreichen weiteren Nachweisen) neben Sachen und Rechten i. S. d. bürgerlichen Gesetzbuches auch sonstige selbstständig bewertbare wirtschaftliche Vorteile. Daher sind auch tatsächliche Zustände, konkrete Möglichkeiten und sonstige vermögenswerte Vorteile einzubeziehen, für deren Erlangung ein potenzieller Betriebserwerber eine Gegenleistung erbrächte, die also aus Erwerbersicht einen eigenständigen Wert haben.

Der handelsrechtliche Begriff Vermögensgegenstand wird somit um die sonstigen wirtschaftlichen Vorteile erweitert. Ein wirtschaftlicher Vorteil liegt vor, wenn der potenzielle Erwerber im Rahmen des Gesamtkaufpreises für einen bestimmten Umstand einen Betrag aufwendet (vgl. hierzu auch BFH vom 12.02.2015).

Die vorstehend genannte wirtschaftliche Betrachtungsweise ist bei der Aktivierung von wirtschaftlichen Vorteilen indes vorsichtig zu interpretieren. Nicht jeder Vorteil ist aktivierungsfähig: So ist bspw. ein Reklamefeldzug gemäß BFH-Urteil vom 09.10.1962 nicht bilanzierungsfähig. Dieser wäre nach der dynamischen Bilanzauffassung zwar aktivierbar, da der zukünftige Erfolg voraussichtlich in den nachfolgenden Perioden zum Tragen kommt. Der BFH lehnt eine Aktivierung jedoch insbesondere deshalb ab, weil der spätere Erfolg nicht vertraglich garantiert und damit nicht mit hinreichender Sicherheit quantifizierbar ist. Nicht die Ausgabe als solche soll bereits als Wirtschaftsgut bilanziert werden, sondern das für sie Erlangte (der Gegenwert/Wertezuwachs).

Nach Auffassung der Finanzrechtsprechung müssen die vermögenswerten Vorteile zudem feststellbar und nachweisbar sein, d. h. sie müssen von den laufenden Aufwendungen des Unternehmens abgrenzbar sein und nicht bloß von geringer Bedeutung.

Beispiel

Wegebeitrag

In ein Gewerbegebiet mit drei ansässigen Unternehmen (A, B, C) führt eine Straße, die in einem sehr schlechten Zustand ist. Die zuständige Behörde bietet den Unternehmen an, die Straße zu reparieren. Als Gegenleistung fordert sie einen Wegebeitrag von den Unternehmen. Während A diesen Wegebeitrag leistet, weigern sich die Unternehmen B und C.

Lösung: Gemäß BFH-Urteil vom 29.04.1965 handelt es sich bei dem Wegebeitrag des A um einen vermögenswerten Vorteil. A erhofft sich Vorteile von einer besseren Straße. Wenn ein Kaufmann zur Erlangung derartiger betrieblicher Vorteile einen einmaligen Betrag aufwendet, der im Rahmen der sonstigen Aufwendungen des Betriebs nicht unbedeutend ist und sich klar und eindeutig von den übrigen Aufwendungen abgrenzen lässt, so schafft er einen besonderen Wert, der als Wirtschaftsgut zu erfassen ist

5.1.1.2 Selbstständige Bewertbarkeit und Greifbarkeit

Handelsrechtlich wird bei einem Vermögensgegenstand die selbstständige Verwertbarkeit gefordert. Das bedeutet, dass es grundsätzlich möglich sein muss, den Vermögensgegenstand – losgelöst von den übrigen Vermögensgegenständen des Unternehmens – zu veräußern. Hintergrund ist die auf dem Gläubigerschutzgedanken basierende Überlegung, durch die Veräußerung des Vermögensgegenstandes liquide Mittel zu generieren und somit die Schulden des Unternehmens decken zu können (vgl. hierzu die Ausführungen in Teil A Kapitel 5.2.1).

Steuerrechtlich wird hingegen für das Vorliegen eines Wirtschaftsgutes gefordert, dass dieses selbstständig bewertbar sein muss (hierzu auch BFH vom 12.06.2019); eine selbstständige Verwertbarkeit ist nicht erforderlich. Damit ist der Anwendungsbereich abstrakt bilanzierungsfähiger Sachverhalte steuerlich weiter gefasst als im Handelsrecht: Nicht alles, was selbstständig bewertbar ist, ist zwingend selbstständig verwertbar.

Grundsätzlich verweist die Finanzrechtsprechung jedoch auf eine weitestgehende Deckungsgleichheit des Begriffspaares Vermögensgegenstand/Wirtschaftsgut (so z. B. der Beschluss des Großen Senats des BFH vom 26.10.1987). Abweichungen ergeben sich insbesondere im Falle des entgeltlich erworbenen Geschäfts- oder Firmenwertes, welcher steuerlich als Wirtschaftsgut anzusehen ist (da selbstständig bewertbar), handelsrechtlich jedoch nicht als Vermögensgegenstand qualifiziert (mangels selbstständiger Verwertbarkeit). Erst durch die in § 246 Abs. 1 Satz 4 HGB enthaltene Fiktion gilt ein entgeltlich erworbener Geschäfts- oder Firmenwert als Vermögensgegenstand (hierzu auch Teil A Kapitel 5.2.2.1.1), sodass im Ergebnis sowohl nach Handelsrecht als auch nach Steuerrecht die abstrakte Aktivierungsfähigkeit gegeben ist.

Das steuerliche Merkmal der selbstständigen Bewertbarkeit wird üblicherweise dahingehend konkretisiert, dass ein Erwerber des gesamten Betriebs in dem Vorteil einen greifbaren Wert sehen würde, für den er im Rahmen des Gesamtpreises ein ins Gewicht fallendes besonderes Entgelt ansetzen würde. Der vermögenswerte Vorteil muss daher feststellbar, nachweisbar und grundsätzlich übertragbar sein. Bei einer Gesamtbetriebsveräußerung muss das Wirtschaftsgut als Einzelheit ins Gewicht fallen und darf sich nicht im Geschäftswert verflüchtigen.

Ein Wirtschaftsgut ist übertragbar, wenn der Erwerber eines Unternehmens, das fortgeführt werden soll, diesen Gegenstand im Rahmen der Kaufpreisermittlung berücksichtigen würde. Gemäß BFH-Urteil vom 09.07.1986 sind nur solche Vermögenswerte relevant, die – zumindest mit dem Betrieb zusammen – auf einen Dritten übertragbar sind. Eine Einzelverkehrsfähigkeit im Sinne einer selbstständigen Verwertbarkeit muss – wie vorstehend erläutert – nicht vorliegen. Es ist ausreichend, wenn das Wirtschaftsgut im Rahmen eines Unternehmenserwerbes im Ganzen übertragbar ist.

Bei Sachen und Rechten ist die Greifbarkeitsvermutung gegeben, da diese Gegenstände als Einzelheit ins Gewicht fallen und nicht im Geschäftswert aufgehen. Sind immaterielle Güter als Rechte konkretisiert, lassen sie sich i. d. R. wie materielle Güter nachweisen. Sie fallen bei einer Veräußerung als Einzelheit ins Gewicht und gehen ebenfalls nicht im Geschäftswert auf. Nur bei den sonstigen immateriellen Wirtschaftsgütern ist die Greifbarkeit zunächst nicht gegeben, sodass eine Beweislastumkehr erfolgen muss.

Beispiel

Reklamefeldzug

Ein Reklamefeldzug, der unter Umständen einen erlangten betrieblichen Vorteil darstellt, erfüllt gemäß BFH-Urteil vom 09.10.1962 das Kriterium der Greifbarkeit nicht, da er keine gesicherte Rechtsposition i. S. steigender Umsätze garantiert (hierzu auch bereits Teil B Kapitel 5.1.1.1).

Beispiel

Belieferungsrechte

Eine Brauerei gab mehreren Gastwirten Zuschüsse oder minderverzinsliche Darlehen gegen Übernahme von zeitlich begrenzten Bierbezugsverpflichtungen. Das Belieferungsrecht verpflichtete den Gastronomen, seine Getränke ausschließlich von der Brauerei zu beziehen.

Lösung: Der wirtschaftliche Vorteil ist laut BFH-Urteil vom 26.02.1975 von den laufenden Aufwendungen abgrenzbar, und das Kriterium der Greifbarkeit ist erfüllt, da eine vertragliche Vorteilseinräumung vorliegt. Die Brauerei erwarb ein einklagbares Recht, das seiner Art nach zusammen mit dem Betrieb der Brauerei veräußert werden konnte, sodass ein immaterielles Wirtschaftsgut „Bierlieferungsrecht" zu aktivieren war.

5.1.2 Konkrete Bilanzierungsfähigkeit

Während die abstrakte Bilanzierungsfähigkeit danach fragt, ob ein zu beurteilender Sachverhalt ganz grundsätzlich unter einem bestimmten Bilanzposten zu subsumieren ist, beurteilt die konkrete Bilanzierungsfähigkeit den Bilanzansatz dem Grunde nach. Damit ist gemeint, dass hier geprüft werden muss, ob der wirtschaftliche Sachverhalt tatsächlich in der Bilanz ausgewiesen wird. Zu klären ist hier die Frage, ob eine Ansatzpflicht, ein Ansatzwahlrecht oder ein Ansatzverbot besteht.

Die konkrete Bilanzierungsfähigkeit gliedert sich dabei in die nachfolgenden drei Teilbereiche:

1. Die **persönliche Zurechnung von Wirtschaftsgütern** beurteilt, wer das Wirtschaftsgut grundsätzlich zu bilanzieren hat, d.h. in wessen Steuerbilanz ein Bilanzansatz überhaupt möglich ist. Dieser Frage wurde bereits in Teil B Kapitel 3.2 nachgegangen.
2. Eine **sachliche Zurechnung von Wirtschaftsgütern** ist erforderlich, da zwischen Betriebsvermögen und Privatvermögen differenziert werden muss (vgl. hierzu die Ausführungen in Teil B Kapitel 3.3).
3. Und schließlich ist zu beurteilen, ob anstelle der grundsätzlich für Wirtschaftsgüter geltenden Aktivierungspflicht nicht ein **Aktivierungswahlrecht** oder gar **Aktivierungsverbot** besteht (vgl. hierzu die nachfolgenden Ausführungen).

Nach dem im Handels- und Steuerrecht geltenden Grundsatz der Vollständigkeit (§ 246 Abs. 1 Satz 1 HGB sowie § 5 Abs. 1 Satz 1 EStG) sind dem Unternehmen zuzurechnende Wirtschaftsgüter aktivierungspflichtig. Während dies bei materiellen Wirtschaftsgütern des Anlage- und Umlaufvermögens sowie bei den immateriellen Wirtschaftsgütern des Umlaufvermögens regelmäßig uneingeschränkt gilt, sind bei immateriellen Wirtschaftsgütern des Anlagevermögens Besonderheiten zu beachten.

Immaterielle Wirtschaftsgüter sind „unkörperliche" Gegenstände. Forderungen, die ebenfalls unkörperlich sind, zählen indes nicht zu den immateriellen Wirtschaftsgütern. Letztere umfassen Rechte, rechtsähnliche Werte und sonstige Vorteile. Dazu gehören insbesondere:

- Konzessionen, d.h. behördliche Genehmigungen, z.B. Güterverkehrskonzessionen;
- gewerbliche Schutzrechte, z.B. Urheberrechte, Verlagsrechte, Patente, Warenzeichen, Filmrechte;
- ähnliche Rechte und Werte, bspw. Zuteilungsrechte sowie

- Lizenzen an solchen Rechten und Werten, d. h. privatrechtliche Befugnisse, das Recht eines anderen zu nutzen.

Deren Werte sind mit Unsicherheit behaftet, sodass für eine steuerliche Aktivierung eine Wertbestätigung über den Markt notwendig ist. Es bedarf eines entgeltlichen Erwerbs. Liegt ein Rechtsgeschäft zugrunde, durch den das immaterielle Wirtschaftsgut von einem Dritten übertragen wird, und leistet der Erwerber hierfür unmittelbar Ausgaben, so ist ein entgeltlicher Erwerb gegeben; die grundsätzliche Aktivierungspflicht greift (sowohl im Handelsrecht als auch im Steuerrecht).

Beispiel

Transferentschädigungen bei DFB-Spielern

Verein A zahlt für die Anstellung eines Lizenzfußballspielers eine sog. Transferentschädigung an Verein B. Der Verein A möchte ein immaterielles Wirtschaftsgut „Spielerlaubnis" aktivieren.

Lösung: Als Wirtschaftsgut zählt das unmittelbar Erlangte. Das Erlangte ist die vom DFB zu erteilende Spielerlaubnis, die das Recht zum Einsatz eines Spielers gewährt. Obwohl die Gegenleistung nicht an den DFB, sondern an den abgebenden Verein gezahlt wird, tritt gemäß BFH-Beschluss vom 13.05.1987 die Entschädigungszahlung wirtschaftlich an die Stelle einer Gegenleistung. Somit liegt ein entgeltlicher Erwerb vor.

Für nicht entgeltlich erworbene und damit also selbstgeschaffene immaterielle Wirtschaftsgüter des Anlagevermögens besteht steuerrechtlich ein Aktivierungsverbot, § 5 Abs. 2 EStG. Die bloße Zuordnung von Aufwendungen im Falle der Selbsterstellung wird nicht als hinreichende Wertbestätigung angesehen. Die sich ergebenden Differenzen bei Ausübung des handelsrechtlichen Aktivierungswahlrechts nach § 248 Abs. 2 HGB für selbstgeschaffene immaterielle Vermögensgegenstände des Anlagevermögens (vgl. hierzu Teil A Kapitel 5.2.2.1.1) und dem steuerrechtlichen Aktivierungsverbot sind bei Kapitalgesellschaften durch passive latente Steuern in der Handelsbilanz abzugrenzen.

Bei immateriellen Wirtschaftsgütern, die in ein Betriebsvermögen eingelegt werden, fehlt der entgeltliche Erwerb. Eine Aktivierung ist gemäß BFH-Urteil vom 22.01.1980 jedoch durchzuführen, da die Vorschriften über die Einlage Vorrang gegenüber dem Aktivierungsverbot des § 5 Abs. 2 EStG haben.

5.2 Wirtschaftsgüter des Anlagevermögens

Das Vermögen eines Unternehmens wird unterteilt in Anlage- und Umlaufvermögen. Zu den Wirtschaftsgütern des Anlagevermögens gehören gemäß § 247 Abs. 2 HGB i. V. m. R 6.1 Abs. 1 Satz 1 EStR alle Gegenstände, die dazu bestimmt sind, dauerhaft dem Geschäftsbetrieb zu dienen. Das Anlagevermögen wird unterteilt in:

1. Immaterielle Wirtschaftsgüter,
2. Sachanlagen und
3. Finanzanlagen.

Wie in den Kapiteln 6.2.1 und 6.2.2 in Teil A dargestellt, ist vor der Folgebewertung von Anlage- und Umlaufvermögen zu bestimmen, mit welchem Wert die Wirtschaftsgüter in der Bilanz erstmalig aktiviert werden (Erstbewertung). Darüber hinaus gilt es, die bilanzielle Erfassung von Ausgaben bzw. Aufwendungen zu betrachten, die für Zwecke der weiteren Nutzung von bereits im Unternehmen befindlichen Wirtschaftsgütern anfallen.

5.2.1 Zur Abgrenzung zwischen Herstellungs- und Erhaltungsaufwand

Die Begriffe Herstellungs- und Erhaltungsaufwand sind mittels Einzelfallentscheidung voneinander abzugrenzen. Eine Qualifikation als Herstellungsaufwand zieht die Aktivierung des Wirtschaftsgutes nach sich. Der ursprüngliche Aufwand ist – im Falle von abnutzbaren Wirtschaftsgütern des Anlagevermögens – über die betriebsgewöhnliche Nutzungsdauer durch Abschreibung zu verteilen.

Die Rechtsprechung hat im Zusammenhang mit der Abgrenzung zwischen (aktivierungspflichtigem) Herstellungsaufwand und (sofort abziehbarem) Erhaltungsaufwand eine grundlegende Systematik entwickelt. Diese wurde im Wesentlichen von der Finanzverwaltung in dem BMF-Schreiben vom 18.07.2003 übernommen.

Herstellungsaufwand liegt vor, wenn das Wirtschaftsgut als Ganzes in seiner Substanz gemehrt wird. Gemäß R 6.3 EStR i. V. m. § 255 Abs. 2 Satz 1 HGB sind Herstellungskosten – wie bereits in Teil A Kapitel 6.2.2 erläutert – Aufwendungen, die durch den Verbrauch von Gütern und die Inanspruchnahme von Diensten für die Herstellung eines Wirtschaftsgutes, seine Erweiterung oder für eine über seinen ursprünglichen Zustand hinausgehende wesentliche Verbesserung entstehen.

Herstellungsaufwendungen sind Aufwendungen,

a) die die Substanz des instand gesetzten Gegenstandes vermehren und zu einer wesentlichen Wertsteigerung führen (Substanzmehrung);
Beispiele: Aufstockung eines Gebäudes, Einbau von Bädern, Anschluss an das Kanalnetz, Anbau eines Balkons, Einbau von Trennwänden etc.

b) die durch das Hinzufügen von Gebäudebestandteilen veranlasst sind;
Beispiel: Anbringung einer Markise an die Außenmauer eines Wohnhauses zwölf Jahre nach Fertigstellung des Gebäudes

c) die die Wesensart eines Wirtschaftsgutes ändern und seine Verwendungsmöglichkeiten verbessern;
Beispiel: Umbau eines Wohnhauses in ein Geschäftshaus

d) die über den ursprünglichen Zustand hinaus zu einer wesentlichen Verbesserung des Wirtschaftsgutes führen.
Beispiele: wesentlich längere Nutzungsdauer (Gebrauchswert), Anstieg der erzielbaren Miete, qualitative Verbesserung

Zu den Herstellungsaufwendungen gehören gemäß zweier BFH-Urteile vom 12.09.2001 **anschaffungsnahe Aufwendungen** nur dann, wenn sie zur wesentlichen Verbesserung des Wirtschaftsgutes führen. Instandsetzungs- und Modernisierungsmaßnahmen, die – für sich genommen – als Erhaltungsmaßnahmen zu beurteilen wären, können damit in ihrer Gesamtheit zu einer wesentlichen Verbesserung gemäß § 255 Abs. 2 Satz 1 HGB führen, wenn der Gebrauchswert (das Nutzungspotenzial) des Wirtschaftsgutes gegenüber dem Zustand im Erwerbszeitpunkt deutlich erhöht wird.

Obwohl die Rechtsprechung damit explizit auch bei Instandsetzungs- und Modernisierungsmaßnahmen darauf abstellt, ob eine wesentliche Verbesserung herbeigeführt wird, und zwar unabhängig von der Höhe bzw. zeitlichen Nähe zur Anschaffung/Herstellung, hat der Gesetzgeber im Rahmen des Steueränderungsgesetzes 2003 in § 6 Abs. 1 Nr. 1a Satz 1 EStG geregelt, dass innerhalb von drei Jahren nach Anschaffung des Gebäudes grundsätzlich nur dann auf die Prüfung von anschaffungsnahem Aufwand verzichtet werden kann, wenn die Aufwendungen ohne Umsatzsteuer 15 % der Anschaffungskosten des Gebäudes nicht übersteigen. Folglich sind Aufwendungen für Instandsetzungs- und Modernisierungsmaßnahmen, die innerhalb von drei Jahren nach der Anschaffung des Gebäudes durchgeführt werden und (netto) 15 % der Anschaffungskosten des Gebäudes übersteigen, stets sogenannte anschaffungsnahe Herstellungskosten eines Gebäudes (vgl. hierzu auch die BFH-Urteile vom 09.05.2017 und 14.06.2016). In die Berechnung der 15 %-Grenze gehören zum einen nicht die Aufwendungen für Erweiterungen im Sinne des § 255 Abs. 2 Satz 1 HGB, da es sich hierbei sowieso bereits um Herstellungskosten handelt; zum anderen scheiden Aufwendungen für Erhaltungsarbeiten aus, die jährlich üblicherweise anfallen, wie z. B. die Heizungswartung (§ 6 Abs. 1 Nr. 1a Satz 2 EStG).

Herstellungsaufwand ist bei einem Gebäude anzunehmen, wenn Aufwendungen nach der Fertigstellung des Gebäudes durch den Verbrauch von Gütern und die Inanspruchnahme von Diensten für die Erweiterung oder für die über den ursprünglichen Zustand hinausgehende wesentliche Verbesserung eines Gebäudes entstehen. Betragen die Aufwendungen nach Fertigstellung eines Gebäudes für die einzelne Baumaßnahme nicht mehr als 4.000 € (Rechnungsbetrag ohne Umsatzsteuer) je Gebäude, so ist auf Antrag dieser Aufwand stets als Erhaltungsaufwand zu behandeln, R 21.1 Abs. 2 Satz 1 und Satz 2 EStR.

Erhaltungsaufwendungen sind alle Aufwendungen, die der Substanzerhaltung dienen. Sie werden als Betriebsausgaben in der Periode erfasst, in der sie anfallen. Gemäß R 21.1 Abs. 1 Satz 1 EStR sind Aufwendungen für die Erneuerung von bereits vorhandenen Teilen, Einrichtungen oder Anlagen regelmäßig Erhaltungsaufwand.

Erhaltungsaufwendungen dienen dem Zweck, das Wirtschaftsgut in gebrauchsfähigem Zustand zu erhalten und die ursprünglich geschätzte Nutzungsdauer zu erreichen. Zur Erhaltung zählen alle Instandhaltungsmaßnahmen, die

a) die Wesensart eines Wirtschaftsgutes nicht verändern,

b) dazu dienen, das Wirtschaftsgut in ordnungsgemäßem Zustand zu erhalten und

c) regelmäßig in ungefähr gleicher Höhe anfallen.

Erhaltungsaufwand liegt ebenso vor, wenn im Rahmen der laufenden Instandhaltung ein Wirtschaftsgut durch die übliche Modernisierung dem technischen Fortschritt angepasst wird.

Modernisierungsarbeiten führen lediglich in Ausnahmefällen zu Herstellungsaufwand: z. B., wenn durch sie das Wirtschaftsgut wesentlich in seiner Substanz vermehrt, in seinem Wesen verändert oder – von der üblichen Modernisierung abgesehen – über seinen bisherigen Zustand hinaus verbessert wird.

Beispiel

a) Bei der Umstellung von einem Kohleofen auf eine Zentralheizung wird laut BFH-Urteil vom 24.07.1979 eine Anpassung an den technischen Fortschritt und folglich Erhaltungsaufwand angenommen.

b) Wird ein Flachdach durch ein Satteldach ersetzt, liegt gemäß BFH-Urteil vom 19.06.1991 eine Wesensänderung, d.h. eine Erweiterung der Nutzungsmöglichkeit, vor. Da die Aufwendungen nicht zur Erhaltung des ordnungsgemäßen Zustandes notwendig sind, nicht regelmäßig anfallen und das Wirtschaftsgut über seinen ursprünglichen Zustand hinaus wesentlich verbessern, liegen Herstellungsaufwendungen vor.

5.2.2 Bilanzierung von Leasingobjekten

5.2.2.1 Grundlagen des Leasings

Als Leasing wird die zeitlich begrenzte Nutzungsüberlassung von Wirtschaftsgütern bezeichnet, wobei ein Entgelt (die Leasingraten) pro rata temporis (im Zeitablauf) zu zahlen ist. Leasing bietet eine eigentumslose Nutzungsmöglichkeit.

Eine Leasinggesellschaft (der Leasinggeber) erwirbt per Kaufvertrag i. d. R. nach den Wünschen des Leasingnehmers das Leasingobjekt beim Lieferanten. Der Leasingvertrag findet zwischen dem Leasinggeber und dem Leasingnehmer statt.

Bei Leasing ist zu unterscheiden zwischen

- Mobilien-Leasing, d. h. Leasing von beweglichen Wirtschaftsgütern im Sinne des Steuergesetzes (PKW, Betriebs- und Geschäftsausstattung, Maschinen etc.) und
- Immobilien-Leasing, d. h. Leasing von unbeweglichen Wirtschaftsgütern im Sinne des Steuerrechtes.

Das Mobilien-Leasing enthält zwar wesentliche Elemente der Miete, ist in wichtigen Punkten aber von der Miete zu unterscheiden:

1. Der Leasingnehmer trägt i. d. R. die Investitionsentscheidung, d. h. die Entscheidung über den Charakter des Objektes. Bei der Vermietung bemüht sich der Vermieter typischerweise erst nach der Entscheidung für das Objekt (z. B. nach dem Kauf) um einen Mieter.
2. Die Hauptpflicht bei der Miete besteht in der Gebrauchsgewährung, d. h. Überlassung der Mietsache in gebrauchsfähigem Zustand (§ 535 BGB). Die notwendigen Maßnahmen der Instandhaltung liegen beim Vermieter. Beim Leasing liegen die notwendigen Instandhaltungsmaßnahmen beim Leasingnehmer.
3. Ist der Vermieter nicht in der Lage, die Gebrauchsgewährung zu leisten (z. B. bei Untergang des Wirtschaftsgutes), wird der Mieter von der Verpflichtung zur Entrichtung der Gegenleistung befreit. Zumindest beim Finanzierungs-Leasing ist dem Leasingnehmer die Verminderung der Gebrauchsmöglichkeit zuzurechnen; der Leasingnehmer hat weiterhin die Leasingraten zu zahlen; er trägt das Investitionsrisiko.

Es sind je nach Vertragsgestaltung zwei Ausprägungen des Leasings zu unterscheiden:

- Operate Leasing

Im Operate Leasing besteht eine kurze Grundmietzeit; das Investitionsrisiko trägt der Leasinggeber. Der Leasingnehmer kann den Vertrag jederzeit unter Einhaltung einer bestimmten, relativ kurzen Kündigungsfrist lösen. Beim Operate Leasing, das der Miete entspricht, ist das Objekt beim Leasinggeber zu bilanzieren.

- Finance Leasing

Beim Finance Leasing (Finanzierungsleasing) liegt eine längere Grundmietzeit vor. Da das Leasingobjekt nahezu ausschließlich in den Händen des Leasingnehmers liegt, geht das Investitionsrisiko auf ihn über. Grundsätzlich muss der Leasingnehmer als wirtschaftlicher Eigentümer das Leasingobjekt bilanzieren (zu Ausnahmen von diesem Grundsatz siehe nachfolgende Erläuterungen).

Das Finanzierungsleasing wird in der Praxis aufgrund folgender betriebswirtschaftlicher Argumente empfohlen:

- Liquiditätsvorteil
  Im Zeitpunkt des Vertragsabschlusses werde (im Gegensatz zum Kauf) die Liquidität geschont. Dieser Effekt ist aber ebenso mittels eines (endfälligen) Kredites erzielbar.
- Neuester technischer Stand des Objektes
  Voraussetzung ist, dass die Grundmietzeit sehr kurz gehalten wird; dies führt allerdings zu hohen Leasingraten.
- Erweiterung des Kreditrahmens
  Das Argument, Leasing sei bilanzneutral, hat nur Gültigkeit, wenn es gelingt, eine Bilanzierung des Objektes beim Leasingnehmer zu vermeiden. Im Rahmen einer Bonitätsprüfung werden die Bilanzierenden zudem verpflichtet, Angaben zu Leasingverpflichtungen zu machen, sodass durch die außerbilanzielle Erfassung keine Verschleierung der Finanzlage möglich ist. Zudem müssen mittelgroße bzw. große Kapitalgesellschaften i. S. v. § 267 HGB gemäß § 285 Nr. 3 bzw. Nr. 3a HGB Leasingverpflichtungen im Anhang nach h. M. angeben, sofern diese Angabe für die Beurteilung der Finanzlage von Bedeutung ist.
- Übernahme von Dienstleistungen durch den Leasinggeber
  Instandhaltungsarbeiten, Versicherungsleistungen etc. stellen indes Kosten dar, die der Leasinggeber in Form höherer Leasingraten an den Leasingnehmer weitergeben wird.
- Fehlendes Zinsänderungsrisiko
  Dieser Vorteil ist auch durch Festschreibung des Zinssatzes bei einem Kreditkauf möglich. Des Weiteren beinhalten Leasingverträge i. d. R. auch keine Zinsänderungschance.
- Bessere Beschaffungs- und Verwertungskonditionen des Leasinggebers
  Dies gilt nur bei Massengeschäften. Beim Finanzierungsleasing stellt der Leasinggeber aber i. d. R. individuelle Ansprüche an den Leasinggegenstand, was die Einräumung von Großabnehmerrabatten und deren Weitergabe in Form niedrigerer Leasingraten erschwert.
- Bessere Refinanzierungsmöglichkeiten des Leasinggebers
  Da Leasinggesellschaften i. d. R. Bankentöchter sind, scheint dieses Argument zu greifen. In der Praxis stellt sich allerdings die Frage, ob die Leasinggesellschaften bereit sind, diesen Vorteil in Form von niedrigeren Leasingraten in voller Höhe an den Leasingnehmer weiterzugeben.

- Abschreibungspotenzialgewinnung

Für private Leasingnehmer (ohne Gewerbesteuerbelastung, nicht bilanzierungspflichtig) ist ein Leasinggeschäft von Interesse, wenn der Leasinggeber günstige Leasingraten dadurch anbieten kann, dass er den Vorteil der Gewinnung von Abschreibungspotenzial zumindest teilweise an den Leasingnehmer weitergibt.

Neben diesen dargestellten betriebswirtschaftlichen Erfolgsfaktoren muss der Unternehmer seine Entscheidung zwischen Miete, Kauf und Finanzierungsleasing allerdings auch unter steuerlichen Gesichtspunkten treffen. Dabei muss zunächst geprüft werden, bei wem das Leasingobjekt im Falle des sog. Finance Lease tatsächlich bilanziert wird.

5.2.2.2 Zurechnung des Leasingobjekts

Bei wem ein Vermögensgegenstand bilanziert werden muss, richtet sich nicht nach dem juristischen Eigentum (Grundfall), sondern dem wirtschaftlichen Eigentum (tatsächliche Sachherrschaft). Im Handelsrecht bilanziert gemäß § 246 Abs. 1 Satz 2 HGB der wirtschaftliche Eigentümer, sofern dieser vom rechtlichen Eigentümer abweicht (siehe hierzu Teil A Kapitel 5.2.1). Im Steuerrecht ist das Wirtschaftsgut gemäß § 39 Abs. 2 Nr. 1 AO ebenfalls demjenigen zuzurechnen, der die tatsächliche Herrschaft über das Wirtschaftsgut ausübt (siehe hierzu bereits Teil B Kapitel 3.2). Die Verteilung der Chancen und Risiken, welche aus dem Vermögensgegenstand erwachsen, gibt Hinweise auf die konkrete Zurechnung.

Die Bilanzierung des Leasingobjektes beim Leasinggeber oder Leasingnehmer hängt mithin von der Leasingvertragsgestaltung ab. Die Finanzverwaltung hatte hierzu bereits ab Beginn der 1970er Jahre Verwaltungsanweisungen erlassen, welche die Finanzrechtsprechung aufgriffen und bezüglich der bilanziellen Zurechnung konkretisierten (so BMF vom 19.04.1971, BMWF vom 21.03.1972, BMF vom 22.12.1975 sowie BMF vom 23.12.1991). Die hier aufgestellten Zurechnungsgrundsätze gelten nicht nur für die Steuerbilanz, sondern nach einhelliger Auffassung auch für handelsbilanzielle Zwecke.

Für Leasing bestehen grundsätzlich zwei Vertragstypen: der Vollamortisations- und der Teilamortisationsvertrag. Der Unterschied zwischen Vollamortisations- und Teilamortisationsvertrag besteht insbesondere in der Abdeckung sämtlicher oder nur anteiliger Kosten des Leasinggebers bereits in der Grundmietzeit.

Beim **Vollamortisationsvertrag** werden in der Grundmietzeit sämtliche Kosten (Kosten der Anschaffung und Nebenkosten) und der Gewinn des Leasinggebers in voller Höhe gedeckt (voll amortisiert), d. h. vom Leasingnehmer getragen.

Aus dem Leasingerlass des Bundesministeriums der Finanzen vom 19.04.1971 ergeben sich deshalb folgende Zurechnungsnormen für Vollamortisationsverträge:

Vertragstyp	Zurechnungskriterien	Zurechnung zum
Vertrag ohne Option	1. GMZ weniger als 40 % oder mehr als 90 % der bgN	Leasingnehmer
	2. GMZ von 40 % bis 90 % der bgN	Leasinggeber
Vertrag mit Kaufoption	1. wie oben 1.	Leasingnehmer
	2. GMZ mind. 40 % und höchstens 90 % der bgN und bei Vertragsabschluss vereinbarter	
	a) Kaufpreis niedriger als	Leasingnehmer
	b) Kaufpreis mindestens so hoch wie	Leasinggeber
	der künftige lineare Restbuchwert oder niedrigere gemeine Wert im Zeitpunkt der Option	
Vertrag mit Mietverlängerungsoption und Vertrag mit automatischer Verlängerung	1. wie oben 1.	Leasingnehmer
	2. GMZ mind. 40 % und höchstens 90 % der bgN und bei Vertragsabschluss vereinbarte	
	a) Anschlussmiete niedriger als	Leasingnehmer
	b) Anschlussmiete mindestens so hoch wie	Leasinggeber
	der Werteverzehr im Verlängerungszeitraum auf der Basis des künftigen linearen Restbuchwertes oder des niedrigeren gemeinen Wertes	
Spezialleasing	spezieller Zuschnitt des Leasinggegenstandes auf den Leasingnehmer schließt anderweitige Verwendung aus	Leasingnehmer

In Anlehnung an: Mellwig/Hastedt, Leasing im Steuerrecht, 2. Aufl., Frankfurt/M. 1992

Abbildung 5: *Vollamortisationsverträge*

Ist bei den Vollamortisationsverträgen die Grundmietzeit größer als 90 % der betriebsgewöhnlichen Nutzungsdauer (bgN), gleichen sich Grundmietzeit und betriebsgewöhnliche Nutzungsdauer annähernd. Da der Leasingnehmer den Leasinggeber nahezu die gesamte Nutzungsdauer von der Nutzung ausschließen kann, liegt das wirtschaftliche Eigentum beim Leasingnehmer, sodass er das Leasingobjekt bilanzieren muss (hierzu auch BFH vom 13.10.2016).

Bei Vollamortisation muss der Leasingnehmer definitionsgemäß sämtliche Kosten tragen. Während einer ungewöhnlich kurzen vertraglichen Nutzungsmöglichkeit (Grundmietzeit < 40 % der betriebsgewöhnlichen Nutzungsdauer) werden für den Leasingnehmer vorteilhafte Nebenabsprachen unterstellt, da ein Leasingnehmer einen solchen Vertrag ansonsten nicht eingehen würde. Der Leasingnehmer muss das Leasingobjekt bilanzieren, da davon auszugehen ist, dass die günstigen Anschlussbedingungen ihn dazu veranlassen werden, das Objekt auch nach Ablauf der Grundmietzeit dauerhaft zu nutzen.

Bei allen Vertragsgestaltungen mit Option ist darauf zu achten, dass die Anschlusskonditionen marktgerecht sind. Sollten diese vereinbarten Anschlusskonditionen jedoch zu niedrig sein, unterstellt die Finanzverwaltung, dass bereits in den Leasingraten erhöhte Entgelte für die Nutzung nach Vertragsablauf enthalten sind. In solchen

Fällen wird die Option vonseiten des Leasingnehmers aufgrund der erfolgten Zahlungen genutzt werden, sodass der Leasingnehmer den Leasinggeber dauerhaft von der Nutzung des Objektes ausschließt. Dies führt zu einer Bilanzierung beim Leasingnehmer.

Bei **Teilamortisationsverträgen** werden innerhalb der Grundmietzeit die Kosten nur teilweise amortisiert. Das Restwertrisiko trägt in aller Regel nicht der Leasinggeber. Aus diesem Grund muss der Leasingnehmer für den kalkulatorischen Restwert i. d. R. ebenfalls aufkommen. Folglich muss der Leasingnehmer nicht nur durch die Leasingraten, sondern auch durch einen vereinbarten Restwert die (vollen) Kosten tragen.

Folgende Teilamortisationsverträge sind dabei gemäß BMF-Schreiben vom 22.12.1975 zu unterscheiden:

Zurechnungskriterien	Zurechnung zum
GMZ weniger als 40 % oder mehr als 90 % der bgN	Leasingnehmer
GMZ von 40 % bis 90 % der bgN und	
▪ Vertrag mit Andienungsrecht	Leasinggeber
▪ Vertrag mit Mehrerlösbeteiligung, vom Mehrerlös erhält der Leasingnehmer	
– maximal 75 %	Leasinggeber
– mehr als 75 %	Leasingnehmer
▪ kündbarer Vertrag (ohne 90 %-Schranke)	Leasinggeber

entnommen aus: Mellwig/Hastedt, Leasing im Steuerrecht, 2. Aufl., Frankfurt/M. 1992

Abbildung 6: *Teilamortisationsverträge*

Zu den 40 %- bzw. 90 %-Grenzen gilt oben Gesagtes.

Beim Vertrag mit Andienungsrecht kann der Leasingnehmer vom Leasinggeber im Zeitpunkt des Vertragsendes verpflichtet werden, das Wirtschaftsgut zu einem bei Vertragsabschluss festgelegten Preis zu kaufen; allerdings hat der Leasingnehmer kein generelles Kaufrecht. Daraus ergibt sich, dass der Leasinggeber entweder einen Kaufpreis am Markt oberhalb des Andienungspreises erzielen wird oder den Andienungspreis vom Leasingnehmer fordert, wenn der Marktpreis unter diesem liegt. Hierdurch trägt der Leasingnehmer vollständig das Wertminderungsrisiko, während die Wertsteigerungschance allein beim Leasinggeber liegt. Dieses Verwertungsrecht zugunsten des Leasinggebers führt dazu, dass er sowohl rechtlicher als auch wirtschaftlicher Eigentümer des Objektes ist.

Bei einem Vertrag mit Mehrerlösbeteiligung bleibt das Wertminderungsrisiko ebenfalls ausschließlich beim Leasingnehmer, indem dieser die Differenz zwischen den Gesamtkosten des Leasinggebers und den geleisteten Raten sowie dem Veräußerungserlös tragen muss. Entscheidend für die Zuordnung ist jedoch, inwieweit im Fall eines erzielten Veräußerungsgewinnes dieser zwischen den Vertragsparteien aufgeteilt wird. Erhält der Leasingnehmer maximal 75 % und damit der Leasinggeber mindestens 25 % des Veräußerungsgewinnes, so hat Letzterer noch eine so starke Wertsteigerungschance, dass ihm der Leasinggegenstand zuzurechnen ist.

Beim kündbaren Vertrag ist die Situation nicht anders als beim Vertrag mit Andienungsrecht: Da der Leasingnehmer in aller Regel bei einer Kündigung eine Abschlusszahlung in Höhe des zum jeweiligen Zeitpunkt noch nicht amortisierten Restwertes leisten muss (wobei der Verkaufserlös i. d. R. darauf angerechnet wird), trägt das Wertminderungsrisiko bei einem derartigen Vertragstyp allein der Leasingnehmer, die Wertsteigerungschance verbleibt hingegen vollständig beim Leasinggeber.

5.2.2.3 Darstellung der Bilanzierung beim Leasinggeber

Die bilanzielle Zuordnung des Leasingobjektes entweder zum Leasinggeber oder zum Leasingnehmer ist maßgeblich für die Abbildung des Leasingverhältnisses in den Bilanzen beider Vertragsparteien.

Im Falle der **Bilanzierung beim Leasinggeber** wird das Leasingobjekt mit seinen Anschaffungskosten in der Bilanz des Leasinggebers bilanziert. Die Kreditaufnahme zur Refinanzierung wird als Verbindlichkeit passiviert. Die Leasingraten werden als laufende Einnahmen in der GuV erfasst; die zu erwartenden Leasingraten dürfen dementsprechend nicht als Forderungen bilanziert werden. Im Gegenzug stellen die Leasingraten beim Leasingnehmer laufende Ausgaben in der GuV dar.

Bilanz LG		**Bilanz LN**	
Leasingobjekt X	Verbindlichkeit gegenüber Kreditinstitut X	–	–

5.2.2.4 Darstellung der Bilanzierung beim Leasingnehmer

Wird das Leasingobjekt beim **Leasingnehmer bilanziert**, besteht Uneinigkeit, in welcher Höhe die Aktivierung vorzunehmen ist. Während die Finanzverwaltung eine Aktivierung zu Anschaffungs- bzw. Herstellungskosten fordert, verlangt die h. M. eine Bewertung in Höhe des Barwertes der (zukünftigen) Leasingraten. Unabhängig vom konkreten Wertansatz hat der Leasingnehmer in entsprechender Höhe auf der Passivseite seiner Bilanz eine Verbindlichkeit gegenüber dem Leasinggeber auszuweisen. Korrespondierend muss der Leasinggeber in seiner Bilanz die Forderung ausweisen; auf der Passivseite ist die Verbindlichkeit gegenüber dem Kreditinstitut aufgrund der Refinanzierung des Leasingobjektes darzustellen.

Bilanz LG		**Bilanz LN**	
Forderung gegenüber Leasingnehmer X	Verbindlichkeit gegenüber Kreditinstitut X	Leasingobjekt X	Verbindlichkeit gegenüber Leasinggeber X

5.2.3 Bewertung abnutzbarer Wirtschaftsgüter des Anlagevermögens

Zum Anlagevermögen gehören – wie bereits in Teil B Kapitel 5.2 erläutert – die Wirtschaftsgüter, die bestimmt sind, dauernd dem Geschäftsbetrieb zu dienen, R 6.1 Abs. 1 Satz 1 EStR i. V. m. § 247 Abs. 2 HGB. Dazu zählen immaterielle Wirtschaftsgüter, Sachanlagen und Finanzanlagen, R 6.1 Abs. 1 Satz 4 EStR.

Hinsichtlich der Wirtschaftsgüter ist zwischen nicht abnutzbaren und abnutzbaren zu differenzieren. Ein Wirtschaftsgut ist nicht abnutzbar, wenn dessen Nutzungsvorrat auf Dauer dem Unternehmen zur Verfügung steht (z. B. unbebaute Grundstücke). Dagegen ist ein Wirtschaftsgut abnutzbar, wenn seine Nutzung durch den Steuerpflichtigen zur Erzielung von Einkünften aufgrund technischer, wirtschaftlicher oder rechtlicher Gründe zeitlich begrenzt ist, d. h. wenn die Nutzungsmöglichkeit ab einem bestimmten Zeitpunkt erschöpft ist.

Abnutzbar können materielle (körperliche) und immaterielle (unkörperliche) Wirtschaftsgüter sein.

Immaterielle Wirtschaftsgüter sind die **unkörperlichen Wirtschaftsgüter**, die nicht zu den Sachanlagen (wie z. B. grundstücksgleiche Rechte, die wie materielle Güter behandelt werden) oder Finanzanlagen gehören (z. B. Patente, Urheberrechte, Warenzeichen, Gebrauchsmuster, Belieferungsrechte, Vertriebsrechte, Konzessionen, Kundenkartei, Auftragsbestand, Verlagswerte).

Von diesen immateriellen Wirtschaftsgütern sind die abnutzbar, die aufgrund rechtlicher Gründe zeitlich begrenzte Rechte verkörpern. Zeitlich unbegrenzte Rechte, deren Nutzung immer wieder neu verlängert wird, ohne neue Anschaffungs-/Herstellungskosten zu verursachen, sind sog. immerwährende Rechte, die an den Betrieb bzw. das Unternehmen gebunden sind (z. B. Güterfernverkehrsgenehmigungen).

Die **körperlichen Wirtschaftsgüter** des Anlagevermögens (Sachanlagen) sind ebenfalls in abnutzbare und nicht abnutzbare Wirtschaftsgüter aufzuteilen.

Bei den abnutzbaren körperlichen Wirtschaftsgütern des Anlagevermögens wird weiter zwischen beweglichen und unbeweglichen Wirtschaftsgütern unterschieden.

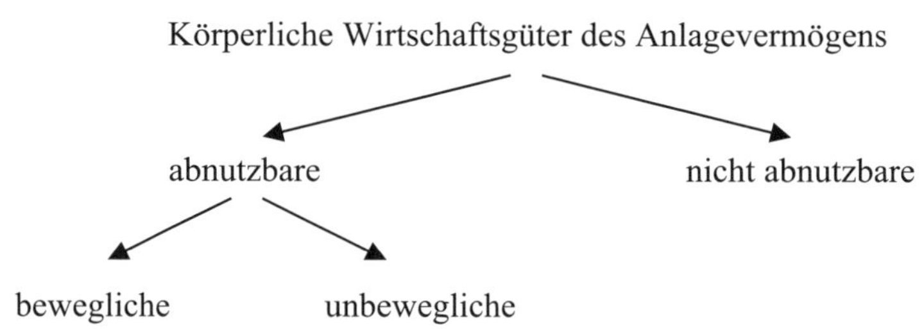

Abbildung 7: Körperliche Wirtschaftsgüter des Anlagevermögens

Zu den beweglichen Wirtschaftsgütern gehören ausschließlich Sachen (§ 90 BGB), Tiere (§ 90a BGB), Scheinbestandteile (§ 95 BGB) und Betriebsvorrichtungen, R 7.1 Abs. 2 Satz 1 und Abs. 3 Satz 1 EStR.

Sachen sind gemäß § 90 BGB körperliche Gegenstände.

Scheinbestandteile entstehen – wie in Teil B Kapitel 3.3 bereits erläutert –, wenn bewegliche Wirtschaftsgüter zu einem vorübergehenden Zweck in ein Gebäude eingefügt werden, § 95 BGB i. V. m. R 7.1 Abs. 4 Satz 1 EStR. Voraussetzungen, die kumulativ erfüllt sein müssen, sind, dass

- die Nutzungsdauer der eingefügten beweglichen Wirtschaftsgüter länger als die Nutzungsdauer ist, für die sie eingebaut werden,

- diese eingefügten beweglichen Wirtschaftsgüter nach ihrem Ausbau noch einen beachtlichen Wiederverwendungswert repräsentieren und
- damit gerechnet werden kann, dass sie später wieder entfernt werden (H 7.1 EStH).

Betriebsvorrichtungen sind – wie ebenfalls in Teil B Kapitel 3.3 bereits dargelegt – Maschinen und sonstige Vorrichtungen aller Art (z. B. Lastenaufzüge), die zu einer Betriebsanlage gehören, § 68 Abs. 2 Nr. 2 BewG. Sie stellen selbstständige Wirtschaftsgüter dar, da sie nicht in einem einheitlichen Nutzungs- und Funktionszusammenhang mit dem Gebäude stehen, R 7.1 Abs. 3 Satz 1 EStR. Sie gehören auch dann zu den beweglichen Wirtschaftsgütern, wenn sie wesentliche Bestandteile eines Grundstückes sind, R 4.2 Abs. 3 i. V. m. R 7.1 Abs. 3 Satz 2 EStR.

Abnutzbare unbewegliche Wirtschaftsgütern sind z. B. Gebäude und Gebäudeteile.

Gebäude stellen Bauwerke auf eigenem oder fremdem Grund und Boden dar, die Menschen oder Sachen durch räumliche Umschließung Schutz gegen äußere Einflüsse gewähren, den Aufenthalt von Menschen gestatten, fest mit dem Grund und Boden verbunden, von einiger Beständigkeit und standfest sind, R 7.1 Abs. 5 EStR i. V. m. § 71 BewG.

Gebäudeteile sind, wenn sie mit dem Gebäude nicht in einem einheitlichen Nutzungs- und Funktionszusammenhang stehen, selbstständige Wirtschaftsgüter. Dazu gehören gemäß R 4.2 Abs. 3 Satz 3 EStR insbesondere

- Betriebsvorrichtungen,
- Scheinbestandteile,
- Ladeneinbauten,
- Mietereinbauten sowie
- sonstige selbstständige Gebäudeteile (siehe Teil B Kapitel 3.3).

Zu den **abnutzbaren unbeweglichen Wirtschaftsgütern, die keine Gebäude oder Gebäudeteile sind**, gehören gemäß H 7.1 EStH:

- Außenanlagen wie Einfriedigungen bei Betriebsgrundstücken und
- Hof- und Platzbefestigungen, Straßenzufahrten und Umzäunungen bei Betriebsgrundstücken, sofern sie keine Betriebsvorrichtungen sind.

Nicht abnutzbare Wirtschaftsgüter des Anlagevermögens sind z. B. nicht auszubeutende Grundstücke sowie Beteiligungen.

Gemäß § 6 Abs. 1 Nr. 1 EStG sind Wirtschaftsgüter des Anlagevermögens, die der Abnutzung unterliegen, mit den Anschaffungs- oder Herstellungskosten oder dem an deren Stelle tretenden Wert, vermindert um die AfA (§ 7 EStG), erhöhte AfA, Sonderabschreibungen, Abzüge gemäß § 6b EStG und ähnliche Abzüge, anzusetzen.

5.2.3.1 Bestimmungsgründe und Problematik der Abschreibung

Die AfA der abnutzbaren Wirtschaftsgüter des Anlagevermögens wird durch die Abschreibungsbasis bzw. Bemessungsgrundlage, die planmäßige Nutzungsdauer und zuletzt auch durch das gewählte Abschreibungsverfahren bestimmt.

Bei der **Bemessungsgrundlage** ist grundsätzlich von den Anschaffungs- oder Herstellungskosten auszugehen.

Ein Restverkaufserlös, der nach dem Ende der Nutzungsdauer erzielt werden kann, muss grundsätzlich bei der Ermittlung der AfA berücksichtigt werden. Dieser Restverkaufserlös ist laut BFH-Urteil vom 07.12.1967 jedoch nur dann zu beachten, wenn er erheblich ins Gewicht fällt.

Ob ein Restverkaufserlös beträchtlich ins Gewicht fällt, hängt vom Einzelfall ab. Gemäß H 7.3 EStH sind die Anschaffungs- oder Herstellungskosten zur Berechnung der AfA um den Restverkaufserlös zu mindern, z. B.

1. bei Schiffen in Höhe des Schrottwertes;
2. bei Milchkühen in Höhe des Schlachtwertes.

Gemäß § 6 Abs. 6 Satz 1 EStG bemessen sich die Anschaffungskosten des durch Tausch erlangten Wirtschaftsgutes nach dem gemeinen Wert des hingegebenen Wirtschaftsgutes, d. h. zum Verkehrswert, was eine Auflösung von stillen Reserven und somit eine Gewinnrealisation mit sich bringt.

Die AfA bemisst sich gemäß § 7 Abs. 1 Satz 2 EStG nach der **betriebsgewöhnlichen Nutzungsdauer** des Wirtschaftsgutes. Die AfA ist grundsätzlich so zu bemessen, dass die Anschaffungs- oder Herstellungskosten nach Ablauf der betriebsgewöhnlichen Nutzungsdauer in voller Höhe abgesetzt sind, R 7.4 Abs. 3 Satz 1 EStR.

Die Nutzungsdauer entspricht i. d. R. dem Zeitraum, innerhalb dessen das Wirtschaftsgut im Unternehmen betrieblich eingesetzt werden kann. Die betriebsgewöhnlichen Nutzungsdauern sind in AfA-Tabellen, die durch das BMF veröffentlicht werden, für viele Wirtschaftsgüter angegeben. Diese AfA-Tabellen haben keinen Bindungscharakter für die Steuerpflichtigen. Sie bilden lediglich einen Maßstab zur Orientierung für die Finanzverwaltung im Sinne einer einheitlichen Rechtsanwendung. Sofern der Steuerpflichtige von den Vorgaben der AfA-Tabellen abweicht, sollte dieser dem Finanzamt jedoch Gründe substantiiert benennen können, die ein solches Abweichen rechtfertigen, so BFH vom 14.04.2011.

Gemäß § 7 Abs. 1 EStG dürfen nur Wirtschaftsgüter abgeschrieben werden, deren Nutzungsdauer länger als ein Jahr umfasst. **Kurzlebige Wirtschaftsgüter**, d. h. Wirtschaftsgüter mit einer Nutzungsdauer von weniger als einem Jahr, sind – unabhängig von ihrem Anschaffungs- bzw. Herstellungszeitpunkt – im Jahr der Anschaffung oder Herstellung als Aufwand zu berücksichtigen, H 7.4 EStH.

Die AfA ist vorzunehmen, sobald ein Wirtschaftsgut angeschafft oder hergestellt ist, R 7.4 Abs. 1 Satz 1 EStR. Wurde das Wirtschaftsgut unterjährig erworben, so ist für jeden Monat der Nutzung, auch den angebrochenen Monat des Erwerbs, 1/12 der Jahresabschreibung anzusetzen, § 7 Abs. 1 Satz 4 EStG. Wird ein Wirtschaftsgut verkauft, ist eine Abschreibung nur für den Zeitraum bis zur Veräußerung durchzuführen, R 7.4 Abs. 8 Satz 1 EStR.

Eine Besonderheit gilt für abnutzbare, bewegliche Wirtschaftsgüter des Anlagevermögens, die einer selbstständigen Nutzung fähig sind. Sofern deren Anschaffungskosten 1.000 € (netto) nicht übersteigen, gelten diese als sog. **geringwertige Wirtschaftsgüter (GWG).** Die GWG werden hinsichtlich ihrer steuerlichen Behandlung in zwei Gruppen unterteilt.

Sofern die Anschaffungs- oder Herstellungskosten 800 € (netto) nicht übersteigen, darf ein den steuerlichen Gewinn mindernder Sofortabzug in Höhe der Anschaffungs- oder Herstellungskosten vorgenommen werden, § 6 Abs. 2 Satz 1 EStG. Selbstverständlich kann auf dieses Wahlrecht verzichtet und die reguläre AfA über die Nutzungsdauer vorgenommen werden. Die Wahl zwischen Sofortabzug als Betriebsausgabe und regulärer AfA bleibt individuell für jedes Wirtschaftsgut bestehen **(wirtschaftsgutbezogenes Wahlrecht)**. Wirtschaftsgüter mit Anschaffungs- oder Herstellungskosten von über 250 € und nicht mehr als 800 € (jeweils netto) sind bei Ausübung dieses Wahlrechts unter Angabe des Tages der Anschaffung, Herstellung oder Einlage sowie der Anschaffungs- oder Herstellungskosten oder des Einlagewertes in ein besonderes, laufend zu führendes Verzeichnis aufzunehmen, sofern die Angaben nicht aus der Buchführung ersichtlich sind, § 6 Abs. 2 Satz 4 und Satz 5 EStG.

Die zweite Gruppe der GWG betrifft alle Wirtschaftsgüter, deren Wert (netto) zwar 250 €, nicht jedoch 1.000 € übersteigt. Hierfür kann anstelle des Sofortabzugs (bis 800 €) im Wirtschaftsjahr der Anschaffung, Herstellung, Einlage des Wirtschaftsgutes oder Eröffnung des Betriebes ein Sammelposten gebildet werden, § 6 Abs. 2a Satz 1 EStG. Nach § 6 Abs. 2a Satz 5 EStG kann dieses Wahlrecht nur einheitlich für alle Wirtschaftsgüter, die im Wirtschaftsjahr innerhalb dieser Wertgrenzen angeschafft, hergestellt oder eingelegt wurden, angewendet werden (**wirtschaftsjahrbezogenes Wahlrecht**). Der Sammelposten als reine Rechengröße ist im Wirtschaftsjahr seiner Bildung sowie den vier darauf folgenden Wirtschaftsjahren gleichmäßig gewinnmindernd aufzulösen, § 6 Abs. 2a Satz 2 EStG. Ein solcher „Abschreibungspool" ist für jede Periode und jede Bilanz (Gesamthands-, Sonder-, Ergänzungsbilanz) einzeln zu bilden bzw. fortzuführen. Die Sammelposten einzelner Wirtschaftsjahre können daher nicht miteinander verrechnet werden.

Anschaffungs- oder Herstellungskosten (netto)	Sofortabzug	Absetzung für Abnutzung über bgN	Sammelposten
bis 250,00 €	Wahlrecht	Wahlrecht	---
250,01 € – 800,00 €	Wahlrecht	Wahlrecht	Wahlrecht, einheitlich auszuüben
800,01 – 1.000,00 €	---	Wahlrecht	Wahlrecht, einheitlich auszuüben

***Abbildung 8:** Steuerrechtliche Berücksichtigung von GWG*

Damit bestehen für GWG und Sammelposten somit folgende Wahlrechte:

Die Ausübung des Wahlrechts, einen Sammelposten nach § 6 Abs. 2a Satz 1 EStG zu bilden, dürfte in der Praxis eher die Ausnahme sein. Da die Wertgrenze für den Sofortabzug nach § 6 Abs. 2 Satz 1 EStG seit dem 01.01.2018 bei 800 € (netto) liegt, verbleibt nur wenig Spielraum, um durch einen Sammelposten Betriebsausgaben vorzuziehen. Erst bei zahlreichen Investitionen in abnutzbare, bewegliche Wirtschaftsgüter des Anlagevermögens, die einer selbstständigen Nutzung fähig sind, mit Anschaffungs- oder Herstellungskosten zwischen 800,01 € und 1.000,00 €, ist die Bildung eines Sammelpostens sinnvoll. Dies gilt jedoch auch nur, sofern die Nutzungsdauer dieser Wirtschaftsgüter oberhalb von fünf Jahren angesiedelt ist und darüber hinaus nur wenige qualifizierte Wirtschaftsgüter im Bereich von 250,01 € und 800,00 € angeschafft, hergestellt oder eingelegt wurden. Denn für diese wäre sodann – da es sich um ein wirtschaftsjahrbezogenes Wahlrecht handelt – ein Einbezug in den Sammelposten obligatorisch; ein Sofortabzug als Betriebsausgaben schiede insoweit aus.

5.2.3.2 Verfahren planmäßiger Abschreibungen

Gemäß § 7 Abs. 1 Satz 1 EStG ist bei abnutzbaren Wirtschaftsgütern, die länger als ein Jahr genutzt werden, im Wirtschaftsjahr der Teil der Anschaffungs- oder Herstellungskosten abzusetzen, der bei gleichmäßiger Verteilung dieser Kosten auf die Gesamtdauer der Verwendung oder Nutzung auf ein Jahr entfällt (**AfA in gleichen Jahresbeträgen**). Die lineare AfA wird wie folgt ermittelt (vgl. Teil A Kapitel 6.2.3):

$$a = \frac{AHK - RVE}{n}$$

mit: a = jährlicher Abschreibungsbetrag
AHK = Anschaffungs-/Herstellungskosten
RVE = Restverkaufserlös
n = Nutzungsdauer

Der lineare Abschreibungssatz beträgt $\frac{100}{n}\%$.

Der Steuerpflichtige konnte bei vor dem 01.01.2011 angeschafften beweglichen Wirtschaftsgütern des Anlagevermögens u. U. statt der linearen Abschreibung die **AfA in fallenden Jahresbeträgen** wählen, § 7 Abs. 2 EStG. Der Abschreibungsbetrag der geometrisch-degressiven Abschreibung ermittelte sich dabei wie folgt (vgl. Teil A Kapitel 6.2.3):

$$a = p \cdot BW_n$$

mit: BW_n = Buchwert zu Beginn eines jeden Jahres
p = Prozentsatz

Der bei der AfA in fallenden Jahresbeträgen verwandte Hundertsatz konnte nicht verändert werden. Um den AfA-Betrag zu ermitteln, wurde der AfA-Satz der geometrisch-degressiven AfA mit dem Buchwert zu Beginn des Wirtschaftsjahres multipliziert. Dieser AfA-Satz durfte bei Wirtschaftsgütern, die nach dem 31.12.2008 und vor dem 01.01.2011 angeschafft oder hergestellt wurden, höchstens das Zweieinhalbfache des Abschreibungssatzes bei der linearen AfA und 25 % nicht übersteigen, § 7 Abs. 2 Satz 2 EStG. Nur für Wirtschaftsgüter, die nach dem 31.12.2010 angeschafft oder hergestellt wurden, ist eine Abschreibung in fallenden Jahresbeträgen nach § 7 Abs. 2 EStG ausgeschlossen.

Wie bereits in Teil A Kapitel 6.2.3 erwähnt, wurde jüngst mit dem Zweiten Corona-Steuerhilfegesetz vom 29.06.2020 beschlossen, dass für Neuanschaffungen von Wirtschaftsgütern in den Jahren 2020 und 2021 die geometrisch-degressive Abschreibung gemäß § 7 Abs. 2 EStG zulässig ist. Dabei gelten abermals die bereits 2009/2010 einschlägigen Obergrenzen in Form des Zweieinhalbfachen des linearen Abschreibungssatzes und maximal 25 %.

Statt der linearen AfA kann der Steuerpflichtige bei beweglichen Wirtschaftsgütern des Anlagevermögens, bei denen es wirtschaftlich begründet ist, die **AfA nach Maßgabe der Leistung** des Wirtschaftsgutes vornehmen. Die leistungsabhängige AfA setzt voraus, dass der Steuerpflichtige den auf das einzelne Jahr entfallenden Umfang der Leistung nachweist, § 7 Abs. 1 Satz 6 EStG. Der jährliche Betrag der Leistungs-AfA ermittelt sich wie folgt (vgl. Teil A Kapitel 6.2.3):

$$a = \frac{AHK - RVE}{Gesamtleistung} \cdot Leistung\ pro\ Periode$$

Zusammenfassend lässt sich festhalten, dass für

- abnutzbare bewegliche Wirtschaftsgüter des Anlagevermögens die AfA
  - in gleichen Jahresbeträgen (§ 7 Abs. 1 Satz 1, 2 EStG),
  - (mit zeitlichen Einschränkungen) in fallenden Jahresbeträgen (§ 7 Abs. 2 Satz 1 EStG) oder
  - nach Maßgabe der Leistung (§ 7 Abs. 1 Satz 6 EStG)
- abnutzbare unbewegliche Wirtschaftsgüter des Anlagevermögens grundsätzlich die AfA in gleichen Jahresbeträgen (§ 7 Abs. 1 Satz 1 und Satz 2 EStG)

zu erfolgen hat.

Ein **Wechsel der Abschreibungsmethode** ist nur von der für Neuanschaffungen nach dem 31.12.2019 und vor dem 01.01.2022 steuerlich zulässigen geometrisch-degressiven AfA zur linearen AfA möglich, § 7 Abs. 3 Satz 1 EStG. Der Zeitpunkt des Übergangs ist frei wählbar, jedoch vornehmlich in dem Veranlagungszeitraum sinnvoll, in dem der lineare Abschreibungsbetrag erstmalig größer ausfällt als der geometrisch-degressive. Mit der für Neuanschaffungen nach dem 31.12.2010 und vor dem 01.01.2020 geltenden Aussetzung der geometrisch-degressiven AfA nach § 7 Abs. 2 Satz 1 EStG war jedoch ein Wechsel der Abschreibungsmethode generell ausgeschlossen.

Steuerliche Wahlrechte können aufgrund des § 5 Abs. 1 Satz 1 Hs. 2 EStG unabhängig von handelsrechtlichen Bewertungsbestimmungen ausgeübt werden. Da sowohl die lineare als auch die Leistungsabschreibung als Wahlrecht ausgestaltet sind, ist eine korrespondierende Ausübung des Wahlrechts in der Handelsbilanz keine Voraussetzung für die steuerliche Inanspruchnahme (so auch das BMF-Schreiben vom 12.03.2010).

Für **Gebäude** sind abweichend von den Regelungen des § 7 Abs. 1 EStG die Vorschriften des § 7 Abs. 4, 5 und 5a EStG zu berücksichtigen.

Bei der Bestimmung der AfA in gleichen Jahresbeträgen für Gebäude gemäß § 7 Abs. 4 EStG ist der Abschreibungssatz von der Nutzungsart abhängig:

- Für Wirtschaftsgebäude, die zum Betriebsvermögen gehören und nicht Wohnzwecken dienen, erfolgt eine lineare AfA über 33 1/3 Jahre (3 %), sofern der Bauantrag nach dem 31.03.1985 gestellt wurde, § 7 Abs. 4 Satz 1 Nr. 1 EStG.

- Für Wirtschaftsgebäude, bei denen der Bauantrag vor dem 31.03.1985 gestellt wurde, und für Mietwohngebäude, d.h. Gebäude, die Wohnzwecken dienen, wird die lineare AfA
  - bei Fertigstellung nach dem 31.12.1924 über 50 Jahre mit 2 % (§ 7 Abs. 4 Satz 1 Nr. 2 Buchst. a EStG) und
  - bei Fertigstellung vor dem 01.01.1925 über 40 Jahre mit 2,5 % (§ 7 Abs. 4 Satz 1 Nr. 2 Buchst. b EStG)

berücksichtigt.

Alternativ kann bei Gebäuden, die vom Steuerpflichtigen hergestellt wurden oder deren Kauf durch den Steuerpflichtigen bis zum Ende des Jahres der Fertigstellung erfolgte, eine AfA nach den in § 7 Abs. 5 EStG aufgeführten Staffelsätzen geltend gemacht werden. Im Rahmen dieser Gebäude-AfA wird die Nutzungsdauer in verschiedene Teilabschnitte (Staffeln) aufgeteilt. Innerhalb dieser Zeiträume wird der gleiche AfA-Satz angewandt.

5.2.3.3 Außerplanmäßige Abschreibungen

Außerplanmäßige Abschreibungen können in Form von Absetzungen für außergewöhnliche technische oder wirtschaftliche Abnutzung (AfaA) gemäß § 7 Abs. 1 Satz 7 EStG oder durch Teilwertabschreibungen gemäß § 6 Abs. 1 Nr. 1 Satz 2 EStG erfolgen. Beide entsprechen den handelsrechtlichen außerplanmäßigen Abschreibungen gemäß § 253 Abs. 3 Satz 5 HGB.

Im Unterschied zu den planmäßigen Abschreibungen gelten die entsprechenden Regelungen nicht nur für abnutzbare, sondern auch für nicht abnutzbare Wirtschaftsgüter des Anlage- und auch des Umlaufvermögens, § 6 Abs. 1 Nr. 2 Satz 2 EStG.

5.2.3.3.1 Absetzung für außergewöhnliche technische oder wirtschaftliche Abnutzung

Eine Absetzung für außergewöhnliche technische oder wirtschaftliche Abnutzung (AfaA) kann gemäß § 7 Abs. 1 Satz 7 EStG durchgeführt werden, wenn infolge besonderer Umstände ein außergewöhnlicher Werteverzehr durch technische oder wirtschaftliche Abnutzung eingetreten ist.

Eine technische Abnutzung liegt bei materiellem Verschleiß des Gutes, d.h. bei Substanzverzehr, z.B. durch Brand oder Hochwasser, vor. Wirtschaftliche Abnutzung ist hingegen bei einer Verminderung oder durch Fortfall der Verwendungsmöglichkeit für den Steuerpflichtigen gegeben, wenn z.B. ein Produkt nicht mehr nachgefragt wird.

Die AfaA darf nur angewandt werden, wenn linear oder leistungsabhängig abgeschrieben wurde. Wurde – bei Neuanschaffungen vor dem 01.01.2011 – bislang geometrisch-degressiv nach § 7 Abs. 2 Satz 1 EStG abgeschrieben, hat vor Anwendung der AfaA ein Übergang von der geometrisch-degressiven auf die lineare AfA zu erfolgen, § 7 Abs. 2 Satz 4 EStG.

Eine technische bzw. wirtschaftliche Abnutzung ist i.d.R. dauerhaft. Folglich muss handelsrechtlich gemäß gemildertem Niederstwertprinzip der Vermögensgegenstand außerplanmäßig abgeschrieben werden, § 253 Abs. 3 Satz 5 HGB (vgl. Teil A Kapitel 6.2.4). Bei der Gewinnermittlung gemäß § 5 Abs. 1 EStG ist die Steuerbilanz in Übereinstimmung mit den handelsrechtlichen Grundsätzen ordnungsmäßiger

Buchführung aufzustellen (sog. Maßgeblichkeit), es sei denn, im Rahmen der Ausübung eines steuerlichen Wahlrechts wird oder wurde ein anderer Ansatz gewählt. Die Vornahme der außerplanmäßigen Abschreibung in der Steuerbilanz setzt aufgrund der Ausgestaltung als steuerliches Wahlrecht nicht die korrespondierende Ausübung in der Handelsbilanz voraus, § 5 Abs. 1 Satz 1 Hs. 2 EStG i. V. m. § 7 Abs. 1 Satz 7 EStG. Handels- und Steuerbilanz können somit je nach steuerlicher Wahlrechtsausübung voneinander abweichen.

Besonderheiten im Rahmen der Bewertung treten bspw. bei Nutzungsdauerveränderungen ein:

Für ein Wirtschaftsgut, das bspw. Anschaffungskosten von 120.000 €, eine geschätzte Nutzungsdauer von acht Jahren und einen Restverkaufserlös von 0 € hat, ergibt sich bei linearer AfA ein jährlicher AfA-Betrag von 15.000 € (120.000 € / 8 Jahre).

Der Abschreibungsplan sieht wie folgt aus:

n	Lineare AfA	RBW 31.12.
1	15.000	105.000
2	15.000	90.000
3	15.000	75.000
4	15.000	60.000
5	15.000	45.000
6	15.000	30.000
7	15.000	15.000
8	15.000	0

Am Ende der 4. Periode stellt sich heraus, dass sich die Nutzungsdauer auf sechs Jahre verkürzt.

Im Sinne einer periodengerechten Gewinnermittlung hätte sich unter Berücksichtigung dieser Information im Zeitpunkt des Kaufes, d. h. bei erstmaliger Berechnung der AfA, eine jährliche AfA in Höhe von 20.000 € ergeben (120.000 € / 6 Jahre). Am Ende des 4. Jahres hätte das Wirtschaftsgut einen Restbuchwert von 40.000 € (120.000 € Anschaffungskosten abzüglich 80.000 € lineare AfA für vier Jahre).

Bei richtiger Einschätzung der Nutzungsdauer hätte sich der Abschreibungsplan wie folgt dargestellt:

n	Lineare AfA	RBW 31.12.
1	20.000	100.000
2	20.000	80.000
3	20.000	60.000
4	20.000	40.000
5	20.000	20.000
6	20.000	0

Sähe man nun in der AfaA eine Möglichkeit zur Abschreibungsnachholung, könnte der niedrigere Restbuchwert am 31.12.t4 durch eine AfaA in Höhe von 20.000 € in t4 erreicht werden. Die über vier Jahre zu niedrige lineare AfA in Höhe von jeweils 5.000 € wäre im vierten Jahr nachgeholt. Somit würde im Sinne eines zutreffenden Vermögensausweises der Restbuchwert in Höhe von 40.000 € am Ende des 4. Jahres gezeigt.

Der neue Abschreibungsplan lautete wie folgt aus:

n	Lineare AfA	AfaA	RBW 31.12.
1	15.000		105.000
2	15.000		90.000
3	15.000		75.000
4	15.000	20.000	40.000
5	20.000		20.000
6	20.000		0

Der BFH sieht gemäß Urteil vom 04.05.1993 indes in der AfaA kein Mittel, um eine unterbliebene AfA nachzuholen und fordert im vorhergehenden Sachverhalt zwingend eine Verteilung des Restbuchwertes auf die letzten zwei Perioden. Damit wird zugunsten des Grundsatzes des formellen Bilanzzusammenhangs gegen das Prinzip der periodengerechten Gewinnermittlung verstoßen. In den ersten vier Perioden wird ein zu niedriger Abschreibungsbetrag, der nicht geändert werden kann, und im 5. und 6. Jahr ein zu hoher Abschreibungsbetrag ausgewiesen. Laut BFH ergibt sich folgender Abschreibungsplan:

n	Lineare AfA	AfaA	RBW 31.12.
1	15.000		105.000
2	15.000		90.000
3	15.000		75.000
4	15.000		60.000
5	30.000		30.000
6	30.000		0

Stellt sich – anders als im bis jetzt beschriebenen Sachverhalt – am Ende der 4. Periode allerdings heraus, dass sich die Nutzungsdauer auf z. B. zehn Jahre verlängert, ergeben sich folgende Bewertungsmöglichkeiten:

Im Sinne einer periodengerechten Gewinnermittlung erfolgt eine Verteilung des Restbuchwertes auf die verbleibenden sechs Jahre:

n	Lineare AfA	RBW 31.12.
1	15.000	105.000
2	15.000	90.000
3	15.000	75.000
4	15.000	60.000
5	10.000	50.000
6	10.000	40.000
7	10.000	30.000
8	10.000	20.000
9	10.000	10.000
10	10.000	0

Hätte man ab t1 mit einer Nutzungsdauer von zehn Jahren gerechnet, ergäbe sich folgender Abschreibungsplan:

n	Lineare AfA	RBW 31.12.
1	12.000	108.000
2	12.000	96.000
3	12.000	84.000
4	12.000	72.000
5	12.000	60.000
6	12.000	48.000
7	12.000	36.000
8	12.000	24.000
9	12.000	12.000
10	12.000	0

Am Ende von t4 würde der Restbuchwert 72.000 € betragen und nicht 60.000 €.

Eine zweite denkbare Lösung wäre, die zu viel berücksichtigten Abschreibungsbeträge durch eine Wertaufholung in Form einer Zuschreibung von 12.000 € in t4 an den tatsächlichen Wert anzupassen. Ab t5 könnte dann ein periodengerechter Abschreibungsbetrag von 12.000 € berücksichtigt werden:

n	Lineare AfA	Zuschreibung	RBW 31.12.
1	15.000		105.000
2	15.000		90.000
3	15.000		75.000
4	15.000	12.000	72.000
5	12.000		60.000
6	12.000		48.000
7	12.000		36.000
8	12.000		24.000
9	12.000		12.000
10	12.000		0

Diese denkbare Möglichkeit darf nicht durchgeführt werden, da eine Wertaufholung nur möglich ist, wenn zuvor außerplanmäßig abgeschrieben wurde und die damaligen Gründe inzwischen entfallen sind. Planmäßige Abschreibungen können jedoch nicht rückgängig gemacht werden, § 6 Abs. 1 Nr. 1 Satz 1 EStG, § 253 Abs. 5 Satz 1 HGB.

Eine Alternative besteht in der Beibehaltung des ursprünglichen Abschreibungsplanes von acht Jahren, was jedoch zu einer Unterbewertung des Wirtschaftsgutes führt. Dies hat die Bildung von stillen Reserven zur Folge. Damit ergäbe sich wiederum folgender Abschreibungsplan:

n	Lineare AfA	RBW 31.12.
1	15.000	105.000
2	15.000	90.000
3	15.000	75.000
4	15.000	60.000
5	15.000	45.000
6	15.000	30.000
7	15.000	15.000
8	15.000	0
9	0	0
10	0	0

5.2.3.3.2 Teilwertabschreibung

Ist bei Wirtschaftsgütern des abnutzbaren Anlagevermögens der Teilwert aufgrund einer voraussichtlich dauernden Wertminderung niedriger als die fortgeführten Anschaffungs-/Herstellungskosten, so kann dieser angesetzt werden, § 6 Abs. 1 Nr. 1 Satz 2 EStG. Gleiches gilt im Übrigen auch für das nicht abnutzbare Anlagevermögen (und auch das Umlaufvermögen), § 6 Abs. 1 Nr. 2 Satz 2 EStG.

Der Teilwert ist gemäß § 6 Abs. 1 Nr. 1 Satz 3 EStG der Betrag, den ein Erwerber des ganzen Betriebes im Rahmen des Gesamtkaufpreises für das einzelne Wirtschaftsgut bezahlen würde. Es ist davon auszugehen, dass der Erwerber den Betrieb fortführt (näheres zum Teilwert siehe Teil B Kapitel 4.2.3).

Voraussetzung für eine Teilwertabschreibung ist eine dauerhafte Wertminderung. Eine **dauerhafte Wertminderung** bedeutet ein voraussichtlich nachhaltiges Absinken des Wertes des Wirtschaftsgutes unter den maßgeblichen Buchwert.

Nachhaltig ist die Wertminderung, wenn am Bilanzstichtag aufgrund objektiver Anzeichen mit einer Wertminderung ernsthaft zu rechnen ist. Dies wird angenommen, wenn der Wert des Wirtschaftsgutes die Bewertungsobergrenze während eines erheblichen Teiles der voraussichtlichen Verweildauer im Unternehmen nicht erreichen wird (z. B. bei Wertminderungen aufgrund einer Katastrophe).

Beim abnutzbaren Anlagevermögen liegt eine dauerhafte Wertminderung vor, wenn der Wert des Wirtschaftsgutes zum Bilanzstichtag mindestens für die halbe Restnutzungsdauer unter dem planmäßigen Restbuchwert liegt. Dies wurde durch das BFH-Urteil vom 14.03.2006 bestätigt. Auch das BMF-Schreiben vom 02.09.2016 bekräftigt nochmals diese Einschätzung.

Die steuerliche Teilwertabschreibung entspricht formal der handelsrechtlichen außerplanmäßigen Abschreibung auf den niedrigeren beizulegenden Wert (vgl. § 253 Abs. 3 Satz 5 und Abs. 4 Satz 2 HGB).

Für die Gewinnermittlung gemäß § 5 Abs. 1 EStG sind – dem Maßgeblichkeitsprinzip entsprechend – die handelsrechtlichen Grundsätze ordnungsmäßiger Buchführung zu beachten, soweit kein steuerlicher Bewertungsvorbehalt entgegensteht oder im Rahmen der Ausübung eines steuerlichen Wahlrechts ein anderer Ansatz gewählt wird oder wurde.

Im Handelsrecht sind gemäß gemildertem Niederstwertprinzip für Vermögensgegenstände des abnutzbaren und nicht abnutzbaren Anlagevermögens außerplanmäßige Abschreibungen vorzunehmen, um sie mit dem niedrigeren Wert anzusetzen, der ihnen am Abschlussstichtag beizulegen ist, § 253 Abs. 3 Satz 5 HGB. Im Sachanlagevermögen besteht eine Pflicht zur außerplanmäßigen Abschreibung, wenn die Wertminderung voraussichtlich von Dauer ist; bei nur vorübergehender Wertminderung besteht hingegen ein Abschreibungsverbot. Einzig bei Finanzanlagen können außerplanmäßige Abschreibungen auch bei lediglich vorübergehenden Wertminderungen vorgenommen werden (vgl. Teil B Kapitel 5.2.4).

Über das Maßgeblichkeitsprinzip ergeben sich für die Gewinnermittlung bei abnutzbaren Wirtschaftsgütern des Anlagevermögens gemäß § 5 Abs. 1 EStG folgende Auswirkungen:

- Bei einer voraussichtlich nicht dauernden Wertminderung im Anlagevermögen besteht sowohl handels- als auch steuerrechtlich ein Abschreibungsverbot (Ausnahme: handelsrechtliches Wahlrecht bei Finanzanlagen).
- Bei einer dauerhaften Wertminderung im Anlagevermögen muss handelsrechtlich abgeschrieben werden. Steuerrechtlich besteht mit der Teilwertabschreibung ein eigenständiges Wahlrecht, welches – unbeachtlich des niedrigeren Wertansatzes in der Handelsbilanz – ausgeübt werden kann, § 6 Abs. 1 Nr. 1 Satz 2 und Nr. 2 Satz 2 EStG i. V. m. § 5 Abs. 1 Satz 1 Hs. 2 EStG. Handels- und steuerbilanzielle Wertansätze können somit – auch im Hinblick auf latente Steuern – voneinander abweichen, müssen es aber nicht. Der Verzicht auf den Nachweis des niedrigeren Teilwertes und damit der Teilwertabschreibung kann u. a. bei bestehenden Verlustvorträgen vorteilhaft sein. Die Inanspruchnahme der Teilwertabschreibung und die Aufnahme mit einem vom Handelsrecht abweichenden Wert in die steuerliche Gewinnermittlung ist mit Aufzeichnungspflichten verbunden, § 5 Abs. 1 Satz 2 EStG und BMF-Schreiben vom 12.03.2010.

5.2.3.4 Zuschreibungen

Wirtschaftsgüter, die bereits am Schluss des vorangegangenen Wirtschaftsjahres zum Anlagevermögen des Steuerpflichtigen gehört haben, sind in den folgenden Wirtschaftsjahren gemäß § 6 Abs. 1 Nr. 1 Satz 1 EStG mit den fortgeführten Anschaffungs-/Herstellungskosten anzusetzen, es sei denn, der Steuerpflichtige weist nach, dass ein niedrigerer Teilwert nach § 6 Abs. 1 Nr. 1 Satz 2 EStG angesetzt werden kann, § 6 Abs. 1 Nr. 1 Satz 4 EStG. Die Beweislast des Steuerpflichtigen betrifft den Nachweis dafür, dass der Teilwert weiterhin gemindert und die Wertminderung weiterhin von Dauer ist.

Folglich ist eine Zuschreibung durchzuführen, sobald der Steuerpflichtige eines dieser beiden Merkmale nicht nachweisen kann oder möchte, § 6 Abs. 1 Nr. 1 Satz 4 und Nr. 2 Satz 3 EStG.

Absetzungen für außergewöhnliche technische oder wirtschaftliche Abnutzung müssen durch entsprechende Zuschreibungen in den Fällen der Gewinnermittlung gemäß § 4 Abs. 1 oder gemäß § 5 Abs. 1 EStG ebenfalls rückgängig gemacht werden. Die Beweislast für einen Wegfall der Gründe für die ursprüngliche AfaA liegt hier jedoch nicht auf Seiten des Steuerpflichtigen, § 7 Abs. 1 Satz 7 EStG.

Handelsrechtlich schreibt § 253 Abs. 5 Satz 1 HGB ein Wertaufholungsgebot vor, sodass bei Wegfall der Gründe für die ursprüngliche außerplanmäßige Abschreibung auf den höheren beizulegenden Wert zugeschrieben werden muss. Bewertungsobergrenze sind hierbei – im abnutzbaren Anlagevermögen – die fortgeführten Anschaffungs- oder Herstellungskosten (und im nicht abnutzbaren Anlagevermögen sowie Umlaufvermögen die historischen Anschaffungs- oder Herstellungskosten).

Einzig ein niedrigerer Wertansatz eines entgeltlich erworbenen Geschäfts- oder Firmenwertes ist beizubehalten, auch wenn die Gründe für eine vormalige außerplanmäßige Abschreibung inzwischen entfallen sind, § 253 Abs. 5 Satz 2 HGB. In der Steuerbilanz wäre hier eine Wertaufholung aufgrund § 6 Abs. 1 Nr. 1 Satz 4 EStG prinzipiell zwingend vorzunehmen, da es sich insoweit um ein abnutzbares Wirtschaftsgut des Anlagevermögens handelt. Diese Auffassung ist mit Hinweis auf die Substitution des derivativen durch einen originären Geschäfts- oder Firmenwert und dem Ansatzverbot des § 5 Abs. 2 EStG allerdings sehr umstritten.

Zusammenfassend ergeben sich bei alleiniger Anwendung des § 6 Abs. 1 Nr. 1 Satz 1 EStG für das abnutzbare Anlagevermögen folgende Bewertungsregeln:

1. Grundsätzlich sind die Anschaffungs-/Herstellungskosten abzüglich der AfA anzusetzen (fortgeführte Anschaffungs-/Herstellungskosten). Diese bilden die Wertobergrenze, über die nicht hinausgegangen werden darf.
2. Ist der Teilwert niedriger als die fortgeführten Anschaffungs- oder Herstellungskosten, kann bei dauernder Wertminderung der Teilwert angesetzt werden (Bewertungswahlrecht).
3. Steigt der Teilwert über den letzten Bilanzansatz hinaus, muss der Teilwert angesetzt werden. Es dürfen höchstens die Anschaffungs-/ Herstellungskosten, vermindert um die steuerlichen „Normalabschreibungen" i. S. d. § 7 EStG, angesetzt werden (Wertaufholungsgebot).

Bei der Gewinnermittlung gemäß § 5 Abs. 1 EStG richtet sich die Bewertung nicht ausschließlich nach § 6 EStG, vielmehr sind über den Maßgeblichkeitsgrundsatz des § 5 Abs. 1 Satz 1 EStG zusätzlich die handelsrechtlichen Grundsätze ordnungsmäßiger Bilanzierung und die konkreten handelsrechtlichen Bewertungsvorschriften zu beachten, sofern keine steuerlichen Bewertungsvorbehalte entgegenstehen oder im Rahmen der Ausübung eines steuerlichen Wahlrechts ein anderer Ansatz gewählt wird oder wurde.

5.2.3.5 Sonderabschreibungen und erhöhte Absetzungen

Bei den Sonderabschreibungen bzw. erhöhten Absetzungen geht es nicht um die Besteuerung entsprechend der Leistungsfähigkeit, sondern um wirtschaftspolitische Maßnahmen wie bspw. Investitionsanreize.

Eine Sonderabschreibung tritt zur planmäßigen Abschreibung hinzu, z. B. die Abschreibung gemäß § 7g Abs. 5 EStG zur Förderung kleiner und mittlerer Betriebe. Die erhöhte Absetzung hingegen ersetzt die planmäßige Abschreibung, wie z. B. die Abschreibung gemäß § 7h EStG bei Gebäuden in Sanierungsgebieten und städtebaulichen Entwicklungsbereichen.

Bei den Sonderabschreibungen bzw. erhöhten Absetzungen ist Folgendes zu beachten:

1. Erhöhte Absetzungen und Sonderabschreibungen beinhalten einen reinen Zinseffekt.
   Es wird derselbe Betrag abgeschrieben, der Abschreibungszeitpunkt liegt aber in früheren Jahren, was zunächst zu einer niedrigeren und später höheren Steuerbelastung führt.
2. Der positive Zinseffekt wird u. U. von einem negativen Zahlungseffekt überkompensiert.
   Durch Sonderabschreibungen und erhöhte Absetzungen werden Gewinne in spätere Geschäftsjahre verlagert. In einer späteren Periode mit hohem Gewinn ist das AfA-Potenzial verbraucht. Wenn der Steuerpflichtige in späteren Jahren durch die höheren Gewinne z. B. in eine höhere Steuerprogression „rutscht", ergibt sich ein negativer Zahlungseffekt, der ggf. den positiven Zinseffekt übertrifft. In Zeiten niedriger Zinsen steigt dieses Risiko.

3. Sonderabschreibungen und erhöhte Absetzungen als GoB-widrige steuerlichen Wahlrechte können – losgelöst vom handelsrechtlichen Wertansatz und von den handelsrechtlichen Grundsätzen ordnungsmäßiger Buchführung – ausgeübt werden (Einschränkung der Maßgeblichkeit), § 5 Abs. 1 Satz 1 Hs. 2 EStG. Der Ansatz mit einem vom Handelsrecht abweichenden Wert erfordert jedoch die Dokumentation in einem besonderen, laufend zu führenden Verzeichnis unter Angabe des Tages der Anschaffung oder Herstellung, der Anschaffungs- oder Herstellungskosten, der Vorschrift des ausgeübten steuerlichen Wahlrechts und der vorgenommenen Abschreibung, § 5 Abs. 1 Satz 2 und 3 EStG. Die Verzeichnisse sind Bestandteil der Buchführung und Tatbestandsvoraussetzung für die wirksame Ausübung des abweichenden Wertansatzes. Unterschiedliche Wertansätze in Handels- und Steuerbilanz können zu latenten Steuern führen.

Beispiel

Sonderabschreibungen

Am 01.01.t1 wird eine Maschine für 100.000 € gekauft. Sie soll linear über die Nutzungsdauer von zehn Jahren abgeschrieben werden. Hinzu kommt eine steuerliche Sonderabschreibung von 20 % der Anschaffungskosten gemäß § 7g Abs. 5 EStG.

Die Sonderabschreibung entspricht aufgrund der Periodisierungsgrundsätze und des Imparitätsprinzips nicht den Grundsätzen ordnungsmäßiger Buchführung und darf nach Aufhebung der steuerlichen Öffnungsklausel und der damit verbundenen Stärkung des Informationszwecks nicht mehr in der Handelsbilanz abgebildet werden.

Handelsrechtlich ergibt sich ohne Berücksichtigung der steuerlichen Sonderabschreibung folgender Abschreibungsplan:

n	Lineare Abschreibung	RBW 31.12.tn
1	10.000	90.000
2	10.000	80.000
3	10.000	70.000
4	10.000	60.000
5	10.000	50.000
6	10.000	40.000
7	10.000	30.000
8	10.000	20.000
9	10.000	10.000
10	10.000	0

In der Steuerbilanz soll zusätzlich die o. a. Sonderabschreibung in Anspruch genommen werden. Die Abweichung vom handelsbilanziellen Wertansatz wird durch § 5 Abs. 1 Satz 1 Hs. 2 EStG möglich.

§ 7g Abs. 5 EStG gestattet – unter den Voraussetzungen des § 7g Abs. 6 EStG – im Jahr der Anschaffung und in den vier folgenden Jahren neben der planmäßigen AfA Sonderabschreibungen bis zu insgesamt 20 % der Anschaffungskosten. Das Unternehmen beabsichtigt die Geltendmachung im Jahr der Anschaffung in voller Höhe, um maximal vom Zinseffekt zu profitieren.

Beispiel (Fortsetzung)

Damit wird im Jahr t1 neben der linearen AfA in Höhe von 10.000 € auch die volle Sonderabschreibung in Höhe von 20.000 € gewinnmindernd berücksichtigt, sodass sich ein Restbuchwert in Höhe von 70.000 € ergibt. Die weitern planmäßigen Abschreibungen reduzieren sich jedoch nicht unmittelbar ab dem Folgejahr, sondern gemäß § 7a Abs. 9 EStG erst nach Ablauf des Begünstigungszeitraums (hier fünf Jahre, nämlich dem Jahr der Anschaffung und den folgenden vier Jahren, so § 7g Abs. 5 EStG).

Ab t6 ist dann ein neuer linearer Abschreibungsbetrag zu ermitteln, um den Restbuchwert des Vorjahres von 30.000 € über die verbleibenden fünf Jahre zu verteilen ist. Somit sieht der Abschreibungsplan wie folgt aus:

n	Lineare AfA	Sonder-AfA	RBW 31.12.tn
1	10.000	20.000	70.000
2	10.000		60.000
3	10.000		50.000
4	10.000		40.000
5	10.000		30.000
6	6.000		24.000
7	6.000		28.000
8	6.000		12.000
9	6.000		6.000
10	6.000		0

Unterschiedliche Wertansätze in Handels- und Steuerbilanz führen bei mittelgroßen und großen Kapitalgesellschaften zur passiven latenten Steuerabgrenzung in der Handelsbilanz (vgl. Teil A Kapitel 5.2.3.5).

5.2.3.6 Exkurs: Geschäfts- oder Firmenwert

Der Geschäfts- oder Firmenwert gehört zu den immateriellen Wirtschaftsgütern. Er ist kein selbstständiger Einzelwert, sondern stellt den Mehrwert, der über den Zeitwert sämtlicher Wirtschaftsgüter abzüglich der Schulden hinausgeht, dar. Ein Geschäfts- oder Firmenwert kann entstehen durch

1. innere Einflüsse: Ideenreichtum und Tüchtigkeit der Unternehmensleitung (Ausbildung, Kenntnisse, Erfahrungen, Talent zur Menschenführung etc.), Standortvorteile, besondere Produktionstechniken, Auswahl der Mitarbeiter, Wert der Organisation, Betriebsklima, Arbeitsablauf;
2. Einflüsse von innen nach außen: persönliche Kontakte und Kontaktpflege zum Kundenkreis, die Werbekraft, Vertriebsnetz, Monopolstellung durch Konzessionen, Patente, Marken- oder Musterschutzrechte;
3. Einflüsse von außen: das Vertrauen der Kundschaft, der Lieferanten, der Banken und Geldgeber (= Kreditwürdigkeit, diese hängt wesentlich davon ab, wie die Zukunftsaussichten der Unternehmung beurteilt werden), Ruf der Unternehmung.

Der Geschäfts- oder Firmenwert darf sowohl steuer- als auch handelsrechtlich nicht berücksichtigt werden, wenn er vom Unternehmen selbstgeschaffen (und damit originär) ist, § 5 Abs. 2 EStG und § 248 Abs. 2 HGB. Handelsrechtlich gilt nur der entgeltlich erworbene Geschäfts- oder Firmenwert als zeitlich begrenzt nutzbarer Vermögensgegenstand, § 246 Abs. 1 Satz 4 HGB, der aufgrund des Vollständigkeitsgebotes des § 246 Abs. 1 Satz 1 HGB aktivierungspflichtig ist.

Nach dem Grundsatz der Maßgeblichkeit des § 5 Abs. 1 EStG folgt aus einem handelsrechtlichen Aktivierungsgebot auch eine steuerliche Aktivierungspflicht. Im Ergebnis stimmen handels- und steuerrechtliche Ansatzvorschriften überein, sodass ausschließlich ein entgeltlich erworbener (und damit derivativer) Geschäfts- oder Firmenwert aktivierungsfähig und auch -pflichtig ist, während für den originären Geschäfts- oder Firmenwert ein Aktivierungsverbot gilt.

Im Einkommensteuergesetz gibt es keine eigenständige Definition des Geschäfts- oder Firmenwertes. Handelsrechtlich muss als Geschäfts- oder Firmenwert gemäß § 246 Abs. 1 Satz 4 HGB der Unterschiedsbetrag angesetzt werden, um den die für die Übernahme eines Unternehmens bewirkte Gegenleistung den Wert der einzelnen Vermögensgegenstände des Unternehmens abzüglich der Schulden im Zeitpunkt der Übernahme übersteigt.

Der Geschäfts- oder Firmenwert ermittelt sich damit wie folgt:

	Kaufpreis für das zu übernehmende Unternehmen
./.	Vermögensgegenstände abzüglich Schulden des übernommenen Unternehmens (zu ihrem Zeitwert)
=	Geschäfts- oder Firmenwert.

Während sowohl handels- als auch steuerrechtlich eine Aktivierungspflicht für einen derivativen Geschäfts- oder Firmenwert besteht, ergeben sich Unterschiede zwischen Handels- und Steuerrecht in der Bestimmung der Nutzungsdauer.

Der derivative Geschäfts- oder Firmenwert gehört zu den abnutzbaren Wirtschaftsgütern. Gemäß § 7 Abs. 1 Satz 3 EStG ist ein Zeitraum von 15 Jahren als betriebsgewöhnliche Nutzungsdauer des Geschäfts- oder Firmenwertes eines Gewerbebetriebes oder eines Betriebes der Land- und Forstwirtschaft vorgesehen.

Handelsrechtlich ist der Geschäfts- oder Firmenwert als zeitlich begrenzt nutzbarer Vermögensgegenstand planmäßig über seine Nutzungsdauer abzuschreiben, § 253 Abs. 3 Satz 1 HGB. Eine dem Steuerrecht entsprechend fixierte Nutzungsdauer wird in der Handelsbilanz nicht vorgegeben; die planmäßige Nutzungsdauer ist vielmehr anhand der wirtschaftlichen, rechtlichen und technischen Gegebenheiten des erworbenen Unternehmens zu bestimmen. Kann in Ausnahmefällen die voraussichtliche Nutzungsdauer nicht verlässlich geschätzt werden, so ist von einer zehnjährigen Nutzungsdauer auszugehen, § 253 Abs. 3 Satz 3 und Satz 4 HGB. Im Anhang ist der Abschreibungszeitraum des Geschäfts- oder Firmenwerts zu erläutern, § 285 Nr. 13 HGB. Ein bloßer Verweis auf die steuerliche betriebsgewöhnliche Nutzungsdauer von 15 Jahren ist indes nicht ausreichend.

Weichen die Abschreibungszeiträume im Handels- und Steuerrecht voneinander ab, ergeben sich für die Gewinnermittlung gemäß § 5 Abs. 1 EStG unterschiedliche Ergebnisse in Handels- und Steuerbilanz. Dies kann zur Bildung von latenten Steuern in der Handelsbilanz führen.

Der erworbene Geschäftswert bei Freiberuflern, der sog. **Praxiswert** für eine erworbene Einzelpraxis, kann gemäß H 6.1 EStH i. V. m. dem BMF-Schreiben vom 15.01.1995 aufgrund seiner starken Personenbezogenheit über drei bis fünf Jahre abgeschrieben werden.

Die betriebsgewöhnliche Nutzungsdauer eines derivativ erworbenen „**Sozietätspraxiswertes**“ (bei Aufnahme von Partnern) ist doppelt so lang wie die Nutzungsdauer des Wertes einer erworbenen Einzelpraxis. Gemäß H 6.1 EStH i. V. m. dem BMF-Schreiben vom 15.01.1995 beträgt die betriebsgewöhnliche Nutzungsdauer des Sozietätspraxiswertes folglich sechs bis zehn Jahre.

5.2.4 Bewertung nicht abnutzbarer Wirtschaftsgüter des Anlagevermögens

Das nicht abnutzbare Anlagevermögen umfasst insbesondere Grund und Boden, Beteiligungen und immaterielle Wirtschaftsgüter, denen ein immerwährendes Recht zugrunde liegt.

Im Handelsrecht liegt eine **Beteiligung** im Zweifel gemäß § 271 Abs. 1 HGB bei einem Anteil am Kapital von mehr als 20 % vor. Im Steuerrecht sind Beteiligungen von den Anteilen an Kapitalgesellschaften ohne Beteiligungscharakter abzugrenzen. Eine Beteiligung ist die Zusammenfassung der Anteile eines Steuerpflichtigen an einer Kapitalgesellschaft, die dazu bestimmt sind, dem eigenen Geschäftsbetrieb durch Herstellung einer dauerhaften Verbindung zu der Kapitalgesellschaft zu dienen.

Gemäß § 6 Abs. 1 Nr. 2 Satz 1 EStG sind andere als die in § 6 Abs. 1 Nr. 1 Satz 1 EStG bezeichneten Wirtschaftsgüter des Betriebes mit den Anschaffungs-/Herstellungskosten oder dem an deren Stelle tretenden Wert, vermindert um Abzüge gemäß § 6b EStG und ähnliche Abzüge, anzusetzen.

Ist bei Wirtschaftsgütern des nicht abnutzbaren Anlagevermögens der Teilwert aufgrund einer voraussichtlich dauernden Wertminderung niedriger, so kann dieser angesetzt werden, § 6 Abs. 1 Nr. 2 Satz 2 EStG.

Zur Frage, ob von einer voraussichtlich dauernden Wertminderung auszugehen ist, äußert sich das BMF-Schreiben vom 02.09.2016 wie folgt: Bei börsennotierten Aktien des Anlagevermögens ist von einer Dauerhaftigkeit der Wertminderung auszugehen, wenn der Börsenwert zum Bilanzstichtag unter den Börsenwert im Zeitpunkt des Aktienerwerbs gesunken ist und der Kursverlust die Bagatellgrenze von 5 % der Notierung bei Erwerb überschreitet. Bei festverzinslichen Wertpapieren ist eine Teilwertabschreibung hingegen nur auf 100 % des Nennwerts zulässig, da die Wertpapiere bei Fälligkeit zum Nennwert eingelöst werden, sodass ein Absinken unter den Nennwert nicht von Dauer sein kann; zu Einzelheiten vgl. die Ausführungen im BMF-Schreiben vom 02.09.2016.

Für die Gewinnermittlung gemäß § 5 Abs. 1 EStG sind dem Maßgeblichkeitsprinzip entsprechend die handelsrechtlichen Grundsätze ordnungsmäßiger Buchführung zu beachten, soweit kein steuerlicher Bewertungsvorbehalt entgegensteht oder im Rahmen der Ausübung eines steuerlichen Wahlrechts ein anderer Ansatz gewählt wird oder wurde.

Im Handelsrecht sind laut gemildertem Niederstwertprinzip auch für Vermögensgegenstände des nicht abnutzbaren Anlagevermögens außerplanmäßige Abschreibungen vorzunehmen, um sie mit dem niedrigeren Wert anzusetzen, der ihnen am Abschlussstichtag beizulegen ist, § 253 Abs. 3 Satz 5 HGB. Die außerplanmäßigen Abschreibungen sind vorzunehmen, wenn eine voraussichtlich dauerhafte Wertminderung vorliegt. Bei vorübergehenden Wertminderungen außerhalb des Finanzanlagevermögens besteht ein Verbot der außerplanmäßigen Abschreibung auf den beizulegenden Wert, § 253 Abs. 3 Satz 6 HGB.

Für die steuerliche Gewinnermittlung gemäß § 5 Abs. 1 EStG ergeben sich bei nicht abnutzbaren Wirtschaftsgütern des Anlagevermögens folgende Auswirkungen:

- Bei einer voraussichtlich nicht dauernden Wertminderung im Anlagevermögen besteht grundsätzlich sowohl handels- als auch steuerrechtlich ein Abschreibungsverbot.
- Bei einer voraussichtlich nicht dauernden Wertminderung von Finanzanlagen des Anlagevermögens besteht handelsrechtlich ein Wahlrecht zur Vornahme einer außerplanmäßigen Abschreibung, § 253 Abs. 3 Satz 6 HGB. Steuerlich steht dem ein Abschreibungsverbot gegenüber, § 6 Abs. 1 Nr. 2 Satz 2 EStG i. V. m. § 5 Abs. 6 EStG (Bewertungsvorbehalt).
- Bei einer dauerhaften Wertminderung des nicht abnutzbaren Anlagevermögens muss handelsrechtlich abgeschrieben werden. Steuerrechtlich besteht mit der Teilwertabschreibung ein eigenständiges Wahlrecht, welches losgelöst vom niedrigeren Wertansatz in der Handelsbilanz ausgeübt werden kann, § 6 Abs. 1 Nr. 2 Satz 2 EStG i. V. m. § 5 Abs. 1 Satz 1 Hs. 2 EStG. Handels- und steuerbilanzielle Wertansätze können folglich voneinander abweichen, müssen es aber nicht. Der Verzicht auf den Nachweis des niedrigeren Teilwertes und damit auf die steuerliche Teilwertabschreibung kann u. a. bei bestehenden Verlustvorträgen vorteilhaft sein. Eine solche Entscheidung durch Ansatz eines vom Handelsrecht abweichenden – höheren – Buchwertes in der steuerlichen Gewinnermittlung ist mit Aufzeichnungspflichten verbunden, § 5 Abs. 1 Satz 2 EStG und BMF-Schreiben vom 12.03.2010.

Außerplanmäßige Abschreibungen bei vorübergehender Wertminderung dürfen rechtsformunabhängig gemäß § 253 Abs. 3 Satz 6 HGB nur für Finanzanlagen durchgeführt werden. Sachanlagen und immaterielle Vermögensgegenstände dürfen – bei vorübergehender Wertminderung – nicht abgeschrieben werden.

Nicht abnutzbare Wirtschaftsgüter des Anlagevermögens sind gemäß § 6 Abs. 1 Nr. 2 Satz 1 EStG in den folgenden Wirtschaftsjahren mit den Anschaffungs- bzw. Herstellungskosten anzusetzen. Dies gilt nicht, wenn der Steuerpflichtige nachweist, dass ein niedrigerer Teilwert gemäß § 6 Abs. 1 Nr. 2 Satz 2 EStG angesetzt werden kann (siehe Teil B Kapitel 5.2.3.3.2).

Sobald der Grund für eine Teilwertabschreibung entfällt, ist eine Zuschreibung durchzuführen, § 6 Abs. 1 Nr. 2 Satz 3 EStG (siehe Teil B Kapitel 5.2.3.4).

Eine latente Abweichung zwischen Handels- und Steuerbilanz kann z. B. in folgendem Fall bei der Wertaufholung im nicht abnutzbaren Anlagevermögen auftreten:

Sofern der Wert von Finanzanlagen des Anlagevermögens nach einer zunächst als dauernd eingeschätzten Wertminderung nur noch vorübergehend von den Anschaffungskosten abweicht, besteht handelsrechtlich ein Beibehaltungswahlrecht für den bisherigen beizulegenden Wert. Steuerrechtlich ist aufgrund des Wegfalls der dauernden Wertminderung zwingend eine Zuschreibung vorzunehmen.

5.3 Wirtschaftsgüter des Umlaufvermögens

Der Begriff des Umlaufvermögens ist gesetzlich nicht definiert. Er kann jedoch durch einen Umkehrschluss aus § 247 Abs. 2 HGB insofern abgeleitet werden, als dass die Wirtschaftsgüter des Umlaufvermögens nicht dazu bestimmt sind, dem Geschäftsbetrieb auf Dauer zu dienen (siehe bereits Teil A Kapitel 5.2.2.2).

Im Gegensatz zum Anlagevermögen zählen somit Wirtschaftsgüter zum Umlaufvermögen, die zur Veräußerung, Verarbeitung oder zum Verbrauch angeschafft oder hergestellt worden sind. Zum Umlaufvermögen gehören gemäß R 6.1 Abs. 2, H 6.1 EStH i. V. m. § 266 Abs. 2 HGB:

1. Vorräte,
2. Forderungen und sonstige Vermögensgegenstände,
3. Wertpapiere und
4. Kassenbestand, Bundesbankguthaben, Guthaben bei Kreditinstituten und Schecks.

Grundsätzlich sind die Wirtschaftsgüter des Umlaufvermögens mit den Anschaffungs-/Herstellungskosten oder dem an deren Stelle tretenden Wert, vermindert um Abzüge gemäß § 6b EStG und ähnliche Abzüge, anzusetzen, § 6 Abs. 1 Nr. 2 Satz 1 EStG.

Ist bei den Wirtschaftsgütern des Umlaufvermögens der Teilwert aufgrund einer voraussichtlich dauernden Wertminderung niedriger, so kann dieser angesetzt werden, § 6 Abs. 1 Nr. 2 Satz 2 EStG. Im Umlaufvermögen sind Wertminderungen laut o. a. BMF-Schreiben vom 02.09.2016 von Dauer, wenn sie bis zur Aufstellung der Bilanz oder dem vorangegangenen Verbrauchs- oder Verkaufszeitpunkt angehalten haben. Erkenntnisse bis zu diesem Zeitpunkt sind zu berücksichtigen.

Die steuerliche Teilwertabschreibung entspricht formal der handelsrechtlichen außerplanmäßigen Abschreibung auf den niedrigeren beizulegenden Wert (Marktwert) im Umlaufvermögen i. S. d. § 253 Abs. 4 Satz 1 und Satz 2 HGB.

Für die Gewinnermittlung gemäß § 5 Abs. 1 EStG sind wieder dem Maßgeblichkeitsprinzip entsprechend die handelsrechtlichen Grundsätze ordnungsmäßiger Buchführung zu beachten.

Im Handelsrecht ist für das Umlaufvermögen nach Maßgabe des strengen Niederstwertprinzips – unabhängig von der Dauerhaftigkeit der Wertminderung – eine außerplanmäßige Abschreibung vorzunehmen, wenn am Bilanzstichtag eine Wertminderung eingetreten ist, § 253 Abs. 4 HGB.

Für die Gewinnermittlung gemäß § 5 Abs. 1 EStG ergeben sich hieraus keine Auswirkungen, da das steuerrechtliche Abschreibungswahlrecht bei dauerhafter Wertminderung unabhängig von der handelsrechtlichen Abschreibungspflicht ausgeübt werden kann (s. BMF-Schreiben v. 12.3.2010).

Die handels- und steuerrechtlichen Vorschriften über die Zuschreibung im Umlaufvermögen entsprechen den Vorschriften für das nichtabnutzbare Anlagevermögen (siehe Teil A Kapitel 6.2.5 bzw. Teil B Kapitel 5.2.3.4).

5.3.1 Bewertung von Vorräten

Zu den Vorräten gehören:

1. Roh-, Hilfs- und Betriebsstoffe,
2. unfertige Erzeugnisse und unfertige Leistungen,
3. fertige Erzeugnisse sowie Waren und
4. geleistete Anzahlungen.

Um bei den Wirtschaftsgütern des Vorratsvermögens nicht eine oftmals unpraktikable Einzelbewertung gemäß § 6 Abs. 1 Nr. 2 Satz 1 EStG durchführen zu müssen, existieren – ähnlich wie in § 256 HGB (vgl. Teil A Kapitel 6.2.6) – auch steuerlich sog. Bewertungsvereinfachungsverfahren, H 5.4 EStH, R 6.8 Abs. 3 und Abs. 4 EStR und R 6.9 Abs. 4 EStR.

Beim Vorratsvermögen kann eine gewisse Verbrauchsfolge unterstellt oder eine Durchschnittsbewertung genutzt werden. Für Roh-, Hilfs- und Betriebsstoffe besteht darüber hinaus die Möglichkeit, einen Festwert anzusetzen. Das strenge Niederstwertprinzip ist jeweils zu beachten.

Steuerpflichtige, die den Gewinn gemäß § 5 Abs. 1 EStG ermitteln, können gemäß § 6 Abs. 1 Nr. 2a Satz 1 EStG i. V. m. R 6.9 Abs. 4 EStR für den Wertansatz gleichartiger Wirtschaftsgüter des Vorratsvermögens, mit geringen Qualitätsunterschieden, unterstellen, dass die zuletzt angeschafften oder hergestellten Wirtschaftsgüter zuerst verbraucht oder veräußert worden sind. Voraussetzung ist, dass dies den handelsrechtlichen Grundsätzen ordnungsmäßiger Buchführung entspricht und dem betrieblichen Geschehensablauf nicht völlig zuwider läuft (wie beispielsweise bei leicht verderblicher Ware, so das BMF-Schreiben vom 12.05.2015).

Bei diesem sog. Lifo-Verfahren (Last-in-first-out) wird der Verbrauch aus den Anschaffungskosten der zuletzt angeschafften Wirtschaftsgüter ermittelt. Dabei kann das Lifo-Verfahren auch steuerrechtlich nach zwei Methoden – dem permanenten Lifo oder dem Perioden-Lifo – erfolgen, R 6.9 Abs. 4 Satz 2 oder Satz 3 und Satz 4 EStR (siehe im Einzelnen bereits Teil A Kapitel 6.2.6).

Bei der steuerlichen Bewertung müssen bei der Gewinnermittlung gemäß § 5 Abs. 1 EStG die handelsrechtlichen Grundsätze ordnungsmäßiger Buchführung beachtet werden. Im Handelsrecht ist gemäß § 252 Abs. 1 Nr. 3 HGB grundsätzlich das Einzelbewertungsprinzip zu befolgen. Abweichend kann gemäß § 256 Satz 1 HGB für den Wertansatz gleichartiger Vermögensgegenstände des Vorratsvermögens unterstellt werden, dass die zuerst oder dass die zuletzt angeschafften oder hergestellten Vermögensgegenstände zuerst (oder in einer sonstigen bestimmten Folge) verbraucht oder veräußert worden sind.

Das handelsrechtliche Lifo-Verfahren entspricht dem steuerlichen Lifo-Verfahren. Darüber hinaus ist handelsrechtlich – wie bereits in Teil A Kapitel 6.2.6 erläutert – das Fifo-Verfahren (First-in-first-out) ebenfalls zulässig, d. h. die Gegenstände, die als erstes angeschafft oder hergestellt wurden, gelten als zuerst verbraucht oder veräußert.

Im Steuerrecht ist gemäß R 6.9 Abs. 1 EStR lediglich die in § 6 Abs. 1 Nr. 2a EStG genannte Lifo-Methode zulässig, es sei denn, der Steuerpflichtige kann eine andere – tatsächliche – Verbrauchsfolge einzeln nachweisen.

Wahlrechte, die sowohl handelsrechtlich als auch steuerrechtlich bestehen, können aufgrund des § 5 Abs. 1 Satz 1 Hs. 2 EStG in der Handelsbilanz und in der Steuerbilanz unterschiedlich ausgeübt werden (BMF-Schreiben v. 12.3.2010). Das Wahlrecht zur Anwendung der Lifo-Methode für die steuerliche Gewinnermittlung kann also unabhängig von der handelsrechtlich gewählten Bewertungsmethode ausgeübt werden. Gegebenenfalls kommt es handelsrechtlich zu der Notwendigkeit der Abgrenzung latenter Steuern.

Neben diesen Sammelbewertungsverfahren existiert im Steuerrecht wie im Handelsrecht ein weiteres Bewertungsvereinfachungsverfahren für das Vorratsvermögen: die **Gruppenbewertung**.

Zur Erleichterung der Inventur und der Bewertung können gemäß R 6.8 Abs. 4 EStR gleichartige Wirtschaftsgüter des Vorratsvermögens zu einer Gruppe zusammengefasst und mit dem gewogenen Durchschnitt angesetzt werden. Diese Vorschrift entspricht der handelsrechtlichen Gruppenbewertung gemäß § 256 Satz 2 i. V. m. § 240 Abs. 4 HGB und kann für die Gewinnermittlung gemäß § 5 Abs. 1 EStG berücksichtigt werden (vgl. hierzu das Beispiel in Teil A Kapitel 6.2.6).

Für Roh-, Hilfs- und Betriebsstoffe und für Vermögensgegenstände/Wirtschaftsgüter des Sachanlagevermögens kann handels- und steuerrechtlich darüber hinaus ein **Festwert** angesetzt werden. Dies setzt voraus, dass die angesprochenen Güter regelmäßig ersetzt werden, ihr Gesamtwert für das Unternehmen von nachrangiger Bedeutung ist und der Bestand in seiner Größe, seinem Wert und seiner Zusammensetzung nur geringen Veränderungen unterliegt, § 256 Satz 2 i. V. m. § 240 Abs. 3 HGB; R 5.4 Abs. 3 i. V. m. H 6.8 EStH (vgl. Teil A Kapitel 6.2.6).

Dieser Festwert ist im Regelfall an jedem dritten, für Sachanlagevermögen spätestens an jedem fünften Bilanzstichtag durch eine körperliche Bestandsaufnahme zu überprüfen. Übersteigt der für diesen Bilanzstichtag ermittelte Wert den bisherigen Festwert um mehr als 10 %, ist der ermittelte Wert als neuer Festwert maßgebend, R 5.4 Abs. 3 Satz 2 EStR. Das Aufstocken des bisherigen Festwertes auf den neuen Festwert erfolgt bei Zugang neuer (im Festwert berücksichtigter) Wirtschaftsgüter im nachfolgenden Veranlagungszeitraum.

Übersteigt der ermittelte Wert den bisherigen Festwert um weniger als 10 %, kann der bisherige Festwert beibehalten werden, R 5.4 Abs. 3 Satz 5 EStR. Ist der ermittelte Wert hingegen niedriger als der bisherige Festwert, so kann der Steuerpflichtige den ermittelten Wert als neuen Festwert ansetzen.

Entsprechend dem strengen Niederstwertprinzip im Umlaufvermögen (§ 253 Abs. 4 Satz 1 und Satz 2 HGB) ist handelsrechtlich auch bei unterstellter Verbrauchsfolge, bei der Festbewertung und der Gruppenbewertung auf den Börsen- oder Marktpreis am Abschlussstichtag außerplanmäßig abzuschreiben, sollte dieser niedriger als der errechnete Wert sein. Steuerrechtlich kann, unabhängig von der Handelsbilanz, bei Vorliegen einer voraussichtlich dauerhaften Wertminderung eine Abschreibung auf den niedrigeren Teilwert vorgenommen werden, § 6 Abs. 1 Nr. 2 Satz 2 EStG.

5.3.2 Bewertung von Wertpapieren

Für Wertpapiere des Umlaufvermögens erfolgt grundsätzlich eine Einzelbewertung gemäß § 6 Abs. 1 Nr. 2 Satz 1 EStG. Bei einer voraussichtlich dauerhaften Wertminderung besteht steuerrechtlich eine Möglichkeit zur Teilwertabschreibung. Das Wahlrecht zur Vornahme der Teilwertabschreibung kann losgelöst vom niedrigeren Wertansatz in der Handelsbilanz ausgeübt werden, § 6 Abs. 1 Nr. 2 Satz 2 EStG i. V. m. § 5 Abs. 1 Satz 1 Hs. 2 EStG.

Bei börsennotierten Anteilen entspricht der Teilwert dem (niedrigeren) Börsenkurs; bei nicht börsennotierten Anteilen sind nach h. M. entweder zeitnahe Verkäufe (innerhalb des letzten Jahres) heranzuziehen, oder alternativ ist eine Bewertung nach allgemein anerkannten Bewertungsmethoden vorzunehmen.

Bei der Prüfung, ob die Wertminderung nur vorübergehender Natur oder voraussichtlich dauerhaft ist, soll nach Auffassung der Finanzverwaltung die bereits vorstehend (Teil B Kapitel 5.2.4) genannte Bagatellgrenze von 5 % auch im Falle von dem Umlaufvermögen zuzuordnenden Aktien greifen, so u. a. das BMF-Schreiben vom 16.07.2011.

Bei festverzinslichen Wertpapieren, die eine Forderung in Höhe des Nominalwerts der Forderung verbriefen, fehlt es in der Regel an einer voraussichtlich dauernden Wertminderung. Dies gilt auch dann, wenn die Wertpapiere zum Umlaufvermögen gehören. Eine Teilwertabschreibung unter den Nennwert allein wegen gesunkener Kurse ist regelmäßig nicht zulässig, wenn kein Bonitäts- und Liquiditätsrisiko hinsichtlich der Rückzahlung der Nominalbeträge besteht und die Wertpapiere bei Endfälligkeit zu ihrem Nennbetrag eingelöst werden können, so BFH vom 08.06.2011. Die Finanzverwaltung schloss sich ausweislich der BMF-Schreiben vom 16.07.2014 und 02.09.2016 dieser Auffassung an.

5.3.3 Bewertung von Forderungen

Forderungen stellen Geld- oder Sachleistungsforderungen dar. Sie sind gemäß § 6 Abs. 1 Nr. 2 Satz 1 EStG mit ihren Anschaffungs- bzw.Herstellungskosten (Nennwerten) anzusetzen.

Ist der Auszahlungsbetrag eines gewährten Darlehens kleiner als der Nennwert der Forderung, liegt ein Disagio vor. Die Forderung ist zum Nennwert, der Kassenabgang in tatsächlicher Höhe und der Unterschiedsbetrag zwischen Auszahlung und Forderungsbetrag als passiver Rechnungsabgrenzungsposten auszuweisen (die Einnahme erfolgt unmittelbar, stellt jedoch einen (Zins-)Ertrag über die Laufzeit der Forderung dar).

Forderungen in Fremdwährung (Valutaforderungen) sind zum Zeitpunkt der Entstehung mit dem zum Tageskurs in Euro umgerechneten Nennbetrag zu berücksichtigen. Diese Anschaffungskosten dürfen in der Folgezeit nicht überschritten werden; eine Teilwertabschreibung ist bei voraussichtlich dauerhafter Wertminderung möglich.

Steigt der Kurs der ausländischen Währung, bleibt der Wert der Forderung aufgrund des Realisationsprinzips unverändert; lediglich realisierte Gewinne dürfen ausgewiesen werden. Insofern weicht das Steuerrecht von der anders lautenden handelsrechtlichen Regelung in § 256a Satz 2 HGB ab, wonach hier – im Falle von Forderungen mit einer Restlaufzeit am Bilanzstichtag von bis zu einem Jahr – gegen das Anschaffungskosten- und das Realisationsprinzip verstoßen werden muss: Handelsrechtlich sind hier unrealisierte Kursgewinne auszuweisen (vgl. Teil A Kapitel 6.1.5.1). Ein Ausweis unrealisierter Kursgewinne ist steuerrechtlich jedoch ausgeschlossen.

Bei einem Kursfall der ausländischen Währung muss handelsrechtlich gemäß dem Imparitätsprinzip i. V. m. dem strengen Niederstwertprinzip eine Abwertung der Forderung durchgeführt werden, da drohende Verluste vorliegen, § 252 Abs. 1 Nr. 4 i. V. m. § 253 Abs. 4 Satz 1 und Satz 2 HGB. Steuerrechtlich besteht mit der Abschreibung auf den niedrigeren Teilwert ein eigenständiges Wahlrecht, welches unabhängig vom handelsrechtlichen Wertansatz ausgeübt werden kann, § 6 Abs. 1 Nr. 2 Satz 2 EStG i. V. m. § 5 Abs. 1 Satz 1 Hs. 2 EStG. Voraussetzung für eine steuerliche Teilwertabschreibung ist jedoch, dass es sich um eine voraussichtlich dauerhafte Wertminderung handelt.

Zweifelhafte Forderungen können mit dem wahrscheinlichen Wert des Zahlungseinganges angesetzt werden. Sie können unabhängig vom zwingenden handelsrechtlichen Bilanzansatz mittels Einzel- oder Pauschalwertberichtigung abgewertet werden. Uneinbringliche Forderungen sind im vollen Umfang abzuschreiben.

Zinslose/niedrig verzinste Forderungen müssten auf den niedrigeren Wert abgeschrieben bzw. auf den Barwert abgezinst werden, da bei gegebener Fortführungsabsicht ein fiktiver Erwerber des Unternehmens die Forderung niedriger bewerten würde, da er vom Nennwert der Forderung den Zinsverlust abziehen würde. Die Rechtsprechung lässt dies gemäß BFH-Urteil vom 24.01.1990 jedoch für den Fall nicht zu, wenn dem Zinsverlust in anderen Bereichen Vorteile gegenüberstehen.

5.4 Rechnungsabgrenzungsposten

Neben dem Anlage- und Umlaufvermögen werden auf der Aktivseite Rechnungsabgrenzungsposten ausgewiesen. Als Rechnungsabgrenzungsposten sind gemäß § 5 Abs. 5 Satz 1 Nr. 1 EStG auf der Aktivseite der Bilanz Ausgaben vor dem Abschlussstichtag auszuweisen, die Aufwand für eine bestimmte Zeit nach dem Abschlussstichtag darstellen (so auch das BFH-Urteil vom 06.09.2018 mit weiteren Nachweisen). Die Aufwendungen müssen in dem Geschäftsjahr berücksichtigt werden, in dem sie wirtschaftlich verursacht sind. Sie sind mit Hilfe dieses aktiven (transitorischen) Rechnungsabgrenzungspostens in das nächste Geschäftsjahr überzuleiten. Dieses Vorgehen dient der Umsetzung des Grundsatzes der periodengerechten Erfolgsermittlung des Unternehmens, § 252 Abs. 1 Nr. 5 HGB, wonach es nicht auf den Zeitpunkt der Ein- oder Auszahlung ankommt, sondern auf den Zeitpunkt der wirtschaftlichen Verursachung (so auch BFH vom 28.05.2015).

Der Zeitraum, auf den sich die Vorleistung des Vertragsteiles bezieht, muss gemäß R 5.6 Abs. 2 EStR bestimmt sein und die Vorleistung des Vertragsteiles muss einer zeitbezogenen Gegenleistung des Vertragspartners gegenüberstehen.

Nach rechtlicher Betrachtungsweise geht es nicht um eine betriebswirtschaftlich richtige Aufwands-/Ertragsverteilung auf verschiedene Wirtschaftsjahre, sondern um eine Zuordnung der Vorleistung zu noch ausstehenden Gegenleistungen, die nach dem schuldrechtlichen Verhältnis von Leistung und Gegenleistung zu erfolgen hat.

Eine bestimmte Zeit nach dem Abschlussstichtag liegt vor, wenn sie kalendermäßig festgesetzt ist oder anderweitig festgelegt bzw. ermittelt werden kann; eine bloße Schätzung ist nicht hinreichend, so H 5.6 EStH.

Beispiel

Ein Mühlenbesitzer betreibt auf seinem Grundstück ein kleines Wasserkraftwerk. Ein Stromkonzern zahlte ihm einmalig 500.000 € dafür, dass er und seine Erben zukünftig vom Stromkonzern Strom beziehen und auf das Wassernutzungsrecht verzichten.

Lösung: Die 500.000 € sind laut BFH-Urteil vom 17.07.1980 als aktiver Rechnungsabgrenzungsposten beim zahlenden Stromkonzern zu behandeln und über den Zeitraum, in dem der Mühlenbesitzer Mehraufwendungen durch die Stromnutzung hat (bei ca. 50.000 € Stromaufwendungen pro Jahr entsprechen 500.000 € zehn Jahren Stromnutzung), aufzulösen.

Beispiel

Für ein lebenslänglich bestelltes Nießbrauchrecht zahlt ein Nießbraucher das Nießbrauchentgelt in einem Einmalbetrag voraus.

Lösung: Da die Überlassungsdauer von der Lebensdauer des Nießbrauchers abhängt und kalendermäßig nicht bestimmt ist, kann bei Interpretation des Gesetzeswortlautes („bestimmte Zeit") als kalendermäßig festgesetzte Zeit das Nießbrauchentgelt nicht durch Bildung eines Rechnungsabgrenzungspostens periodisiert werden. Eine Periodisierung könnte höchstens dadurch erreicht werden, dass von einem entgeltlich erworbenen abschreibungsfähigen immateriellen Wirtschaftsgut „Nießbrauchrecht" ausgegangen wird. Gemäß BMF-Schreiben vom 15.03.1995 ist allerdings bei bilanzieller Gewinnermittlung eine Periodisierung des Entgeltes über einen aktiven Rechnungsabgrenzungsposten auf die statistische Lebenserwartung des Nießbrauchberechtigten möglich, wenn das Kriterium der bestimmten Zeit i. S. e. bestimmbaren Zeit ausgelegt wird.

- Sonderfall Disagio

Besonderheiten ergeben sich, wenn bspw. ein aufgenommenes Darlehen nicht in voller Höhe ausgezahlt wird. Der Unterschiedsbetrag zwischen dem Ausgabebetrag und dem Rückzahlungsbetrag (Disagio, Damnum, Abschluss-, Bearbeitungs- oder Verwaltungsgebühren) ist als Rechnungsabgrenzungsposten auf die Laufzeit des Darlehens zu verteilen. Hierin werden Ausgaben vor dem Abschlussstichtag gesehen, für die Aufwand in einer bestimmten Zeit nach dem Abschlussstichtag (über die Kreditlaufzeit) anfällt.

Aus der gleichen Begründung sind gemäß BFH-Urteil vom 19.01.1978 die Bearbeitungsgebühren, die ein Schuldner an ein Kreditinstitut für die Übernahme einer Bürgschaft zu zahlen hat, auf die Zeit, für die sich das Kreditinstitut vertraglich verbürgt hat, aktiv abzugrenzen, H 6.10 EStH.

Anders ist allerdings zu verfahren, wenn eine Vermittlungsprovision nicht an das kreditierende Kreditinstitut, sondern an einen Dritten gezahlt wird; in diesem Fall liegen Betriebsausgaben des Jahres vor, H 6.10 EStH. Die Begründung – auch der Rechtsprechung (BFH-Urteil vom 04.05.1977) – ist darin zu sehen, dass es in diesem Fall an einer noch ausstehenden Gegenleistung des Kreditvermittlers nach dem Bilanzstichtag mangelt.

Für die Gewinnermittlung gemäß § 5 Abs. 1 EStG sind darüber hinaus die handelsrechtlichen Grundsätze ordnungsmäßiger Buchführung zu beachten. Grundsätzlich sind handelsrechtlich sämtliche Vermögensgegenstände, Schulden und Rechnungsabgrenzungsposten zu bilanzieren, § 246 Abs. 1 Satz 1 HGB. Für den Unterschiedsbetrag zwischen dem Rückzahlungsbetrag einer Verbindlichkeit und deren Ausgabebetrag besteht ein Wahlrecht, diesen als Rechnungsabgrenzungsposten auf der Aktivseite der Bilanz auszuweisen oder sofort als Aufwand zu berücksichtigen, § 250 Abs. 3 Satz 1 HGB. Steuerrechtlich ist das Disagio gemäß dem BFH-Urteil vom 19.01.1978 als aktiver Rechnungsabgrenzungsposten ansatzpflichtig. Dieser Auffassung hat sich die Finanzverwaltung in H 6.10 EStH („Damnum") angeschlossen.

Im § 5 Abs. 5 Satz 2 Nr. 1 und Nr. 2 EStG sind weitere Spezialfälle berücksichtigt:

1. **Zölle bzw. Verbrauchsteuern auf Vorratsvermögen**
   Die von einem importierenden Unternehmer für den Transport bzw. die Einfuhr von Vorratsvermögen gezahlten Zölle und Verbrauchsteuern stellen grundsätzlich keinen aktiven (transitorischen) Rechnungsabgrenzungsposten dar, da es sich nicht um Zahlungen handelt, die als Aufwand einem bestimmten Zeitraum zuzuordnen sind. Der Aufwand liegt erst im Zeitpunkt des Verkaufes der Gegenstände vor.
   Der Gesetzgeber hat mit § 5 Abs. 5 Satz 2 Nr. 1 EStG eine steuerliche Aktivierungspflicht verfügt, um die durch die zeitliche Vorverlagerung dieser Aufwendungen zu erwartenden Steuermindereinnahmen zu vermeiden, obwohl der BFH in seinem Urteil vom 26.02.1975 die Zölle und Verbrauchsteuern in der Steuerbilanz grundsätzlich als Betriebsausgaben (d. h. unmittelbar ergebnismindernd) behandelt.

2. **Umsatzsteuer auf erhaltene Anzahlungen**
   Erhaltene Anzahlungen sind Vorleistungen des Bestellers, die das bilanzierende Unternehmen zu Leistungen verpflichtet. Die Umsatzsteuer wird in aller Regel allerdings erst mit der Schlussrechnung dem Empfänger gesondert in Rechnung gestellt.
   Gemäß § 13 Abs. 1 Nr. 1 Buchst. a Satz 4 UStG entsteht die Umsatzsteuer bei erhaltenen Anzahlungen mit Ablauf des Voranmeldungszeitraums, in dem das Entgelt oder das Teilentgelt vereinnahmt worden ist. Die Anzahlung ist entweder mit dem Bruttobetrag (inkl. Umsatzsteuer) oder mit dem Nettobetrag zu passivieren (sofern nicht sowieso eine offene Absetzung von den Vorräten erfolgt ist, § 268 Abs. 5 Satz 2 HGB):

   a) **Bruttomethode**
      Die erhaltene Anzahlung inkl. Umsatzsteuer (z. B. 23.800 €) wird beim Zahlungsempfänger passiviert. Zusätzlich wird eine Verbindlichkeit gegenüber dem Finanzamt in Höhe der Umsatzsteuer passiviert, die einen Umsatzsteueraufwand darstellt. Die Umsatzsteuer stellt jedoch einen durchlaufenden Posten dar und muss durch einen aktiven Rechnungsabgrenzungsposten neutralisiert werden.

Buchungssätze:

Bank	an	erhaltene Anzahlungen	23.800 €
USt-Aufwand	an	USt-Schuld (Verbindlichkeit geg. FA)	3.800 €

Diese erfolgswirksam gebuchte Umsatzsteuer wird durch Bildung eines aktiven Rechnungsabgrenzungspostens neutralisiert.

aktiver Rechnungsabgrenzungsposten	an	USt-Aufwand	3.800 €

b) **Nettomethode**
Bei der Nettomethode wird die erhaltene Anzahlung ohne Umsatzsteuer passiviert.

Bank 23.800	an	erhaltene Anzahlungen	20.000 €
	an	USt-Schuld	3.800 €

Die erhaltene Umsatzsteuer auf die Anzahlung wird auch nach dieser Methode erfolgsneutral behandelt.

Im Ergebnis ist festzuhalten, dass beide Vorgehensweisen im Handelsrecht zulässig sind, allerdings ergeben sich unterschiedliche Auswirkungen auf die Höhe der Bilanzsumme.

Der BFH hat in seinem Urteil vom 26.06.1979 für das Steuerrecht die erfolgswirksame Behandlung der Umsatzsteuer auf erhaltene Anzahlungen verbindlich vorgeschrieben. Dies entspricht im Grundsatz der Bruttomethode. Um die durch den vorweggenommenen Aufwand verursachten Steuermindereinnahmen zu umgehen, hat der Gesetzgeber eine steuerliche Aktivierungspflicht für die als Aufwand berücksichtigte Umsatzsteuer auf erhaltene Anzahlungen vorgeschrieben, § 5 Abs. 5 Satz 2 Nr. 2 EStG. Die Einstellung des Steuerbetrages in einen aktiven Rechnungsabgrenzungsposten neutralisiert den gebildeten Steueraufwand.

6 Bilanzierung und Bewertung ausgewählter Passiva

- Welche Voraussetzungen müssen erfüllt sein, damit steuerlich ein Passivposten vorliegt?
- Wie werden Verbindlichkeiten, Rückstellungen und Rechnungsabgrenzungsposten im deutschen Einkommensteuerrecht bilanziert?

Lernziele

6.1 Passiva als wirtschaftliche Lasten

Der BFH definiert - analog zu den Aktiva - passive (negative) Wirtschaftsgüter als **„wirtschaftliche Lasten"**. Diese liegen vor, wenn ein potenzieller Erwerber des gesamten Unternehmens aufgrund dieses Sachverhaltes einen Abschlag auf den Kaufpreis vornehmen würde. Es muss eine Vermögensbelastung vorliegen, die ein Nettoausgabenpotenzial darstellt. Die wirtschaftliche Belastung muss grundsätzlich gegenüber Dritten bestehen. Dabei ist es unerheblich, ob die Vermögensminderungen bisher geltend gemacht wurden.

In Analogie zu den aktiven (positiven) Wirtschaftsgütern wird auch bei den passiven (negativen) Wirtschaftsgütern zwischen der abstrakten und der konkreten Bilanzierungsfähigkeit unterschieden.

6.2 Abstrakte Bilanzierungsfähigkeit

Um zu verhindern, dass nicht jeder Sachverhalt, den der Kaufmann subjektiv als Belastung empfindet, angesetzt werden kann, hat der BFH in langjähriger Rechtsprechung die nachfolgenden Kriterien für wirtschaftliche Lasten entwickelt:

1. Außenverpflichtung;
2. rechtliche Vollentstehung bzw. wirtschaftliche Verursachung;
3. hinreichende Konkretisierung.

6.2.1 Außenverpflichtung

Nur Leistungsverpflichtungen des Steuerpflichtigen gegenüber Dritten (Außenverpflichtungen) bilden Verbindlichkeiten im steuerbilanzrechtlichen Sinne. Es muss eine Isolierbarkeit dem Grunde nach vorgenommen werden können. Eine Passivierung allein aufgrund pessimistischer Erwartungen ist nicht möglich.

Außenverpflichtungen können beruhen auf:

- einer privatrechtlichen Verpflichtung, z.B. Darlehensaufnahme oder Erteilung einer Pensionszusage,

- einer öffentlich-rechtlichen Verpflichtung, z. B. Umweltschutzverpflichtungen oder der Verpflichtung zur Aufstellung, Prüfung und Veröffentlichung des Jahresabschlusses oder
- einer rechtlich nicht einklagbaren, rein wirtschaftlichen (moralisch-sittlichen) Verpflichtung, z. B. Gewährleistung ohne rechtlichen Anspruch (Kulanzrückstellung).

Entscheidend ist allein der wirtschaftliche Zwang. Der Steuerpflichtige muss eindeutig die Gründe darlegen können, warum er sich der Verpflichtung nicht entziehen kann und welche wirtschaftlichen Nachteile ihn im Falle der Nichterfüllung erwarten.

Eine Abweichung von dem zu erfüllenden Kriterium der Außenverpflichtung stellen grundsätzlich die Innenverpflichtungen dar. Eine Innenverpflichtung ist keine Verpflichtung gegenüber Dritten, sondern des Steuerpflichtigen gegenüber sich selbst. Allerdings muss auch hier die wirtschaftliche Notwendigkeit objektiv erkennbar sein: Dem Unternehmer drohten für sein Unternehmen nachteilige Konsequenzen, sollte er die Verpflichtung nicht erfüllen.

Zu den Innenverpflichtungen gehören – wie bereits in Teil A Kapitel 5.2.3.2 erläutert – Rückstellungen für unterlassene Instandhaltung und Abraumbeseitigung. Für diese Verpflichtungen besteht handelsrechtlich gemäß § 249 Abs. 1 Satz 2 Nr. 1 HGB eine Passivierungspflicht, wenn die unterlassene Instandhaltung innerhalb der ersten drei Monate des Folgejahres bzw. die Abraumbeseitigung innerhalb des Folgejahres nachgeholt wird. Bei unterlassener Instandhaltung muss es sich um Erhaltungsarbeiten handeln, die bis zum Bilanzstichtag bereits erforderlich gewesen wären, aber erst nach dem Bilanzstichtag durchgeführt werden.

Dem Maßgeblichkeitsprinzip entsprechend bleiben handelsrechtliche Passivierungspflichten steuerrechtlich verpflichtend (bestätigt durch R 5.7 Abs. 11 Satz 1 EStR). Die unterlassenen Instandhaltungen, die innerhalb der ersten drei Monate des Folgejahres bzw. die Abraumbeseitigungen, die innerhalb des Folgejahres nachgeholt werden, führen somit in der Steuerbilanz zu einer Passivierungspflicht, obwohl eine reine Innenverpflichtung (betriebswirtschaftliche Verpflichtung des Kaufmanns gegenüber sich selbst) vorliegt. Sofern der vorstehend genannte Dreimonatszeitraum (oder bei Abraumbeseitigung das Folgejahr) jedoch überschritten wird, besteht nach § 249 Abs. 2 HGB ein Passivierungsverbot, welches über den Grundsatz der Maßgeblichkeit nach § 5 Abs. 1 Satz 1 EStG auch für Zwecke der Steuerbilanz greift.

6.2.2 Rechtliche Vollentstehung bzw. wirtschaftliche Verursachung

Rechtliche Vollentstehung bedeutet, dass die Verpflichtung gegenüber einem Dritten am Bilanzstichtag rechtlich entstanden ist, z. B. ein Ausgleichsanspruch eines ausscheidenden Handelsvertreters gemäß § 89b HGB besteht. Verbindlichkeiten müssen passiviert werden, wenn sie rechtlich voll wirksam entstanden sind.

Eine **wirtschaftliche Verursachung** liegt vor, wenn der Tatbestand, dessen Rechtsfolge die Verpflichtung ist, am Bilanzstichtag (im Wesentlichen) bereits verwirklicht ist, so z. B. die Kosten der Jahresabschlussprüfung.

Die wirtschaftliche Verursachung beruht auf dem Zusammenhang künftiger Ausgaben mit bereits realisierten Erträgen. Sie setzt voraus, dass der Tatbestand, an den das Gesetz das Entstehen der Verpflichtung knüpft, im Wesentlichen im abgelaufenen

Geschäftsjahr verwirklicht wurde und die Ereignisse, die zur Begründung der Verpflichtung führen, wirtschaftlich dem abgelaufenen Wirtschaftsjahr zuzurechnen sind. Die Erfüllung der Verpflichtung darf daher nicht nur an Vergangenes anknüpfen, sondern muss auch Vergangenes abgelten (so BFH vom 05.04.2017). Das letztendliche Entstehen der Verbindlichkeit hängt folglich nur noch von wirtschaftlich unwesentlichen Tatbestandsmerkmalen ab (vgl. BFH-Urteil vom 25.01.2017 mit weiteren Nachweisen; ebenso R 5.7 Abs. 5 EStR).

Beispiel

Ausgleichsanspruch des Handelsvertreters nach seinem Ausscheiden

Ein Handelsvertreter hat Zeitschriftenabonnements für einen Buchclub verkauft. Die Kunden verpflichten sich zu einer zehnjährigen Mitgliedschaft. Der Handelsvertreter scheidet aus.

Lösung: Der Buchclub hat trotz Ausscheiden des Handelsvertreters weiterhin Vorteile aus seiner Tätigkeit. Es entstehen zukünftige Erträge, für die der Handelsvertreter Anspruch auf Provisionen hätte. Hierfür kann er nach seinem Ausscheiden einen Ausgleichsanspruch verlangen.

Hat der Handelsvertreter den Ausgleich bereits erhalten, stellt der Kassenabfluss Aufwand in der Periode dar. Ist der Ausgleichsanspruch hingegen ermittelt, jedoch nicht gezahlt, stellt er eine Verpflichtung des Unternehmens gegenüber dem Handelsvertreter dar.

Da der Anspruch in seiner Höhe i.d.R. ungewiss ist, ist die Bildung einer Rückstellung denkbar. Rechtlich ist der Anspruch mit Ausscheiden des Handelsvertreters entstanden, da gemäß § 89b Abs. 1 HGB der Handelsvertreter von dem Unternehmer nach Beendigung des Vertragsverhältnisses einen angemessenen Ausgleich verlangen kann, wenn und soweit

1. der Unternehmer aus der Geschäftsverbindung mit neuen Kunden, die der Handelsvertreter geworben hat, auch nach Beendigung des Vertragsverhältnisses erhebliche Vorteile hat,
2. der Handelsvertreter infolge der Beendigung des Vertragsverhältnisses Ansprüche auf Provision verliert, die er bei Fortsetzung desselben aus bereits abgeschlossenen oder künftig zustande kommenden Geschäften mit den von ihm geworbenen Kunden hätte und
3. die Zahlung eines Ausgleichs unter Berücksichtigung aller Umstände der Billigkeit entspricht.

Die wirtschaftliche Verursachung liegt in diesem Beispiel – ausnahmsweise – in der Zukunft, da erst in späteren Perioden mit Erträgen zu rechnen ist.

Im Regelfall liegt die wirtschaftliche Verursachung indes zeitlich vor der rechtlichen Vollentstehung.

Beispiel

Jahresabschlusskosten

Kosten der Jahresabschlussprüfung, die nach Ablauf des Geschäftsjahres, d.h. im folgenden Geschäftsjahr, anfallen.

Lösung: Rechtlich voll entstanden sind die Kosten mit Rechnungstellung durch den Wirtschaftsprüfer im folgenden Geschäftsjahr. Die wirtschaftliche Ursache liegt jedoch in dem Geschäftsjahr, dessen Jahresabschluss geprüft wird. Die wirtschaftliche Verursachung besteht vor der rechtlichen Vollentstehung und muss gemäß BFH-Urteil vom 23.07.1980 bereits im abgelaufenen Geschäftsjahr passiviert werden.

Liegen weder rechtliche Vollentstehung noch wirtschaftliche Verursachung vor, scheidet die Bildung einer Rückstellung aus.

Beispiel

Sicherheitsinspektion eines Flugzeuges

Die Sicherheitsinspektion von Flugzeugen, die ab einer gewissen geflogenen Kilometerleistung durchzuführen ist, stellt eine öffentlich-rechtliche Verpflichtung dar.

Lösung: Die rechtliche Vollentstehung tritt erst ein, wenn die entsprechenden Flugstunden geleistet worden sind. Eine wirtschaftliche Verursachung ist gemäß BFH-Urteil vom 19.05.1987 zudem erst erfüllt, wenn zukünftige Flugstunden durchgeführt werden sollen. Folglich stehen die Aufwendungen für Sicherheitsinspektionen mit künftigen Erträgen im Zusammenhang. Es liegt keine unkompensierte Last vor, da die Verpflichtung durch künftige Erträge gedeckt ist.

Das Kriterium der rechtlichen Vollentstehung bzw. wirtschaftlichen Verursachung ist im Hinblick auf die Beurteilung der Passivierungsfähigkeit einer Verpflichtung umstritten. Die Rechtsprechung des BFH (z. B. Urteile vom 27.06.2001 und vom 05.06.2002) orientiert sich inzwischen unter Bezugnahme auf das Vollständigkeitsgebot des § 246 Abs. 1 Satz 1 HGB an dem Kriterium der rechtlichen Vollentstehung. Ist die Verpflichtung rechtlich noch nicht voll entstanden, so ist sie nur zu passivieren, wenn sie hinreichend wahrscheinlich ist und wirtschaftlich bereits vor dem Bilanzstichtag verursacht wurde, R 5.7 Abs. 2 EStR. Bei einem Auseinanderfallen des Eintrittes der rechtlichen Entstehung und der wirtschaftlichen Verursachung ist bereits gemäß BFH-Urteil vom 28.04.1971 der frühere der beiden Zeitpunkte maßgebend.

6.2.3 Hinreichende Konkretisierung

Die wirtschaftliche Last muss anhand objektiver Wahrscheinlichkeit eintreten, d. h. es muss ernsthaft mit ihr zu rechnen sein. Subjektive pessimistische Beurteilungen des Kaufmannes genügen nicht; vielmehr muss anhand nachprüfbarer Kriterien dokumentiert werden, dass der Steuerpflichtige mit einer Inanspruchnahme ernsthaft rechnet.

Gemäß R 5.7 Abs. 6 Satz 2 EStR müssen mehr Gründe für als gegen das Be- oder Entstehen einer Verbindlichkeit und einer künftigen Inanspruchnahme sprechen, sodass die Eintrittswahrscheinlichkeit größer als 50 % betragen muss (so auch BFH vom 16.12.2014). Hierbei ist das Kriterium der hinreichenden Konkretisierung aus der Perspektive eines sorgfältigen und gewissenhaften Kaufmannes zu beurteilen.

Beispielsweise liegt eine öffentlich-rechtliche Verpflichtung gemäß R 5.7 Abs. 4 Satz 1 EStR vor, wenn ein bestimmtes Handeln durch Gesetz oder Verwaltungsakt innerhalb eines bestimmten Zeitraums vorgeschrieben ist und an die Verletzung der Verpflichtung Sanktionen geknüpft sind. Damit wird deutlich, dass eine bloße Möglichkeit der Inanspruchnahme nicht genügt; dies macht sich nicht nur in der Ansatz-, sondern auch in der Bewertungsfrage deutlich.

Beispiel

Prozesskostenrückstellung

Für einen laufenden Prozess wird in erster Instanz mit Prozesskosten i. H. v. 100.000 € gerechnet.

Lösung: Im Sinne der hinreichenden Konkretisierung ist eine Rückstellung bis zur Höhe der Kosten zu bilden, die in dieser Instanz entstehen können. Bis die nächsthöhere Instanz angerufen wurde, darf gemäß BFH-Urteil vom 06.12.1995 keine Rückstellung für darüber hinausgehende Prozesskosten gebildet werden.

6.3 Konkrete Bilanzierungsfähigkeit

An die Prüfung der abstrakten Bilanzierungsfähigkeit der Passiva schließt sich die Beurteilung der konkreten Bilanzierungsfähigkeit. Hierbei ist für Zwecke der steuerlichen Gewinnermittlung auf zahlreiche Spezialvorschriften des Steuergesetzgebers einzugehen, die zu – vom Handelsrecht abweichenden – Ansatz- und Bewertungsvorschriften führen. Im Regelfall ist der steuerliche Umfang der passivierungsfähigen und -pflichtigen Verbindlichkeiten und Rückstellungen geringer als im Handelsrecht.

6.3.1 Verbindlichkeiten

Im Falle der Verbindlichkeiten besteht noch ein Gleichklang zwischen Handels- und Steuerrecht. Verbindlichkeiten als Außenverpflichtungen sind hinsichtlich ihres Bestehens, ihrer Höhe sowie ihrer Fälligkeit eindeutig. Es handelt sich um Leistungsverpflichtungen, denen sich der Kaufmann aus rechtlichen oder wirtschaftlichen Gründen nicht entziehen kann. Zudem bestehen keine Zweifel daran, dass die wirtschaftliche Belastung vom Unternehmen zu tragen sein wird. Folglich korrespondiert das handelsrechtliche Passivierungsgebot mit einem steuerlichen Passivierungsgebot (Grundsatz der Maßgeblichkeit, § 5 Abs. 1 Satz 1 EStG).

6.3.2 Besonderheiten bei Rückstellungen

Rückstellungen sind dem Grunde, der Höhe und/oder dem Anfallzeitpunkt nach ungewisse Verbindlichkeiten (so z. B. BFH vom 08.11.2016). Die konkrete Bilanzierungsfähigkeit von Rückstellungen ist im Steuerrecht teilweise separat geregelt. Insoweit kommt der Grundsatz der Maßgeblichkeit nicht zur Anwendung, da die steuerlichen Sonderregelungen diesem vorgehen.

Nachfolgend werden wesentliche Abweichungen zwischen Handels- und Steuerrecht thematisiert.

6.3.2.1 Rückstellungen für ungewisse Verbindlichkeiten

Sofern die steuerrechtlichen Vorschriften den handelsrechtlichen entgegenstehen, sind für die Gewinnermittlung gemäß § 5 Abs. 1 EStG die steuerrechtlichen Vorschriften zu beachten (lex specialis). Hinsichtlich der steuerrechtlichen Rückstellungen bestehen insbesondere folgende Besonderheiten:

1. Für Verpflichtungen, die zu erfüllen sind, soweit künftig Einnahmen oder Gewinne anfallen, sind Verbindlichkeiten oder Rückstellungen gemäß § 5 Abs. 2a EStG steuerrechtlich erst anzusetzen, wenn Einnahmen oder Gewinne angefallen sind.

   Handelsrechtlich sind vor dem Anfallen der Einnahmen und Gewinne Rückstellungen für ungewisse Verbindlichkeiten gemäß § 249 Abs. 1 Satz 1 HGB zu bilden (vgl. Teil A Kapitel 5.2.3.2). Das Maßgeblichkeitsprinzip des § 5 Abs. 1 EStG wird durchbrochen, da einem handelsrechtlichen Passivierungsgebot ein (temporäres) steuerrechtliches Passivierungsverbot gegenübersteht.

Beispiel

Druckbeihilfen

Ein Verlag erhält Druckkostenzuschüsse mit der Auflage, diese bei Übersteigen bestimmter Absatzzahlen zurückzubezahlen.

Lösung: Die Verpflichtung zur Rückgewähr erhaltener Druckkostenzuschüsse bei Übersteigen bestimmter Absatzzahlen ist steuerrechtlich nicht im Zeitpunkt der Zuschussvereinnahmung zu passivieren. Erst mit Ablauf des Wirtschaftsjahres, in dem die Absatzzahlen überschritten werden, ist eine Rückstellung zu bilden.

2. Rückstellungen wegen Verletzung fremder Patent-, Urheber- oder ähnlicher Schutzrechte dürfen gemäß § 5 Abs. 3 EStG gebildet werden, wenn
   - der Rechteinhaber Ansprüche wegen der Rechtsverletzung geltend gemacht hat oder
   - mit einer Inanspruchnahme wegen der Rechtsverletzung ernsthaft zu rechnen ist. Sie ist spätestens in der Bilanz des dritten auf ihre erstmalige Bildung folgenden Wirtschaftsjahres gewinnerhöhend aufzulösen, wenn Ansprüche nicht geltend gemacht worden sind.

   Im Handelsrecht ist eine Rückstellung wegen Verletzung fremder Patent-, Urheber- oder ähnlicher Schutzrechte als Verbindlichkeitsrückstellung gemäß § 249 Abs. 1 Satz 1 HGB zu bilden, wenn der Rechteinhaber Ansprüche wegen der Rechtsverletzung geltend gemacht hat oder mit einer Inanspruchnahme wegen der Rechtsverletzung ernsthaft zu rechnen ist (vgl. Teil A Kapitel 5.2.3.2).

   Handelsrechtlich ist kein Auflösungszeitraum festgelegt. Über das Patentrecht existiert ein Auflösungszeitraum, der erheblich länger ist (20 Jahre, § 16 PatG) als die steuerrechtlich gewährten drei Wirtschaftsjahre. Der Auflösungszeitraum gemäß § 5 Abs. 3 Satz 2 EStG entspricht nicht den handelsrechtlichen Grundsätzen ordnungsmäßiger Buchführung und durchbricht das Maßgeblichkeitsprinzip.
3. Rückstellungen für die Verpflichtungen einer Zuwendung anlässlich eines Dienstjubiläums (Jubiläumsrückstellungen) dürfen gemäß § 5 Abs. 4 EStG nur gebildet werden, wenn
   - das Dienstverhältnis mindestens zehn Jahre bestanden hat,
   - das Dienstjubiläum das Bestehen eines Dienstverhältnisses von mindestens fünfzehn Jahren voraussetzt,
   - die Zusage schriftlich erteilt ist und
   - soweit der Zuwendungsberechtigte seine Anwartschaft nach dem 31.12.1992 erworben hat.

   Wirtschaftlich betrachtet stellt die Zuwendung im Jubiläumsjahr eine nachträgliche Vergütung für in der Vergangenheit erbrachte Leistungen des Arbeitnehmers dar. Folglich muss die zukünftige Verpflichtung aus der Jubiläumszuwendung als ungewisse Verbindlichkeit durch Bildung einer Rückstellung sukzessive berücksichtigt werden.

Handelsrechtlich bestehen hinsichtlich des Ansatzes keine Beschränkungen. Diese Rückstellung entspricht der Pensionsrückstellung, da die Anwartschaft juristisch eine gesicherte Rechtsposition darstellt. Der Arbeitnehmer erwirbt mit der Zusage einen Rechtsanspruch. Bei Nichterfüllung der steuerrechtlichen Voraussetzungen ergibt sich handelsrechtlich eine Passivierungspflicht als Rückstellung für ungewisse Verbindlichkeiten und steuerrechtlich ein Passivierungsverbot (es liegt somit eine Durchbrechung der Maßgeblichkeit vor).

4. Rückstellungen für Aufwendungen, die in künftigen Wirtschaftsjahren als Anschaffungs-/Herstellungskosten eines Wirtschaftsgutes zu aktivieren sind, dürfen – auch bei gesetzlichen Verpflichtungen zur Anschaffung/Herstellung – gemäß § 5 Abs. 4b Satz 1 EStG nicht gebildet werden.

   Für künftig aktivierungspflichtige Aufwendungen darf handelsrechtlich ebenfalls keine Rückstellung gebildet werden; es erfolgt (nachträglich) eine erfolgsneutrale Vermögensumschichtung, sofern das Wirtschaftsgut selbstständig bewertbar ist, § 246 i. V. m. § 255 HGB. Das handelsrechtliche Passivierungsverbot gilt über das Maßgeblichkeitsprinzip auch für die Steuerbilanz. § 5 Abs. 4b Satz 1 EStG schließt lediglich die in der Literatur diskutierten Ausnahmen der Beseitigung in der Vergangenheit verursachter Schäden, deren Erfüllung zu Anschaffungs-/Herstellungskosten führt, aus.

5. Rückstellungen für die Verpflichtung zur schadlosen Verwertung radioaktiver Reststoffe sowie ausgebauter oder abgebauter radioaktiver Anlagenteile dürfen nicht gebildet werden, soweit Aufwendungen im Zusammenhang mit der Bearbeitung oder Verarbeitung von Kernbrennstoffen stehen, die aus der Aufarbeitung oder Verarbeitung von Kernbrennstoffen gewonnen worden sind und keine radioaktiven Abfälle darstellen, § 5 Abs. 4b Satz 2 EStG.

6. Für eine unmittelbare Pensionsverpflichtung darf gemäß § 6a EStG eine Rückstellung (Pensionsrückstellung) gebildet werden, wenn
   - der Pensionsberechtigte einen Rechtsanspruch auf einmalige oder laufende Pensionsleistungen hat,
   - die Pensionszusage keine Pensionsleistungen in Abhängigkeit von künftigen gewinnabhängigen Bezügen vorsieht und keinen Vorbehalt enthält, dass die Pensionsanwartschaft oder die Pensionsleistung gemindert oder entzogen werden kann, oder ein solcher Vorbehalt sich nur auf Tatbestände erstreckt, bei deren Vorliegen nach allgemeinen Rechtsgrundsätzen unter Beachtung billigen Ermessens eine Minderung oder ein Entzug der Pensionsanwartschaft oder der Pensionsleistung zulässig ist und
   - die Pensionszusage schriftlich erteilt ist.

   Zudem darf steuerrechtlich die Pensionsrückstellung erstmals für das Wirtschaftsjahr gebildet werden, bis zu dessen Mitte der Pensionsberechtigte das 27. Lebensjahr vollendet oder für das Wirtschaftsjahr, in dessen Verlauf die Pensionsanwartschaft gemäß den Vorschriften des Betriebsrentengesetzes unverfallbar geworden ist, sofern der Versorgungsfall noch nicht eingetreten ist.

Handelsrechtlich gilt insbesondere diese zeitliche Restriktion nicht: Es müssen bereits bei Eintritt des Arbeitnehmers in die Gesellschaft Rückstellungen gebildet werden.

Neben diesen unmittelbaren Pensionszusagen kann ein Unternehmer seinen Mitarbeitern oder deren Angehörigen im Invaliditätsfall oder nach Erreichen der Altersgrenze betriebliche Versorgungsbezüge z. B. in Form einer Direktversicherung, die er bei einer außerbetrieblichen Versicherungsgesellschaft abschließt, oder durch eine mittelbare Pensionszusage, bei der die Versorgungsverpflichtung auf eine betriebseigene Pensions- oder Unterstützungskasse übertragen wird, einräumen. In beiden Fällen sind die Beiträge als sofort abzugsfähige Betriebsausgaben zu behandeln; Einzelheiten hierzu regeln die §§ 4b, 4c, 4d, 4e EStG.

6.3.2.2 Rückstellungen für drohende Verluste aus schwebenden Geschäften

Grundsätzlich gilt, dass sich bei beidseitig schwebenden Geschäften Leistung und Gegenleistung ausgeglichen gegenüberstehen, d. h. es besteht bei Vertragsabschluss die Vermutung, dass wirtschaftliche Last und vermögenswerter Vorteil gleichwertig sind (sog. Ausgeglichenheitsvermutung). Wenn ein Ungleichgewicht entsteht, d. h. aus Sicht des bilanzierenden Unternehmens ein Verlust droht (Imparitätsprinzip), ist handelsrechtlich eine Rückstellung für drohende Verluste aus schwebenden Geschäften zu bilden, § 249 Abs. 1 Satz 1 HGB (vgl. Teil A Kapitel 5.2.3.2).

Für die Gewinnermittlung gemäß § 5 Abs. 1 EStG steht dem handelsrechtlichen Passivierungsgebot der Rückstellung für drohende Verluste aus schwebenden Geschäften (sog. Drohverlustrückstellung) ein steuerrechtliches Passivierungsverbot nach § 5 Abs. 4a Satz 1 EStG entgegen. Im Handelsrecht können bei Kapitalgesellschaften somit aktive latente Steuern entstehen, da zunächst durch die Rückstellungsbildung ein höherer Aufwand den Gewinn mindert, was sich allerdings spätestens bei Eintritt des Verlustes umkehrt, § 274 Abs. 1 Satz 2 HGB.

Beispiel

Wareneinkauf

Ware wird in t1 verbindlich bestellt. Zum Zeitpunkt der Lieferung in t2 ist die Ware für den Händler unverkäuflich geworden (z. B. aus der Mode gekommen). Die Anschaffungskosten liegen über den erwarteten Verkaufserlösen.

Lösung: Aufgrund des Imparitätsprinzips sind im handelsrechtlichen Jahresabschluss nach § 249 Abs. 1 Satz 1 HGB Rückstellungen für drohende Verluste zu bilden, wenn dieser Werteverlust zum Bilanzstichtag bereits eingetreten ist. Im Steuerrecht darf gemäß § 5 Abs. 4a Satz 1 EStG keine Rückstellung für drohende Verluste aus schwebenden Geschäften gebildet werden.

Beispiel

Wartungsvertrag für einen Aufzug

Für Wartungsarbeiten an einem Aufzug wird ein Wartungsvertrag mit einem Wartungsunternehmen abgeschlossen. Aufgrund gleichbleibender Raten hat das Wartungsunternehmen gleichbleibende Erlöse. Durch Alterung/Verschleiß steigen jedoch die Aufwendungen für die Wartung des Aufzugs im Zeitablauf wahrscheinlich an.

Aus Sicht des Wartungsunternehmens ergibt sich folgende Gewinngrafik:

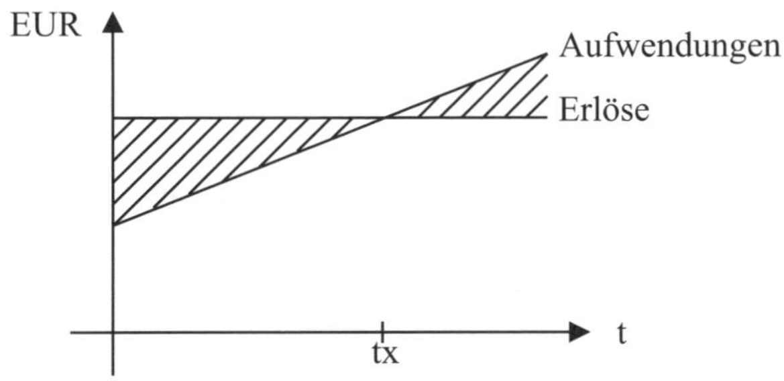

Abbildung 9: Gewinngrafik des Wartungsunternehmens

Solange die schraffierte Fläche links größer ist als die Fläche rechts, droht dem Unternehmen aufgrund des Wartungsvertrages insgesamt kein Verlust. Ab tx übersteigen die Aufwendungen zwar die Erträge aus dem Wartungsvertrag; dies wird allerdings durch die vorher erzielten Gewinne ausgeglichen.

Gemäß BFH-Urteil vom 08.10.1987 ist eine Totalbetrachtung (Ganzheitsbetrachtung) durchzuführen. Danach droht dem Wartungsunternehmen – auf die gesamte Laufzeit des Wartungsvertrages gesehen – kein Verlust. Es durfte keine Rückstellung für ab tx drohende Verluste gebildet werden.

6.3.2.3 Kulanzrückstellungen

Bei den sogenannten Kulanzrückstellungen handelt es sich um Gewährleistungen des Steuerpflichtigen, denen er sich zwar vom rechtlichen Standpunkt aus entziehen könnte, diese jedoch aus wirtschaftlichen Überlegungen heraus erbringt. Obwohl sie demnach ohne rechtliche Verpflichtung erbracht werden, besteht handelsrechtlich nach § 249 Abs. 1 Satz 2 Nr. 2 HGB ein Passivierungsgebot (vgl. hierzu Teil A Kapitel 5.2.3.2). Im Steuerrecht findet sich keine korrespondierende Vorschrift. Dem Grundsatz der Maßgeblichkeit des § 5 Abs. 1 Satz 1 EStG zufolge resultiert aus dem handelsrechtlichen Passivierungsgebot - in Ermangelung abweichender Vorschriften - ein ebensolches Gebot für Zwecke der Steuerbilanz.

Beispielhaft kann hier auf die faktische Verpflichtung zur unentgeltlichen Beseitigung von Mängeln an verkauften Erzeugnissen verwiesen werden, die beim Kunden kurz nach Ablauf der gesetzlich oder vertraglich garantierten Gewährleistungsfrist aufgetreten sind. Rechtlich ist der Unternehmer zwar nicht zur unentgeltlichen Reparatur verpflichtet; ein Versagen jeglicher Kulanz hätte für ihn jedoch wirtschaftliche Nachteile zur Folge, sei es in Form des Verlusts der Kundenbeziehung oder auch einer Schädigung des guten Rufes. Demzufolge hat der steuerpflichtige Unternehmer für eine derartige Inanspruchnahme eine Kulanzrückstellung sowohl in Handels- als auch Steuerbilanz zu passivieren.

6.4 Bewertung von Verbindlichkeiten

Gemäß § 6 Abs. 1 Nr. 3 Satz 1 EStG sind Verbindlichkeiten unter sinngemäßer Anwendung des § 6 Abs. 1 Nr. 2 EStG anzusetzen, d. h. mit den Anschaffungskosten, die dem Nennwert (Rückzahlungsbetrag) entsprechen, H 6.10 EStH.

Verbindlichkeiten sind gemäß § 6 Abs. 1 Nr. 3 Satz 1 und Satz 2 EStG mit einem Zinssatz von 5,5 % abzuzinsen, sofern deren Laufzeit am Bilanzstichtag nicht weniger als zwölf Monate beträgt. Ausgenommen von der Abzinsungspflicht sind zudem Verbindlichkeiten, die verzinslich sind oder auf einer Anzahlung oder Vorleistung beruhen.

Ein höherer Wertansatz ist steuerlich gemäß § 6 Abs. 1 Nr. 3 Satz 1 i. V. m. Nr. 2 EStG bei voraussichtlich dauerhafter Werterhöhung zulässig; bei einer vorübergehenden Werterhöhung darf steuerrechtlich kein höherer Wert angesetzt werden.

Auch für die Gewinnermittlung nach § 5 Abs. 1 EStG behält diese Regelung ihre Gültigkeit: Gemäß § 253 Abs. 1 Satz 2 HGB sind handelsrechtlich Verbindlichkeiten mit ihrem Erfüllungsbetrag anzusetzen (vgl. Teil A Kapitel 6.3.3). Es müssen zumindest bei dauerhafter Werterhöhung nach dem Höchstwertprinzip die höheren Werte passiviert werden, da ein drohender Verlust dem Imparitätsprinzip entsprechend zu berücksichtigen ist, § 252 Abs. 1 Nr. 4 HGB.

Die Vornahme einer höheren Bewertung bei dauernder Werterhöhung in der Handelsbilanz ist jedoch nicht zwingend in der Steuerbilanz nachzuvollziehen; der Steuerpflichtige kann darauf verzichten, da § 6 Abs. 1 Nr. 3 Satz 1 i. V. m. Nr. 2 Satz 2 EStG ein Wahlrecht vorsieht.

Besonderheiten bei der Verbindlichkeitsbewertung bestehen u. a., wenn der Rückzahlungsbetrag einer Verbindlichkeit höher ist als ihr Ausgabebetrag. Handelsrechtlich ist die Verbindlichkeit gemäß § 253 Abs. 1 Satz 2 HGB mit ihrem Erfüllungsbetrag anzusetzen. Der Unterschiedsbetrag (das sog. Disagio) darf gemäß § 250 Abs. 3 Satz 1 HGB als aktiver Rechnungsabgrenzungsposten oder sofort als Zinsaufwand berücksichtigt werden (vgl. Teil A Kapitel 5.2.2.3).

Steuerrechtlich ist die Verbindlichkeit ebenfalls mit ihrem Erfüllungs-/Rückzahlungsbetrag anzusetzen. Eine Abzinsung nach § 6 Abs. 1 Nr. 3 Satz 1 EStG mit 5,5 % scheidet aus, da es sich bei dem vereinbarten Disagio um eine Zinskomponente handelt, sodass die Ausnahme des § 6 Abs. 1 Nr. 3 Satz 2 EStG greift. Das Disagio ist als aktiver Rechnungsabgrenzungsposten ansatzpflichtig, so das Urteil des BFH vom 19.01.1978. Dieser Auffassung hat sich die Finanzverwaltung in H 6.10 EStH („Damnum") angeschlossen.

6.5 Bewertung von Rückstellungen

Da Rückstellungen für ungewisse Verbindlichkeiten gemäß R 5.7 Abs. 5 Satz 1 EStR im Jahresabschluss des Wirtschaftsjahres zu bilden sind, in dem sie wirtschaftlich verursacht sind, ist deren Höhe von zentraler Bedeutung. Wirtschaftliche Verursachung ist dabei gegeben, wenn der Tatbestand, an den das Gesetz oder der Vertrag die Verpflichtung knüpft, im Wesentlichen verwirklicht ist; die Erfüllung der Verpflichtung muss Vergangenes abgelten, R 5.7 Abs. 5 Satz 2 und Satz 3 EStR.

Die Bewertung der Rückstellungen erfolgt gemäß § 6 Abs. 1 Nr. 3a EStG unter Berücksichtigung folgender Grundsätze:

a) Bei Rückstellungen für gleichartige Verpflichtungen sind die Erfahrungen in der Vergangenheit aus der Abwicklung solcher Verpflichtungen zu berücksichtigen. Dies gilt insbesondere für die Höhe und die Wahrscheinlichkeit der Inanspruchnahme, § 6 Abs. 1 Nr. 3a Buchst. a EStG. Diese Vorschrift entspricht z. B. der praktizierten Bewertung von Garantie- und Gewährleistungsrückstellungen, bei denen es durchaus üblich ist, dass der Steuerpflichtige nur zu einem Teil der eingegangenen Verpflichtungen in Anspruch genommen wird.

b) Rückstellungen für Sachleistungsverpflichtungen müssen mit den Einzelkosten und den angemessenen Teilen der notwendigen Gemeinkosten angesetzt werden, § 6 Abs. 1 Nr. 3a Buchst. b EStG.

c) Künftige Vorteile, die mit der Erfüllung der Verpflichtung voraussichtlich verbunden sind, sind wertmindernd zu berücksichtigen, § 6 Abs. 1 Nr. 3a Buchst. c EStG.

   Für Rückstellungen besteht somit kein Saldierungsverbot, d. h. zukünftige Erträge müssen mit den voraussichtlichen Aufwendungen saldiert werden. Eine bloße Möglichkeit des Anfalles zukünftiger Erträge genügt allerdings nicht, sondern diese müssen in einer rechtlich verbindlichen Weise der Entstehung oder Erfüllung der Verbindlichkeit nachfolgen, R 6.11 Abs. 1 EStR. Liegen allerdings aktivierungsfähige Vorteile vor, müssen diese als Forderungen in der Bilanz separat ausgewiesen werden.
   Handelsrechtlich sind – dem Imparitätsprinzip entsprechend – die drohenden Verluste zu berücksichtigen. Zukünftige Erträge dürfen gemäß Realisationsprinzip erst berücksichtigt werden, wenn sie realisiert sind. Es erfolgt eine Durchbrechung der Maßgeblichkeit, was zu einer niedrigeren Rückstellungsbewertung in der Steuerbilanz führt.

d) Rückstellungen für Verpflichtungen, für deren Entstehung im wirtschaftlichen Sinne der laufende Betrieb ursächlich ist, sind zeitanteilig in gleichen Raten anzusammeln (Ansammlungsrückstellungen), § 6 Abs. 1 Nr. 3a Buchst. d EStG. Dies ist z. B. für Verpflichtungen zur Erneuerung oder zum Abbruch von Betriebsanlagen der Fall, R 6.11 Abs. 2 Satz 2 EStR. So ist die Rückstellung in gleichen Raten über die betriebsgewöhnliche Nutzungsdauer zu bilden. Bei Verpflichtungen, deren Verpflichtungsumfang mit den Jahren fortlaufend anwächst, ist die Rückstellungsbewertung nach dem anwachsenden Verpflichtungsumfang zu bemessen, R 6.11 Abs. 2 Satz 3 EStR.
   § 6 Abs. 1 Nr. 3a Buchst. d Satz 3 EStG legt den Ansammlungszeitraum für die Verpflichtung zur Stilllegung von Kernkraftwerken regelmäßig auf 25 Jahre fest.

e) Verpflichtungsrückstellungen (Geld- und Sachleistungsverpflichtungen) müssen mit einem Zinssatz von 5,5 % abgezinst werden, sofern sie nicht kurzfristig oder verzinslich sind bzw. aus Anzahlungen oder Vorauszahlungen resultieren, § 6 Abs. 1 Nr. 3a Buchst. e EStG.

Handelsrechtlich sind Rückstellungen gemäß § 253 Abs. 1 Satz 2 HGB mit dem Erfüllungsbetrag anzusetzen, der nach vernünftiger kaufmännischer Beurteilung notwendig ist, d. h. es ist unter Beachtung des Vorsichtsprinzips zu bewerten. Nach § 253

Abs. 2 Satz 1 HGB besteht auch handelsrechtlich eine generelle Abzinsungspflicht für Rückstellungen mit einer Laufzeit von mehr als einem Jahr auf Basis eines Marktzinses (siehe im Einzelnen Teil A Kapitel 6.3.2). Da steuerlich mit einem konstant vorgegebenen Zinssatz in Höhe von 5,5 % diskontiert wird, weichen Rückstellungen hinsichtlich ihrer Bewertung in Handels- und Steuerbilanz deutlich voneinander ab.

Üblicherweise wird die Rückstellung in der Steuerbilanz niedriger ausfallen als in der Handelsbilanz (der steuergesetzlich normierte Pauschalzins von 5,5 % übersteigt deutlich den derzeit vorzufindenden Marktzins, und zudem dürfen künftige Preis- und Kostensteigerungen gem. § 6 Abs. 1 Nr. 3a Buchst. f EStG in die steuerbilanzielle Bewertung nicht mit einfließen). Sollte - in Ausnahmefällen - die steuerliche Rückstellung ihr handelsrechtliches Pendant übersteigen, so hat der BFH jüngst auf die Deckelung der steuerlichen Dotierung hingewiesen: Aus dem Einleitungssatz zur Rückstellungsbewertung in § 6 Abs. 1 Nr. 3a EStG („höchstens insbesondere") lasse sich ableiten, dass die steuerbilanzielle Rückstellung nicht mit einem höheren Betrag passiviert werden dürfe als im Handelsrecht (so BFH vom 20.11.2019).

Der Wert einer **Pensionsrückstellung** entspricht dem Barwert der künftigen Pensionsleistungen bei Beginn/Eintritt des Versorgungsfalles. Dieser Wert (Deckungskapital) wird nach versicherungsmathematischen Grundsätzen unter Anwendung eines Rechnungszinsfußes von 6 % ermittelt, § 6a Abs. 3 Satz 3 EStG. Steuerrechtlich ist das in Teil B Kapitel 4.2.3 bereits angesprochene Teilwertverfahren anzuwenden, mit der Besonderheit, dass frühestens mit der Bildung der Pensionsrückstellung in dem Wirtschaftsjahr begonnen wird, in dem der Versicherte das 27. Lebensjahr erreicht.

Zu einem Abweichen von Handels- und Steuerbilanz kann es aus zweierlei Gründen kommen: Zum einen entspricht handelsrechtlich gemäß § 253 Abs. 2 Satz 1 bis Satz 3 HGB der Zinssatz einem „genormten" Diskontierungsmarktzins (siehe im Einzelnen Teil A Kapitel 6.3.2); zum anderen sind handelsrechtlich zukünftige Lohn- bzw. Gehalts- und Rententrends zu integrieren, was steuerlich nach dem Stichtagsprinzip weiterhin nicht zulässig ist.

Handelsrechtlich anerkannte versicherungsmathematische Regeln sind das Gegenwartsverfahren und das Teilwertverfahren. Beim Gegenwartsverfahren findet die Berechnung der Pensionsrückstellung ab dem Zeitpunkt der Pensionszusage statt. Beim Teilwertverfahren wird die Berechnung der Pensionsrückstellung ab Diensteintritt berücksichtigt, was wegen der oben beschriebenen Besonderheit steuerlich dazu führt, dass ggf. ein Einmalbetrag entsteht.

Fallen Zusage und Diensteintritt auseinander, ergeben sich bei den beiden Verfahren Unterschiede: Beim Gegenwartsverfahren liegt ein kürzerer Berechnungszeitraum mit einer höheren Zuführung vor, während im Teilwertverfahren eine niedrigere Zuführung durch einen längeren Berechnungszeitraum erfolgt.

6.6 Rechnungsabgrenzungsposten

Leistung und Gegenleistung aus einem gegenseitigen Vertrag, die zeitlich auseinanderfallen, rechtlich und wirtschaftlich aber zusammengehören, sollen bilanzrechtlich demselben Jahr zugeordnet werden. Folglich sind auf der Passivseite - wie auch auf der Aktivseite - Vorleistungen des einen Vertragsteiles dem Wirtschaftsjahr zuzuordnen, in dem die nach dem Vertrag geschuldete Gegenleistung des anderen Teiles erbracht wird. Einnahmen sollen nach Periodisierungsgrundsätzen den Jahren ihrer wirtschaftlichen Zugehörigkeit als Ertrag zugerechnet werden.

Gemäß § 5 Abs. 5 Satz 1 Nr. 2 EStG sind Einnahmen vor dem Abschlussstichtag, soweit sie Ertrag für eine bestimmte Zeit nach diesem Tag darstellen, als Rechnungsabgrenzungsposten auf der Passivseite anzusetzen. Dasselbe gilt gemäß § 250 Abs. 2 HGB auch handelsrechtlich (vgl. Teil A Kapitel 5.2.3.4).

Für das Kriterium der bestimmten Zeit ist eine Auslegung/Schätzung möglich. Es muss keine kalendermäßig festgelegte Zeit vorliegen; wie auf der Aktivseite auch (siehe Teil A Kapitel 5.2.2.3 sowie Teil B Kapitel 5.4), genügt ein bestimmbarer Zeitraum.

Beispiel

Abfindung für Stilllegung einer Mühle

Für die Stilllegung einer Mühle wird dem Mühlenbesitzer eine Abfindung gezahlt.

Lösung: Ist ein Zeitraum (z. B. 30 Jahre) für die Stilllegung bestimmt, muss gemäß BFH-Urteil vom 22.07.1982 ein passiver Rechnungsabgrenzungsposten beim Mühlenbesitzer gebildet werden. Selbst bei Stilllegung auf Lebzeiten liegt anhand von z. B. Sterbetafeln eine bestimmbare Zeit vor.

Die Höhe des passiven Rechnungsabgrenzungspostens im Zeitablauf bemisst sich nach dem Verhältnis der noch ausstehenden Gegenleistung zur gesamten Leistung; den Bewertungsvorschriften des § 6 EStG unterliegen Rechnungsabgrenzungsposten nicht, da sie nach h. M. keine Wirtschaftsgüter darstellen.

Teil C

Übungsaufgaben

Anlagevermögen = langfristige Vermögensgegenstände (> Jahr)

Bsp.: - Immaterielle (Patente, Lizenzen)
- Sachanlagen (Grundstücke, Gebäude, Maschinen)
- Finanzanlagen (Wertpapiere d. Anlagevermögens)

Bilanzierung

- zu AK o. Herstellungskosten abzüglich Abschreibungen

→ Gemildertes Niederstwertprinzip

(Bei dauerhafter Wertminderung muss auf niedrigeren Wert abgeschrieben werden)

- bei vorübergehender Wertminderung = Abschreibung

AKTIVIERUNGSPFLICHT

- Alle AK / HK von Vermögensgegenständen, die dem Anlage- / Umlaufvermögen zuzurechnen sind
- Zuwendungen u. Investitionszuschüsse, die in Vermögensgegenstand DIREKT zufließen

Bsp.:

1) Eine gekaufte Maschine muss im Anlagevermögen aktiviert werden und über die Nutzungsdauer abgeschrieben werden

2) Eingekaufte Rohstoffe müssen im Umlaufvermögen aktiviert werden u. bei Verbrauch als Aufwand erfasst werden

(Anlagevermögen wird über Nutzungsdauer abgeschrieben, Umlaufvermögen wird nicht abgeschr.

Aufgabe 1: Immaterielle Vermögensgegenstände

Die X-AG entwickelt in 01 mit eigenen Arbeitskräften ein neues Computerprogramm für einen Kunden. Die Kosten für das Programm im Jahr 01 betrugen 15.000 €, wovon 2.000 € eindeutig in der Forschungsphase und der Rest in der Entwicklungsphase angefallen sind. Das Geschäftsjahr entspricht dem Kalenderjahr.

a) Wie ist dieser Sachverhalt zum Bilanzstichtag (31.12.01) in der Handelsbilanz und Steuerbilanz zu bewerten, wenn das Computerprogramm erst in 02 verkauft, geliefert und bezahlt wird?

b) Wie wäre dieser Sachverhalt zum Bilanzstichtag (31.12.01) in der Handelsbilanz und Steuerbilanz zu beurteilen, wenn das Computerprogramm nicht für einen Kunden erstellt, sondern von der X-AG selbst genutzt wird?

Lösungsskizze

Gem. § 242 und § 246 Abs. 1 HGB (Vollständigkeitsgebot) sind sämtliche Vermögensgegenstände (Einzelverwertbarkeit, bilanzielle Greifbarkeit, wirtschaftlicher Nutzen und wirtschaftliches Eigentum liegen hier vor) zu bilanzieren, es sei denn, Vorschriften stehen dem entgegen.

a) Zum Umlaufvermögen gehören Vermögensgegenstände, die nur kurzfristig dem Unternehmen dienen, da sie z. B. verbraucht oder verkauft werden (Umkehrschluss aus § 247 Abs. 2 HGB).
Im Sachverhalt: Die Vermögensgegenstände zählen zum Umlaufvermögen (fertige Erzeugnisse) und müssen folglich bilanziert werden (Aktivierungspflicht).
§ 266 Abs. 2 B. I. Nr. 3 HGB
Die fertigen Erzeugnisse müssen mit den Herstellungskosten, die in der Entwicklungsphase angefallen sind, bewertet werden. Ein Einbezug der Forschungskosten ist verboten; § 253 Abs. 1 Satz 1 i. V. m. § 255 Abs. 2 Satz 4 HGB, d. h. Aktivierung mit 13.000 €.
In der Steuerbilanz wird wegen des Maßgeblichkeitsprinzips (§ 5 Abs. 1 Satz 1 EStG) aus der handelsrechtlichen Aktivierungspflicht eine steuerliche Aktivierungspflicht; die Bewertung erfolgt ebenfalls mit 13.000 €, § 6 Abs. 1 Nr. 2 Satz 1 EStG.

b) Zum Anlagevermögen gehören Vermögensgegenstände, die dazu bestimmt sind, dauernd dem Unternehmen zu dienen (§ 247 Abs. 2 HGB).
Es handelt sich im Sachverhalt um immaterielle Vermögensgegenstände des Anlagevermögens, da sie einen besonderen Vorteil für den Betrieb darstellen, den ein potenzieller Erwerber im Kaufpreis berücksichtigen würde und wofür Aufwendungen getätigt wurden. Lediglich die besondere Abgrenzung durch einen entgeltlichen Erwerb fehlt.

Gem. § 248 Abs. 2 HGB besteht ein Aktivierungswahlrecht für selbstgeschaffene immaterielle Vermögensgegenstände des Anlagevermögens, d. h. man kann eine Aktivierung unter dem Bilanzposten § 266 Abs. 2 A. I. Nr. 1 HGB vornehmen.
Bei Aktivierung müssen die Herstellungskosten, die in der Entwicklungsphase angefallen sind, angesetzt werden; § 255 Abs. 2a Satz 1 HGB, d. h. mit 13.000 €. Der Einbezug von Forschungskosten ist verboten; § 255 Abs. 2 Satz 4 HGB.
Der durch eine Aktivierung entstandene Gewinn (die Gegenbuchung erfolgt auf das Ertragskonto „Andere aktivierte Eigenleistung" in der GuV) in Höhe von 13.000 € unterliegt einer Ausschüttungssperre gem. § 268 Abs. 8 HGB, und der aktivierte Posten muss im Anhang gem. § 285 Nr. 22 und Nr. 28 HGB angegeben werden.
Zum Bilanzstichtag ist der aktivierte Posten, vermindert um die Abschreibungen, anzusetzen, 253 Abs. 1 Satz 1 HGB. Die Abschreibung erfolgt über die Nutzungsdauer, welche, sofern sie nicht mit hinreichender Sicherheit geschätzt werden kann, in Ausnahmefällen mit zehn Jahren angesetzt werden kann, § 253 Abs. 3 Satz 3 HGB.
Abschreibung a: (HK ./. RW) / ND = 13.000 € / 10 J. = 1.300 € p. a.
Buchwert 31.12.01: HK ./. a = 13.000 € ./. 1.300 € = 11.700 €
In der Steuerbilanz liegt entgegen dem Maßgeblichkeitsprinzip ein steuerliches Aktivierungsverbot von selbstgeschaffenen immateriellen Wirtschaftsgütern des Anlagevermögens vor, § 5 Abs. 2 EStG.

Aufgabe 2: Geschäfts- oder Firmenwert

Die X-GmbH kauft im Januar 01 ein konkurrierendes Einzelunternehmen für 425.000 €. Der Wert aller übernommenen Vermögensgegenstände beträgt 800.000 €, der Wert aller übernommenen Schulden 600.000 €.

Wie ist der Sachverhalt in der Handelsbilanz und der Steuerbilanz der X-GmbH im Zeitpunkt des Kaufs und zum Bilanzstichtag (31.12.01) zu berücksichtigen? Der Steuersatz der GmbH beträgt annahmegemäß 30 %.

Lösungsskizze

Handelsrecht

Die übernommenen Vermögensgegenstände und übernommenen Schulden müssen gemäß dem Vollständigkeitsprinzip, § 246 Abs. 1 Satz 1, § 247 Abs. 1 HGB unter ihren entsprechenden Bilanzposten aktiviert bzw. passiviert werden.

Der Unterschiedsbetrag, um den die für die Übernahme eines Unternehmens bewirkte Gegenleistung den Wert der einzelnen Vermögensgegenstände des Unternehmens abzüglich der Schulden im Zeitpunkt der Übernahme übersteigt (= entgeltlich erworbener Geschäfts- oder Firmenwert), gilt als zeitlich begrenzt nutzbarer Vermögensgegenstand, § 246 Abs. 1 Satz 4 HGB. Da der derivative Geschäfts- oder Firmenwert mittels gesetzlicher Fiktion als Vermögensgegenstand gilt, obwohl er mangels Einzelverwertbarkeit nicht die Voraussetzungen eines Vermögensgegenstands erfüllt, greift diesbezüglich auch das Vollständigkeitsgebot des § 246 Abs. 1 Satz 1 HGB.

Ermittlung des GFW:

Kaufpreis		425.000 €
./. Vermögensgegenstände	./. Schulden	
(800.000 €)	./. (600.000 €)	200.000 €
= GFW		225.000 €

Im Zeitpunkt der Übernahme:

Die Vermögensgegenstände sind mit ihren Anschaffungskosten (800.000 €) gem. § 253 Abs. 1 HGB zu bewerten. Verbindlichkeiten sind mit ihrem Erfüllungsbetrag (600.000 €) gem. § 253 Abs. 1 Satz 2 HGB anzusetzen.

Da der GFW als Vermögensgegenstand gilt, muss er mit seinen Anschaffungskosten (225.000 €) unter dem Posten § 266 Abs. 2 A. I. Nr. 3 HGB aktiviert werden, § 246 Abs. 1 Satz 1, § 253 Abs. 1 Satz 1 HGB.

Zum Bilanzstichtag:

Gem. § 253 Abs. 1 Satz 1 HGB sind abnutzbare Vermögensgegenstände mit ihren Anschaffungskosten, vermindert um die Abschreibungen, anzusetzen. Über die Nutzungsdauer der übernommenen Vermögensgegenstände gibt es im Sachverhalt keine Angaben. Ist keine zuverlässige Schätzung möglich, muss der GFW als abnutzbarer Vermögensgegenstand planmäßig linear über die Nutzungsdauer von zehn Jahren abgeschrieben werden, § 253 Abs. 3 Satz 4 i. V. m. Satz 3 HGB).

Abschreibung a: (AK ./. RW) / ND = 225.000 € / 10 J. = 22.500 € p. a.

Buchwert 31.12.01: AK ./. a = 225.000 € – 22.500 € = 202.500 €

Steuerrecht

Aus dem handelsrechtlichen Aktivierungsgebot für einen derivativen (entgeltlich erworbenen) GFW folgt aufgrund des Grundsatzes der Maßgeblichkeit auch für steuerliche Zwecke ein Aktivierungsgebot, § 5 Abs. 1 Satz 1 EStG. Bezüglich der Abschreibung des GFW schreibt § 7 Abs. 1 Satz 3 EStG eine gesetzlich normierte Nutzungsdauer von 15 Jahren vor.

Abschreibung a: (AK ./. RW) / ND = 225.000 € / 15 J. = 15.000 € p. a.

Buchwert 31.12.01: AK ./. a = 225.000 € – 15.000 € = 210.000 €

Damit ist der steuerliche Vermögensausweis höher und der Abschreibungsaufwand niedriger, sodass bei der X-GmbH das Wahlrecht besteht, aktive latente Steuern in Höhe von 210.000 € ./. 202.500 € = 7.500 € × 30 % = 2.250 € in der Handelsbilanz auszuweisen, § 274 Abs. 1 Satz 2 HGB.

Steuer > Abschreib

→ Wahlrecht aktive Steuer in Handelsbilanz ausweisen

Aufgabe 3: Finanzanlagen

Die Produktions-GmbH kaufte im Jahr 01 Anteile an der X-AG i. H. v. 100.000 €. Der Wert der Anteile betrug zum Bilanzstichtag 31.12.01 80.000 €, zum Bilanzstichtag 31.12.02 jedoch wieder 110.000 €. Das Geschäftsjahr entspricht dem Kalenderjahr.

Wie ist der Sachverhalt zum 31.12.01 und zum 31.12.02 in der Handels- und Steuerbilanz der Produktions-GmbH zu beurteilen?

Lösungsskizze

Es handelt sich bei den Anteilen um Vermögensgegenstände, da die Kriterien selbstständige Verwertbarkeit, bilanzielle Greifbarkeit, wirtschaftlicher Nutzen, wirtschaftliches Eigentum erfüllt sind.

Sämtliche Vermögensgegenstände müssen gem. § 246 Abs. 1 Satz 1 HGB (Vollständigkeitsgebot) aktiviert werden. Gem. § 247 Abs. 1 HGB sind die Anteile im Anlage- oder Umlaufvermögen auszuweisen.

Die Wertpapiere werden länger als ein Jahr gehalten und gehören somit zum Anlagevermögen, da sie dazu bestimmt sind, dauernd dem Geschäftsbetrieb zu dienen, § 247 Abs. 2 HGB.

Die Anteile werden im Anlagevermögen unter dem Posten Finanzanlagen (§ 266 Abs. 2 A. III. HGB) ausgewiesen. Je nach Anteilshöhe erfolgt der Ausweis unter

- Nr. 1, wenn Anteile an verbundenen Unternehmen vorliegen. Es muss ein Mutter-/Tochterverhältnis durch einen beherrschenden Einfluss vorliegen, der bei einer Stimmrechtsmehrheit gegeben ist, § 271 Abs. 2 HGB.
- Nr. 3 (Beteiligungen), wenn ein Anteilsbesitz von mehr als 20 % gegeben ist, § 271 Abs. 1 HGB.
- Nr. 5 (Wertpapiere des Anlagevermögens), bei einem Anteilsbesitz bis 20 %.

Die Anteile müssen im Zeitpunkt des Kaufs gem. § 253 Abs. 1 Satz 1 HGB mit ihren Anschaffungskosten angesetzt werden, d. h. 100.000 €.

Zum 31.12.01 ist handelsrechtlich wegen des Vorsichtsprinzips vorsichtig zu bewerten; dem Impariätsprinzip zufolge sind bereits drohende Verluste zu berücksichtigen (§ 252 Abs. 1 Nr. 4 HGB).

Bei nicht dauerhafter Wertminderung (wie im Sachverhalt) kann nach § 253 Abs. 3 Satz 6 HGB eine außerplanmäßige Abschreibung i. H. v. 20.000 € vorgenommen werden, da es sich um Finanzanlagen handelt (gemildertes Niederstwertprinzip), d. h. Ansatz mit 100.000 € oder 80.000 €.

Zum 31.12.02 ist handelsrechtlich nach § 253 Abs. 5 Satz 1 HGB durch den Wegfall des Grundes für die außerplanmäßige Abschreibung bis zu den historischen Anschaffungskosten zuzuschreiben, d. h. der Ansatz erfolgt mit 100.000 €. Dem Realisationsprinzip zufolge dürfen Gewinne erst ausgewiesen werden, wenn sie realisiert sind, sodass eine Wertsteigerung über die Anschaffungskosten hinaus unberücksichtigt bleiben muss, § 252 Abs. 1 Nr. 4, § 253 Abs. 1 Satz 1 HGB.

Im Steuerrecht besteht wegen des Maßgeblichkeitsgrundsatzes gem. § 5 Abs. 1 Satz 1 EStG ebenfalls eine Aktivierungspflicht (handelsrechtliches Aktivierungsgebot führt zu steuerlichem Aktivierungsgebot).

Nach § 6 Abs. 1 Nr. 2 Satz 2 EStG greift bei dauernder Wertminderung (diese liegt nach Ansicht der Finanzverwaltung bei einem Unterschreiten des bisherigen Bilanzansatzes um mehr als fünf Prozentpunkte vor) ein Wahlrecht zur Teilwertabschreibung, d. h. Ansatz mit 80.000 € oder 100.000 €.

Zum 31.12.02 greift das Wertaufholungsgebot des § 6 Abs. 1 Nr. 2 Satz 3 i. V. m. Nr. 1 Satz 4 EStG, sodass bei Ausübung des Wahlrechts zur Teilwertabschreibung in 01 diese rückgängig gemacht werden muss. Der Ausweis in der Steuerbilanz zum 31.12.02 erfolgt zwingend mit 100.000 €.

Aufgabe 4: Rechnungsabgrenzungen

Bitte geben Sie für die X-AG an, ob die folgenden Aussagen für das aktuelle Geschäftsjahr in der Handelsbilanz richtig oder falsch sind. Nennen Sie ggf. den richtigen Begriff! Begründen Sie kurz Ihre Antworten mit Hilfe der entsprechenden Fachbegriffe!

Hinweis: Bei allen Aussagen gilt, dass zwei verschiedene Geschäftsjahre angesprochen werden!

a) Von der X-AG noch zu zahlende Miete für das abgelaufene Geschäftsjahr stellt einen passiven transitorischen Rechnungsabgrenzungsposten dar.

b) Von der X-AG noch nicht erhaltene Zinseinnahmen stellen eine „aktive antizipative Rechnungsabgrenzung" dar.

c) Von der X-AG im Voraus gezahlte KFZ-Steuer stellt einen passiven transitorischen Rechnungsabgrenzungsposten dar.

d) Von der X-AG noch zu zahlende Stromaufwendungen stellen „passive antizipative Rechnungsabgrenzungen" dar.

Lösungsskizze

a) Falsch, passiv antizipativ, da Aufwand jetzt/Ausgabe später = so. Verb.

b) Richtig, da Ertrag jetzt/Einnahme später = so. Ford.

c) Falsch, aktiver transitorischer RAP, da Ausgabe jetzt/Aufwand später

d) Richtig, da Aufwand jetzt/Ausgabe später = so. Verb.

Aufgabe 5: Disagio

Die nach den Größenkriterien des § 267 HGB kleine X-GmbH nimmt am 01.01.01 einen Bankkredit i. H. v. 200.000 € auf. Die Laufzeit des Kredites beträgt vier Jahre. Die Bank zahlt zum 01.01.01 der GmbH nur 196.000 € aus.

a) Wie ist der Sachverhalt im Zeitpunkt der Kreditaufnahme und zum Bilanzstichtag (31.12.01) bei der X-GmbH handelsrechtlich zu behandeln?

b) Wie ist der Sachverhalt zum Bilanzstichtag (31.12.01) bei der X-GmbH steuerrechtlich zu behandeln?

Lösungsskizze

a) Gem. § 246 Abs. 1 Satz 1 HGB (Vollständigkeitsgebot) sind sämtliche Vermögensgegenstände (Bankbestand) und Schulden (Kredit = Verbindlichkeit gegenüber Kreditinstitut) zu berücksichtigen. Die Verbindlichkeiten sind gem. § 253 Abs. 1 Satz 2 HGB mit ihrem Erfüllungsbetrag (200.000 €) anzusetzen.

Ist der Erfüllungsbetrag einer Verbindlichkeit höher als der Ausgabebetrag, so kann der Unterschiedsbetrag als Rechnungsabgrenzungsposten auf der Aktivseite aufgenommen oder sofort als Zinsaufwand gebucht werden, § 250 Abs. 3 Satz 1 HGB.

Ermittlung:	Erfüllungsbetrag	200.000 €
	./. Ausgabebetrag	196.000 €
	= Unterschiedsbetrag	4.000 €

Die 4.000 € Differenz (= Disagio) stellt eine Ausgabe (verminderte Einnahme) dar für einen Aufwand (Zinsaufwand), der für vier Jahre (Kreditlaufzeit) anfällt.

Wird das Disagio als aktiver Rechnungsabgrenzungsposten ausgewiesen, ist dieser über die Laufzeit des Kredites abzuschreiben. Zum Bilanzstichtag sind gem. § 250 Abs. 3 Satz 2 HGB 3.000 € auszuweisen, da 1.000 € (4.000 € / 4 Jahre) als Aufwand (Zinsen und ähnliche Aufwendungen) in der GuV zu berücksichtigen sind.

Alternativ könnte die X-GmbH das Disagio in Höhe von 4.000 € auch bereits im Zeitpunkt der Kreditaufnahme am 01.01.01 voll als Zinsaufwand erfassen, um das Ergebnis des Jahres 01 zu minimieren.

b) Das Disagio ist (mangels Einzelverwertbarkeit) kein Vermögensgegenstand, sodass hier der Grundsatz der Maßgeblichkeit nicht greift. Steuerrechtlich ist das Disagio zwingend anzusetzen (H 6.10 EStH unter Verweis auf die Rechtsprechung des BFH).

Aufgabe 6: Eigenkapital

Eine große GmbH wurde am 01.12.01 mit einem Stammkapital von 200.000 € (= Handelsregistereintrag) gegründet. Von diesem Stammkapital wurden bis zum 31.12.01 (= Bilanzstichtag) 130.000 € eingefordert, wovon jedoch erst 100.000 € auf das Bankkonto eingezahlt wurden.

Stellen Sie die Handelsbilanz nach § 266 HGB zum Bilanzstichtag (31.12.01) auf.

Lösungsskizze

Aktiva		Bilanz (in €)		Passiva
B. UV		A. EK		
II. Forderungen und sonstige VG		I. gezeichnetes Kapital	200.000	
5. eingeford., noch nicht eingezahltes Kapital	30.000	– nicht eingefordertes Kapital	70.000	
		= eingefordertes Kapital		130.000
IV. Bank	100.000			
	130.000			130.000

Das gezeichnete Kapital ist zum Nennbetrag anzusetzen, § 272 Abs. 1 Satz 1 HGB. Das nicht eingeforderte Kapital ist vom Posten gezeichnetes Kapital offen abzusetzen und der verbleibende Betrag ist unter dem Posten eingefordertes Kapital in der Hauptspalte auszuweisen. Das eingeforderte, aber noch nicht eingezahlte Kapital stellt eine Forderung gegenüber den Gesellschaftern da und wird auf der Aktivseite unter den Forderungen gesondert ausgewiesen und entsprechend bezeichnet, § 272 Abs. 1 Satz 2 HGB.

Aufgabe 7: Gesetzliche Gewinnrücklagen

Ermitteln Sie die Höhe der verpflichteten Bildung einer gesetzlichen Gewinnrücklage einer AG in folgenden Fällen:

	(a)	(b)	(c)	(d)	(e)
Grundkapital	2 Mio. €	2 Mio. €	2 Mio. €	2 Mio. €	2 Mio. €
Kapitalrücklage*	–	100.000 €	80.000 €	250.000 €	80.000 €
Gesetzliche Rücklage bislang	0 €	0 €	0 €	0 €	0 €
Jahresüberschuss	3 Mio. €	3 Mio. €	3 Mio. €	3 Mio. €	5 Mio. €
Verlustvortrag	0 €	0 €	1 Mio. €	1 Mio. €	1 Mio. €

* Die Kapitalrücklage wurde gebildet nach § 272 Abs. 2 Nr. 1 bis 3 HGB.

Lösungsskizze

Grundsatz zur Dotierung der gesetzlichen Rücklage gem. § 150 Abs. 2 AktG: 5 % des um einen Verlustvortrag aus dem Vorjahr geminderten Jahresüberschusses sind in die gesetzliche Rücklage einzustellen, bis die gesetzliche Rücklage und die Kapitalrücklage (nach § 272 Abs. 2 Nr. 1 bis 3 HGB) zusammen die Obergrenze von 10 % des Grundkapitals erreichen.

a) 150.000 €
Die Obergrenze liegt bei 200.000 €. Da bislang weder gesetzliche noch Kapitalrücklage gebildet wurden, muss die gesetzliche Rücklage in voller Höhe dotiert werden (5 % von 3 Mio. € = 150.000 €).

b) 100.000 €
Die Obergrenze liegt wieder bei 200.000 €. Die Kapitalrücklage beträgt 100.000 €, sodass anstelle von 150.000 € (siehe a)) nur 100.000 € der gesetzlichen Rücklage zugeführt werden müssen.

c) 100.000 €
Die Obergrenze liegt bei 200.000 €, die Kapitalrücklage beträgt bereits 80.000 €. Maximal dotierungspflichtig wären 5 % von (3.000.000 € ./. 1.000.000 €) = 100.000 €. Daher sind 100.000 € der gesetzlichen Rücklage zuzuführen (nicht jedoch 120.000 €).

d) Die Obergrenze liegt bei 200.000 €, die Kapitalrücklage beträgt bereits 250.000 €. Damit muss keine gesetzliche Rücklage dotiert werden.

e) 120.000 €
Die Obergrenze liegt bei 200.000 €, die Kapitalrücklage beträgt bereits 80.000 €. Maximal dotierungspflichtig wären 5 % von (5.000.000 € ./. 1.000.000 €) = 200.000 €. Die Obergrenze wird bereits erreicht, wenn 120.000 € der gesetzlichen Rücklage zugeführt werden.

Aufgabe 8: Eigenkapital/Bilanzgewinn

Eine AG muss zum 31.12.01 ihre Handelsbilanz erstellen. Folgende Bilanzposten sind in der Handelsbilanz aufzunehmen: (GE = Geldeinheiten):

Gezeichnetes Kapital	30 GE
Anlagevermögen	66 GE
Gewinnrücklagen	10 GE
Verbindlichkeiten	15 GE
Jahresüberschuss	8 GE
Gewinnvortrag	2 GE
Kapitalrücklage	1 GE

Erstellen Sie die Handelsbilanz der AG zum 31.12.01

1. ohne Ergebnisverwendungsbeschluss und
2. bei teilweiser Gewinnverwendung (dabei sollen 3 GE in die Gewinnrücklagen eingestellt werden).

Lösungsskizze

1. ohne Ergebnisverwendungsbeschluss, § 266 HGB

Aktiva		Bilanz (in GE)	Passiva
A. Anlagevermögen	66	A. Eigenkapital	
		I. gezeichnetes Kapital	30
		II. Kapitalrücklage	1
		III. Gewinnrücklagen	10
		IV. Gewinnvortrag	2
		V. Jahresüberschuss	8
		B. Verbindlichkeiten	15
	66		66

2. bei teilweiser Ergebnisverwendung, § 268 Abs. 1 HGB

	Ergebnisverwendungsrechnung:	
	Jahresüberschuss	8
+	Gewinnvortrag	2
–	Einstellungen in Gewinnrücklagen	3
=	Bilanzgewinn	7

Aktiva		Bilanz (in GE)	Passiva
A. Anlagevermögen	66	A. Eigenkapital	
		I. gezeichnetes Kapital	30
		II. Kapitalrücklage	1
		III. Gewinnrücklagen (urspr. 10 + Einst. 3)	13
		IV. Bilanzgewinn	7
		C. Verbindlichkeiten	15
	66		66

Aufgabe 9: Rückstellungen

Zum Bilanzstichtag (31.12.01) rechnet eine große GmbH mit einer Gewerbesteuerzahllast von 10.000 €.

Wie ist der Sachverhalt zum 31.12.01 (Bilanzstichtag) im handels- und steuerrechtlichen Jahresabschluss der GmbH zu berücksichtigen?

Lösungsskizze

a) Es handelt sich um eine Rückstellung für ungewisse Verbindlichkeiten, da Aufwendungen vor dem Bilanzstichtag wirtschaftlich verursacht wurden, deren Zeitpunkt bzw. Höhe ungewiss sind. Es liegt eine Außenverpflichtung vor. Gem. § 249 Abs. 1 Satz 1 HGB besteht für Rückstellungen für ungewisse Verbindlichkeiten eine Pflicht zur Passivierung. Der Ausweis erfolgt unter den Steuerrückstellungen, § 266 Abs. 3 B. Nr. 2 HGB
Nach § 253 Abs. 1 Satz 2 HGB ist die Rückstellung mit dem nach vernünftiger kaufmännischer Beurteilung notwendigen Erfüllungsbetrag anzusetzen, d. h. 10.000 €.

b) Dem Maßgeblichkeitsprinzip zufolge (§ 5 Abs. 1 Satz 1 EStG) werden aus handelsrechtlichen Passivierungspflichten steuerrechtliche Passivierungspflichten. Die Rückstellung ist auch in der Steuerbilanz mit 10.000 € auszuweisen, auch wenn die Gewerbesteuer gem. § 4 Abs. 5b EStG als nichtabzugsfähige Betriebsausgabe anzusehen ist und daher den steuerpflichtigen Gewinn nicht mindern darf. Es erfolgt somit eine außerbilanzielle Hinzurechnung in Höhe von 10.000 €.

Aufgabe 10: Grundsätze ordnungsmäßiger Buchführung

Wie beurteilen Sie die handelsrechtliche Zulässigkeit folgender Bilanz- und Wertansätze? Berücksichtigen Sie dabei bitte die Argumente, die der Unternehmer für seine bilanzielle Vorgehensweise vorbringt.

a) Der Unternehmer hat im Oktober 01 einen Computer für 3.000 € erworben. Er ist knapp bei Kasse und zögert die Bezahlung bis zum Februar 02 hinaus. Weil in 01 noch keine Auszahlung erfolgte, verzichtet der Unternehmer auf die Aktivierung des Computers.

b) Die Wertpapiere, die der Unternehmer vor vier Jahren zu Anschaffungskosten (Börsenkurs plus Anschaffungsnebenkosten) von 50.000 € erwarb, werden zum 31.12.01 mit 180.000 € gehandelt. Er meint, dass der entstandene Gewinn auch im Jahresabschluss gezeigt werden muss, um über die zutreffende Lage des Unternehmens zu unterrichten. Er bewertet deshalb die Aktien mit dem zum 31.12.01 geltenden Börsenkurs von 180.000 €.

c) Der Unternehmer hat die Forderungslisten unvollständig überwacht. Eine Forderung in Höhe von 10.000 € ist verjährt. Der Schuldner weigert sich zu zahlen. Der Unternehmer verzichtet auf eine Ausbuchung der Forderung zum 31.12.01, weil im gesamten Forderungsbestand auch eine Forderung gegenüber einem Kunden aus den USA enthalten ist. Diese Forderung lautet auf $ 10.000 und ist am 15.03.02 fällig. Der Unternehmer hat sie mit ihrem im Zugangszeitpunkt geltenden Umrechnungskurs von 1:1 aktiviert, also mit 10.000 €. Zum 31.12.01 beläuft sich der Wechselkurs jedoch auf 0,5 US-$/€. Seine Währungsforderung ist somit 20.000 € wert und hebt den Forderungsverlust aus der uneinbringlichen Forderung auf.

d) Der Unternehmer hat im Geschäftsjahr 01 einem Großkunden 200 Herrensakkos für 100.000 € verkauft. Die Lieferung soll im März 02 erfolgen. Als er die Sakkos am 31.12.01 beim Lieferanten einkaufen will, muss er feststellen, dass die Preise kräftig gestiegen sind. Die Sakkos kosten nun im Einkauf 110.000 €. Da der Unternehmer erst im März 02 liefern muss, verzichtet er auf den Einkauf der Sakkos und hofft auf einen Preisrückgang im folgenden Geschäftsjahr. Um die Gläubiger nicht zu beunruhigen, weist er das Geschäft im Jahresabschluss zum 31.12.01 nicht aus.

Lösungsskizze

a) Der Computer ist mit Übergang des Eigentums zu aktivieren und über die betriebsgewöhnliche Nutzungsdauer abzuschreiben; auf den Zeitpunkt der Bezahlung kommt es nicht an. Die Kaufpreisverbindlichkeit muss passiviert werden, §§ 246 Abs. 1 Satz 1 und Satz 2, 253 Abs. 3 Satz 1 und Satz 2 HGB.

b) Die Bewertung der Wertpapiere erfolgt nach §§ 252 Abs. 1 Nr. 4, 253 Abs. 1 Satz 1 HGB maximal mit den Anschaffungskosten. Nicht realisierte Gewinne dürfen nicht ausgewiesen werden (Vorsichtsprinzip/Realisationsprinzip).

c) Die Forderungen sind einzeln zu bewerten; die verjährte Forderung ist auszubuchen, § 253 Abs. 4 HGB. Die Forderung gegenüber dem Kunden aus den USA ist grundsätzlich mit max. 10.000 € zu bewerten (Anschaffungskosten- und Realisationsprinzip). Nach § 256a Satz 2 HGB erfolgt eine Bewertung jedoch mit 20.000 €, falls die Forderung innerhalb von 12 Monaten fällig wird. Dies liegt hier vor, da die Forderung am 15.03.02 fällig wird, sodass gem. § 256a Satz 2 HGB – entgegen §§ 252 Abs. 1 Nr. 4, 253 Abs. 1 Satz 1 HGB – Erträge aus Kursdifferenzen in Höhe von 10.000 € gebucht werden müssen.

d) In der Handelsbilanz ist aufgrund dieses Sachverhalts eine Rückstellung für drohende Verluste aus schwebenden Geschäften in Höhe von 10.000 € zu bilden (Imparitätsprinzip), §§ 252 Abs. 1 Nr. 4, 249 Abs. 1 Satz 1 HGB.

Aufgabe 11: Währungsumrechnung

Beurteilen Sie ausführlich die Zulässigkeit folgender handelsrechtlicher Wertansätze zum Bilanzstichtag (31.12.01).

a) Unternehmer A hat im Dezember 01 bei einer ausländischen Bank einen Kredit in Höhe von 100.000 $ zu einem Kurs von 1 €/$ aufgenommen. Am Bilanzstichtag beträgt der Kurs 0,90 €/$. Da die Rückzahlung des Kredites erst im Februar 03 erfolgen soll, setzt A den Kredit mit 100.000 € an.

b) Ändert sich an der Lösung zu a) etwas, wenn der Kredit im Oktober 02 zurück zu zahlen ist?

Lösungsskizze

Der Kredit ist als Verbindlichkeit gem. dem Vollständigkeitsgebot zu passivieren, § 246 Abs. 1 Satz 1 HGB, der Ausweis erfolgt unter § 266 Abs. 3 C. Nr. 2 HGB.

Die Verbindlichkeit muss gem. § 253 Abs. 1 Satz 2 HGB mit ihrem Erfüllungsbetrag angesetzt werden. Gem. § 252 Abs. 1 Nr. 4 HGB gilt das Vorsichtsprinzip, d. h. es ist vorsichtig zu bewerten. Die Verbindlichkeit ist mit ihrem Eurobetrag anzusetzen, § 244 HGB, d. h. bei Kreditaufnahme mit 100.000 €.

Am Bilanzstichtag:

Zu a) Richtiger Ansatz

Am Bilanzstichtag erfolgt die Bewertung grundsätzlich mit dem beizulegenden Wert. Maßgeblich ist gem. § 256a Satz 1 HGB der Devisenkassamittelkurs. Bei einem Ansatz mit dem Wechselkurs von 0,9 €/$ (d.h. 90.000 €) würde ein Gewinn in Höhe von 10.000 € ausgewiesen (Erträge aus Kursdifferenzen), der noch nicht realisiert ist. Dies wäre ein Verstoß gegen das Anschaffungskosten- und Realisationsprinzip (§§ 252 Abs. 1 Nr. 4, 253 Abs. 1 Satz 1 HGB), sodass es bei einer Bewertung mit 100.000 € bleibt.

Zu b)

Da es sich hier – in Abwandlung zu a) – nicht um eine langfristige, sondern um eine kurzfristige Verbindlichkeit handelt, greift zusätzlich § 256a Satz 2 HGB. Dieser hebt bei einer Restlaufzeit am Bilanzstichtag von bis zu einem Jahr das Anschaffungskosten- und Realisationsprinzip (§§ 252 Abs. 1 Nr. 4, 253 Abs. 1 Satz 1 HGB) auf, sodass der unrealisierte Kursgewinn auszuweisen ist. Die Verbindlichkeit wird mit 90.000 € in der Bilanz ausgewiesen, und 10.000 € werden als Ertrag aus Kursdifferenzen gebucht.

Aufgabe 12: Anschaffungskosten

Die umsatzsteuerpflichtige X-GmbH kauft eine Maschine für 200.000 € (Nettolistenpreis), wobei darauf 5 % Rabatt und 3 % Skonto auf den Kaufpreis der Maschine bei Zahlung innerhalb von 30 Tagen eingeräumt werden. Zusätzlich fallen für den Transport 2.000 € und für die Montage 1.000 € (jeweils zuzüglich 19 % Umsatzsteuer) an, die vom Verkäufer mit in Rechnung gestellt werden.

Ermitteln Sie die Anschaffungskosten der Maschine.

Lösungsskizze

§ 255 Abs. 1 HGB enthält die Definition der Anschaffungskosten.

	Anschaffungspreis (Listenpreis, netto)	200.000 €
+	Anschaffungsnebenkosten (netto)	
	Transportkosten	+2.000 €
	Montagekosten	+1.000 €
./.	Anschaffungspreisminderungen	
	Rabatt vom Listenpreis: 5 % von 200.000 €	-10.000 €
	Skonto vom restl. Rechnungsbetrag nach Abzug des Rabattes, netto: 200.000 € ./. 10.000 € = 190.000 € × 3 %	-5.700 €
=	Anschaffungskosten	187.300 €

Die Umsatzsteuer zählt nicht zu den Anschaffungskosten, sofern das Unternehmen zum uneingeschränkten Vorsteuerabzug nach § 15 UStG berechtigt ist (siehe hierzu auch § 9b Abs. 1 EStG).

Aufgabe 13: Abschreibungtechniken

Die LKWs eines Spediteurs haben erfahrungsgemäß eine durchschnittliche Lebensdauer von sechs Jahren. Laut Fahrtenschreiber fahren sie in den ersten beiden Jahren ca. 40.000 km, danach nur noch ca. 30.000 km im Jahr.

Die Anschaffungskosten betrugen am 01.01.01 jeweils 180.000 €; nach Ablauf der Nutzungsdauer soll - vereinfachend - kein Restverkaufserlös mehr erzielbar sein.

Berechnen Sie die Abschreibungsbeträge und Buchwerte für die sechs Jahre nach folgenden Methoden:

1. Lineare Abschreibung
2. Leistungsabhängige/nutzungsabhängige Abschreibung

Lösungsskizze

Linear: a = (AK ./. RW) / ND = 180.000 € / 6 J. = 30.000 € p. a.

n	AK bzw. BW 1.1.	a	BW 31.12.
1	180.000	30.000	150.000
2	150.000	30.000	120.000
3	120.000	30.000	90.000
4	90.000	30.000	60.000
5	60.000	30.000	30.000
6	30.000	30.000	0

Leistungsabschreibung:

Abschreibung pro Leistung	= (AK ./. RW) / Gesamtleistung
	= 180.000 € / 200.000 km = 0,9 €/km
Abschreibung pro Jahr (a)	= Abschreibung pro Leistung × Jahresleistung

n	AK bzw. BW 1.1	a	BW 31.12.
1	180.000	36.000	144.000
2	144.000	36.000	108.000
3	108.000	27.000	81.000
4	81.000	27.000	54.000
5	54.000	27.000	27.000
6	27.000	27.000	0

Aufgabe 14: Herstellungskosten

Die Y-GmbH produziert Regale. Dabei fallen folgende Aufwendungen (pro Stück) an:

Werbeanzeige in Zeitschrift	2,00 €
Anschaffungskosten Fichtenholz	12,00 €
Zeitanteilige Abschreibungen für Maschinen (Säge-, Hobel-, Bohrmaschine)	3,10 €
Anschaffungskosten Schrauben	0,70 €
Schreinerlohn	4,50 €
Anschaffungskosten Holzleim (mit pauschalen Sätzen verrechnet)	0,40 €
Anteilige Miet- und Energieaufwendungen für die Werkstatt	1,10 €
Fremdkapitalzinsen (FK wurde für die Produktion der Regale aufgenommen und die FK-Zinsen betreffenden den Zeitraum der Herstellung)	0,50 €
Kalkulatorischer Unternehmerlohn	1,00 €
Zeitanteilige allgemeine Büroaufwendungen	1,90 €

Mit welchem Wert ist der Endbestand von 350 Regalen am Bilanzstichtag 31.12.01 handelsrechtlich anzusetzen, wenn die Y-GmbH ein möglichst hohes Jahresergebnis ausweisen möchte?

Lösungsskizze

Die Regale stellen Umlaufvermögen (fertige Erzeugnisse) dar, da sie dazu bestimmt sind, nur kurzfristig dem Unternehmen zu dienen (§ 247 Abs. 2 HGB Umkehrschluss). Sie sind gem. § 253 Abs. 1 Satz 1 HGB mit ihren Herstellungskosten anzusetzen. Herstellungskosten sind gem. § 255 Abs. 2 HGB alle Aufwendungen, die geleistet werden, um einen Gegenstand herzustellen.

Die Untergrenze der Herstellungskosten bestimmt sich gemäß § 255 Abs. 2 Satz 2 HGB durch die Aufwendungen, die dem Vermögensgegenstand einzeln zugeordnet werden können (Einzelkosten), sowie durch den Einbezug bestimmter Gemeinkosten. Einzelkosten sind in diesem Fall die Materialeinzelkosten, also die Anschaffungskosten für das Fichtenholz und für die Schrauben, sowie die Fertigungseinzelkosten in Form des Schreinerlohns.

Die einzubeziehenden Gemeinkosten sind hier die Materialgemeinkosten in Form der Anschaffungskosten für Holzleim sowie Fertigungsgemeinkosten in Form der anteiligen Miet- und Energieaufwendungen für die Werkstatt. Ebenfalls zu berücksichtigen sind die Abschreibungen für die Maschinen, soweit der Werteverzehr durch die Fertigung veranlasst wurde (hier gegeben).

Die Obergrenze der Herstellungskosten ergibt sich durch den Einbezug weiterer Gemeinkosten, § 255 Abs. 2 Satz 3, Abs. 3 HGB. Hierzu zählen im vorliegenden Fall die Verwaltungsgemeinkosten in Form der anteiligen allgemeinen Büroaufwendungen. Außerdem besteht das Wahlrecht, die Fremdkapitalzinsen dann anzusetzen, falls sie, wie hier gegeben, auf den Zeitraum der Herstellung entfallen und dabei das aufgenommene Fremdkapital zur Finanzierung der Herstellung dient.

Ein Ansatzverbot gilt für die Vertriebskosten in Form der Werbeanzeige (§ 255 Abs. 2 Satz 4 HGB) und für den kalkulatorischen Unternehmerlohn, da hier keine Aufwendungen vorliegen.

Pflichtbestandteile:		
MEK	Fichtenholz	12,00 €
	Schrauben	0,70 €
FEK	Schreinerlohn	4,50 €
MGK	Holzleim	0,40 €
FGK	Miet- und Energieaufwand	1,10 €
Werteverzehr des AV:	Abschreibungen	3,10 €
= Wertuntergrenze		21,80 €
+ Wahlbestandteile:		
Kosten der allg. Verwaltung (Büroaufwand)		1,90 €
Fremdkapitalzinsen		0,50 €
= Wertobergrenze		24,20 €

Um einen möglichst hohen Gewinn auszuweisen, müssen die Regale mit der Wertobergrenze 24,20 € × 350 Stück = 8.470 € aktiviert werden, da durch die „Bestandsveränderung Fertige Erzeugnisse“ (Ertragskonto) die zuvor als Aufwendungen gebuchten Herstellungskosten „neutralisiert“ werden.

Buchung: Fertige Erzeugnisse an Bestandsveränderung FE 8.470

Aufgabe 15: Planmäßige und außerplanmäßige Abschreibung

Von der Z-GmbH wurde am 4. Januar 01 eine Maschine für die Herstellung von Damenstrümpfen mit Nähten angeschafft. Anschaffungskosten 100.000 €, betriebsgewöhnliche Nutzungsdauer zehn Jahre, die Abschreibung soll linear erfolgen.

Zum Bilanzstichtag 31.12.03 beträgt der beizulegende Wert (Marktwert/Teilwert) der Maschine nur noch 25.000 €, da wegen des Modewandels fast nur noch nahtlose Strümpfe verkauft werden können. Es wird eine voraussichtlich dauernde Wertminderung angenommen.

Mit welchem Wert ist die Maschine am 31.12.03 in der Handels- und Steuerbilanz der Z-GmbH anzusetzen?

Lösungsskizze

Die Maschine zählt zum abnutzbaren Anlagevermögen, da sie dazu bestimmt ist, dauernd dem Geschäftsbetrieb zu dienen (§ 247 Abs. 2 HGB). Gem. § 253 Abs. 1 Satz 1 HGB ist sie mit den Anschaffungskosten, vermindert um die Abschreibungen, anzusetzen. Nach § 253 Abs. 3 Satz 1 und Satz 2 HGB sind planmäßige Abschreibungen vorzunehmen.

Lineare Abschreibungen: a = (AK ./. RW) / ND	= 100.000 € / 10 J. = 10.000 € p. a.
AK 4.1.01	100.000 €
./. Abschreibung 01	10.000 €
./. Abschreibung 02	10.000 €
./. Abschreibung 03	10.000 €
= BW 31.12.03	70.000 € (vorläufig)

Jedoch ist Marktwert niedriger (25.000 €). Hier ist zu prüfen, ob eine außerplanmäßige Abschreibung in Betracht kommt.

a) Bei voraussichtlich dauerhafter Wertminderung (wie hier gegeben) besteht die Pflicht zur außerplanmäßigen Abschreibung i. H. v. 45.000 € (§ 253 Abs. 3 Satz 5 HGB, gemildertes Niederstwertprinzip), d. h. Ansatz mit 25.000 €. Wegen des Vorsichtsprinzips ist vorsichtig zu bewerten, und dem Imparitätsprinzip zufolge sind bereits drohende Verluste zu berücksichtigen, § 252 Abs. 1 Nr. 4 HGB.

b) Steuerlich ist die Maschine als Wirtschaftsgut des Anlagevermögens ebenfalls aktivierungspflichtig, da aus dem handelsrechtlichen Aktivierungsgebot eine steuerliche Aktivierungspflicht resultiert (Grundsatz der Maßgeblichkeit, § 5 Abs. 1 Satz 1 EStG).

   Die Bewertung der Maschine erfolgt nach § 6 Abs. 1 Nr. 1 Satz 1 EStG ebenfalls mit den Anschaffungskosten, vermindert um planmäßige Abschreibungen. Zusätzlich besteht nach § 6 Abs. 1 Nr. 1 Satz 2 EStG bei voraussichtlich dauerhafter Wertminderung das Wahlrecht zur Teilwertabschreibung i. H. v. 45.000 €, d. h. entweder Ansatz mit 25.000 € oder weiterhin Ansatz der fortgeführten Anschaffungskosten von 70.000 €. Das Wahlrecht kann unabhängig vom Handelsrecht ausgeübt werden.

Aufgabe 16: GWG/Sammelposten

Die umsatzsteuerpflichtige X-GmbH kauft im Geschäftsjahr 01 folgende Vermögensgegenstände:

- Kopierer, Anschaffungstag: 07.02.01, Nutzungsdauer: 3 Jahre, für 900,00 € netto
- Gabelstapler, Anschaffungstag: 10.11.01, Nutzungsdauer: 5 Jahre, für 1.200,00 € netto
- Regal, Anschaffungstag: 08.08.01, Nutzungsdauer: 10 Jahre, für 360,00 € netto

Mit welchem Wert sind diese Vermögensgegenstände am 31.12.01 in der Handelsbilanz auszuweisen, wenn die X-GmbH ein möglichst hohes Jahresergebnis ausweisen möchte?

Lösungsskizze

Das Ziel, einen möglichst hohen Jahresüberschuss auszuweisen, erreicht die X-GmbH durch Minimierung des Abschreibungsaufwands.

Der Kopierer, der Gabelstapler und das Regal stellen drei selbstständig nutzungsfähige, bewegliche Vermögensgegenstände dar, die grundsätzlich dem abnutzbaren Anlagevermögen zuzuordnen sind (§ 247 Abs. 2 HGB). Sie sind dazu bestimmt, dauernd dem Geschäftsbetrieb zu dienen und gem. § 253 Abs. 1 Satz 1, Abs. 3 Satz 1 und Satz 2 HGB mit den fortgeführten Anschaffungskosten (Anschaffungskosten ./. Abschreibung) zu bewerten.

Es besteht jedoch das Wahlrecht für geringwertige Wirtschaftsgüter (GWG) mit Anschaffungskosten bis 800 € netto oder die Bildung eines Sammelpostens (Anschaffungskosten von 250,01 € bis 1.000 € netto).

Alternative A: GWG-Regelung bei AK bis 800 € (§ 6 Abs. 2 EStG)

Der Kopierer wird als BGA erfasst (da er Anschaffungskosten über 800 € netto hat) und über die Nutzungsdauer von drei Jahren linear abgeschrieben wird (§ 253 Abs. 3 Satz 1 und Satz 2 HGB), wobei erst ab Februar abgeschrieben werden kann.

Formel lineare Abschreibung: (AK ./. RW) / ND

D. h. 900 € / 3 J. = 300 € p. a., in 01 für 11 Monate,
d. h. 300 € / 12 × 11 = 275 € Abschreibung in 01.

Der Gabelstapler muss als BGA/Fuhrpark erfasst werden, da er Anschaffungskosten über 800 € netto hat. Die planmäßige lineare Abschreibung erfolgt über die Nutzungsdauer von fünf Jahren (§ 253 Abs. 3 Satz 1 und Satz 2 HGB), wobei erst ab November abgeschrieben werden darf.

D. h. 1.200 € / 5 J. = 240 € p. a., in 01 für 2 Monate,
d. h. 240 € / 12 × 2 = 40 € in 01.

Nur das Regal wird entweder

a) als BGA erfasst und über die Nutzungsdauer von zehn Jahren linear abgeschrieben (§ 253 Abs. 3 Satz 1 und Satz 2 HGB), wobei erst ab August abgeschrieben werden kann.

D. h. 360 € / 10 J. = 36 € p. a., in 01 für 5 Monate,
d. h. 36 € / 12 × 5 = 15 € in 01.

oder (Wahlrecht):

b) Behandlung als GWG (da AK bis 800 €): sofortige Vollabschreibung im Jahr der Anschaffung, d. h. Aufwand = 360 € in 01.

Da bei Inanspruchnahme der GWG-Regelung der Abschreibungsaufwand größer ist, verzichtet die X-GmbH auf das Wahlrecht und weist das Regal als BGA aus, um ein möglichst hohes Jahresergebnis zu erzielen.

Gesamtaufwand Alternative A: 275 € + 40 € + 15 € = 330 €

Alternative B: Bildung eines Sammelpostens bei AK zwischen 250,01 € und 1.000 € netto (§ 6 Abs. 2a EStG)

Der Gabelstapler muss – wie in Alternative A – als BGA/Fuhrpark erfasst werden, da er Anschaffungskosten über 1.000 € netto hat. Die planmäßige lineare Abschreibung erfolgt über die Nutzungsdauer von fünf Jahren (§ 253 Abs. 3 Satz 1 und Satz 2 HGB), wobei erst ab November abgeschrieben werden darf.

Somit abermals 1.200 € / 5 J. = 240 € p. a., in 01 für 2 Monate, d. h. 240 € / 12 × 2 = 40 € in 01.

Der Kopierer und das Regal werden in den Sammelposten eingestellt, dieser wird über fünf Jahre aufgelöst. Der Zeitpunkt der unterjährigen Anschaffung ist hierbei unerheblich.

D. h. 900 € + 360 € = 1.260 € / 5 J. = 252 € für 01

Gesamtaufwand Alternative B: 40 € + 252 € = 292 €

Da ein hohes Jahresergebnis gewünscht ist, wird Alternative B (Bildung eines Sammelpostens) angewendet, da hier der Abschreibungsaufwand niedriger ist.

BW 31.12.01 = BW 1.1. ./. Abschr. 01

BW Sammelposten: 1.260 € ./. 252 € = 1.008 €

Ausweis: § 266 Abs. 2 A. II. Nr. 3 HGB

BW Gabelstapler: 1.200 € ./. 40 € = 1.160 €

Ausweis: § 266 Abs. 2 A. II. Nr. 3 HGB

Aufgabe 17: Bewertungsvereinfachungsverfahren

Eine GmbH unterhält ein umfangreiches Lager an Roh-, Hilfs- und Betriebsstoffen. Folgende Lagerbewegungen sind für ein Geschäftsjahr (das Geschäftsjahr entspricht dem Kalenderjahr) verzeichnet:

Anfangsbestand am 01.Januar:		200 Stück zu je 30 €
Zugänge im Geschäftsjahr:	am 22. Januar	300 Stück zu je 32 €
	am 15. Mai	250 Stück zu je 28 €
	am 18. September	280 Stück zu je 33 €
Abgänge im Geschäftsjahr:	am 29. Januar	100 Stück
	am 02. Juni	200 Stück
	am 07. Oktober	250 Stück
Marktpreis am 31. Dezember		32 € je Stück

Mit welchem Wert sind der Endbestand und der Verbrauch im handelsrechtlichen Jahresabschluss zum Bilanzstichtag (31.12.) anzusetzen, wenn die periodische Gruppenbewertung (Durchschnittsbewertung) und die periodische Lifo-Methode zur Auswahl stehen? Es ist kein Diebstahl oder Schwund aufgetreten. Die GmbH möchte ein möglichst niedriges Jahresergebnis ausweisen.

Lösungsskizze

Grundsätzlich gilt der Grundsatz der Einzelbewertung nach § 252 Abs. 1 Nr. 3 HGB. Ausnahme: Bewertungsvereinfachungsverfahren nach § 256 Satz 1, Satz 2 i.V.m. § 240 Abs. 4 HGB: Bewertung mit dem gewogenen Durchschnitt ist möglich.

a) Periodische Durchschnittsbewertung

200 × 30,00	= 6.000
300 × 32,00	= 9.600
250 × 28,00	= 7.000
280 × 33,00	= 9.240
	= 31.840 €/1.030 Stück = 30,91 € Durchschnittspreis

Marktwertvergleich: 30,91 € ist niedriger als der Marktpreis am 31.12.01 (32 € je Stück), somit ist der Wert laut Gruppenbewertung ansetzbar.

Endbestand	= Anfangsbestand + Zugänge ./. Abgänge
	= 200 + 830 ./. 550 = 480 Stück
Endbestand	= 480 Stück × 30,91 € = 14.836,80 €
Verbrauch	= 550 Stück (= Abgänge) × 30,91 € = 17.000,50 €

b) Periodische Lifo-Methode (Last in first out, d. h. die letzten Zugänge gelten als zuerst verbraucht)

Verbrauch	= Last in first out
280 Stück × 33,00 €	= 9.240 €
250 Stück × 28,00 €	= 7.000 €
20 Stück × 32,00 €	= 640 €
550 Stück	= 16.880 €
Endbestand = AB zzgl. die ersten (nicht verbrauchten) Zugänge	
200 Stück × 30,00 €	= 6.000 €
280 Stück × 32,00 €	= 8.960 €
= 14.960 € / 480 Stück	= 31,17 €

Marktwertvergleich: 31,17 € ist niedriger als der Marktpreis am 31.12.01 (32 € je Stück), daher ist der Wert laut periodischem Lifo ansetzbar.

Das Verfahren mit dem höchsten Aufwand führt dazu, ein möglichst niedriges Jahresergebnis zu erreichen, sodass die periodische Durchschnittsbewertung zu wählen ist.

Aufgabe 18: Gewinn- und Verlustrechnung

Die am 01.01.01 gegründete X-GmbH produziert Gartenzwerge, von denen im Geschäftsjahr 01 monatlich 2.000 Stück hergestellt werden. Bei Lagerentnahmen ist der Herstellungsmonat nicht mehr feststellbar. Die Inventur zum 31.12.01 ergab einen Bestand von 14.000 Gartenzwergen. Die Herstellungskosten betrugen in den Monaten Januar bis Mai 10 € je Stück (Materialkosten: 5 €, Personalkosten: 5 €) und in den Monaten Juni bis Dezember 12 € je Stück (Materialkosten: 7 €, Personalkosten: 5 €). Einziger Abnehmer der X-GmbH ist die Garten-GmbH, ein Baumarkt. Dieser bezog 10.000 Gartenzwerge zu einem Stückpreis von jeweils 20 € im Jahr 01. Es sind weitere sonstige betriebliche Aufwendungen in Höhe von 150.000 € angefallen.

Aufgabe

Stellen Sie die Gewinn- und Verlustrechnung der X-GmbH für das Geschäftsjahr 01 nach dem Gesamtkostenverfahren des § 275 Abs. 2 HGB auf. Dabei sollen folgende Voraussetzungen gelten:

- Nur periodische Lifo- bzw. Fifo-Verfahren stehen zur Auswahl!
- Es soll ein möglichst hohes Jahresergebnis ausgewiesen werden!

Lösungsskizze

GuV nach dem Gesamtkostenverfahren gem. § 275 Abs. 2 HGB

1. Umsatzerlöse
   (Absatzmenge × Absatzpreis): 10.000 Stück × 20 € — 200.000 €

2. Bestandserhöhung der fertigen Erzeugnisse
   Prüfen, ob Lifo oder Fifo nach § 256 Satz 1 HGB vorteilhaft ist.

   Das Verbrauchsfolgeverfahren mit dem höchsten Endbestand (und damit dem niedrigsten Verbrauch) maximiert das Jahresergebnis.

   Lifo: Der Endbestand ergibt sich aus dem Anfangsbestand und den ersten Zugängen:

   Jan. - Juli = Mat.Ko. 5 € × 10.000 Stück + 7 € × 4.000 Stück
   + Pers.Ko. 5 € × 14.000 Stück = 148.000 €

   Fifo: Endbestand ergibt sich aus den letzten Zugängen

   Dez - Juni = Mat.Ko. 7 € × 14.000 Stück
   + Pers.Ko 5 € × 14.000 Stück = 168.000 €

14.000 Stück nach Fifo, da höherer Wert Endbestand	168.000 €
3. Materialaufwand 10.000 Stück × 5 € = 50.000 €	
+ 14.000 Stück × 7 € = 98.000 €	148.000 €
4. Personalaufwand 24.000 Stück × 5 €	120.000 €
5. Sonstige betriebliche Aufwendungen	150.000 €
6. Ergebnis vor Steuern	-50.000 €
7. Jahresfehlbetrag	50.000 €

Literaturverzeichnis

1 Allgemeine Literatur

Baetge, Jörg/Kirsch, Hans-Jürgen/Thiele, Stefan: Bilanzen, 15. Aufl., Düsseldorf 2019

Birk, Dieter/Dessens, Marc/Tappe, Henning: Steuerrecht, 22. Aufl., Heidelberg 2019

Bitz, Michael/Schneeloch, Dieter/Wittstock, Wilfried/Patek, Guido: Der Jahresabschluss, 6. Aufl., München 2014

Breithecker, Volker: Einführung in die Betriebswirtschaftliche Steuerlehre, 17. Aufl., Berlin 2016

Brönner, Herbert/Bareis, Peter et al.: Die Bilanz nach Handels- und Steuerrecht, 11. Aufl., Stuttgart 2016

Coenenberg, Adolf/Haller, Axel/Schultze, Wolfgang: Jahresabschluss und Jahresabschlussanalyse, 25. Aufl., Stuttgart 2018

Falterbaum, Hermann/Bolk, Wolfgang/Reiß, Wolfram/Kirchner, Thomas: Buchführung und Bilanz, 23. Aufl., Achim 2020

Federmann, Rudolf/Müller, Stefan: Bilanzierung nach Handelsrecht, Steuerrecht und IFRS, 13. Aufl., Berlin 2018

Horschitz, Harald/Groß, Walter/Fanck, Bernfried et.al.: Bilanzsteuerrecht und Buchführung, 15. Aufl., Stuttgart 2018

Knobbe-Keuk, Brigitte: Bilanz- und Unternehmenssteuerrecht, 9. Aufl., Köln 1993

Kosiol, Erich: Pagatorische Bilanz, Berlin 1976

Krag, Joachim/Mölls, Sascha: Rechnungslegung, 2. Aufl., München 2012

Kußmaul, Heinz: Betriebswirtschaftliche Steuerlehre, 8. Aufl., München/ Wien 2020

Küting, Karlheinz/Pfitzer, Norbert/Weber, Claus-Peter: IFRS oder HGB?, 2. Aufl., Stuttgart 2013

LeCoutre, Walter: Zeitgemäße Bilanzierung – Die statische Bilanzauffassung und ihre praktische Anwendung, Wien 1934

Meyer, Claus/Theile, Carsten: Bilanzierung nach Handels- und Steuerrecht, 30. Aufl., Herne 2019

Moxter, Adolf: Bilanzlehre, Band I: Einführung in die Bilanztheorie, 3. Aufl., Wiesbaden 1984

Moxter, Adolf: Bilanzrechtsprechung, 6. Aufl., Tübingen 2007

Moxter, Adolf/Engel-Ciric, Dejan: Grundsätze ordnungsgemäßer Bilanzierung, Düsseldorf 2019

Scheffler, Wolfram: Besteuerung von Unternehmen, Band II: Steuerbilanz, 9. Aufl., Heidelberg 2018

Schildbach, Thomas/Stobbe, Thomas/Freichel, Christoph/Hamacher, Katrin: Der handelsrechtliche Jahresabschluss, 11. Aufl., Herne/Berlin 2019

Schmalenbach, Eugen: Dynamische Bilanz, 13. Aufl., Köln 1962

Schneeloch, Dieter: Betriebswirtschaftliche Steuerlehre, Band 2: Betriebliche Steuerpolitik, 3. Aufl., München 2011

Schult, Eberhard: Betriebswirtschaftliche Steuerlehre, 4. Aufl., München/Wien 2002

Strunk, Günther/Kaminski, Bert: Besteuerung unternehmerischer Tätigkeit, 2. Aufl., Wiesbaden 2007

Stützel, Wolfgang: Bemerkungen zur Bilanztheorie, Wiesbaden 1967

Thiel, Jochen/Lüdtke-Handjery, Alexander: Bilanzrecht – Handelsbilanz, Steuerbilanz, 5. Aufl., Heidelberg 2005

Tipke, Klaus/Lang, Joachim: Steuerrecht, 23. Aufl., Köln 2018

Walb, Ernst: Finanzwirtschaftliche Bilanz, 3. Aufl., Wiesbaden 1966

Weber-Grellet, Heinrich: Bilanzsteuerrecht, 18. Aufl., Münster/Köln 2020

Weber, Jürgen/Weißenberger, Barbara: Einführung in das Rechnungswesen, 9. Aufl., Stuttgart 2015

Wehrheim, Michael/Fross, Ingo: Grundzüge der Unternehmensbesteuerung, 3. Aufl., München 2019

Wehrheim, Michael/Schmitz, Thorsten: Jahresabschlussanalyse, 3. Aufl., Stuttgart 2009

»Leben ist **aussuchen**.
Und man suche sich das aus,
**was einem erreichbar
und adäquat ist**,
und an allen anderen Dingen
gehe man vorüber.«

Kurt Tucholsky

Kleine Boutiquen oder große Einkaufscenter:
Kiel bietet Shopping-Spaß für jeden Geschmack.

Wellisch, Dietmar: Besteuerung von Erträgen, 2. Aufl., München 2012

Wöhe, Günter/Mock, Sebastian: Die Handels- und Steuerbilanz, 7. Aufl., München 2020

2 Kommentare

Adler, Hans/Düring, Walther/Schmaltz, Kurt: Rechnungslegung und Prüfung der Unternehmen, Kommentar, Stuttgart 2009

Blümich, Walter: EStG, KStG, GewStG, Kommentar, München (Loseblattausgabe)

Budde, Wolfgang D. et al.: Beck'scher Bilanz-Kommentar, 12. Aufl., München 2019

Herrmann, Carl/Heuer, Gerhard/Raupach, Arndt: Einkommensteuer- und Körperschaftsteuergesetz, Kommentar, Köln (Loseblattausgabe)

Kirchhof, Paul: EStG-Kommentar, 19. Aufl., Heidelberg 2020

Küting, Karlheinz/Pfitzer, Norbert/Weber, Claus-Peter: Handbuch der Rechnungslegung, Einzelabschluss, Kommentar, Stuttgart (Loseblattausgabe)

Schmidt, Ludwig: Einkommensteuergesetz, Kommentar, 39. Aufl., München 2020

3 Entscheidungen/Erlasse/Richtlinien

BFH-Urteil vom 16.12.1958 I D 1/57 S, in: BStBl. III 1959, S. 30

BFH-Urteil vom 09.10.1962 I 167/62 U, in: BStBl. III 1963, S. 7

BFH-Urteil vom 29.4.1965 IV 403/62 U, in: BStBl. III 1965, S. 414

BFH-Urteil vom 23.11.1967 IV 123/63, in: BStBl. II 1968, S. 176

BFH-Beschluss vom 07.12.1967 GrS 1/67, in: BStBl. II 1968, S. 268

BFH-Beschluss vom 03.02.1969 GrS 2/68, in: BStBl. II 1969, S. 291

BFH-Urteil vom 20.11.1969 IV R 3/69, in: BStBl. II 1970, S. 209

BFH-Urteil vom 24.11.1970 VI R 143/69, in: BStBl. II 1971, S. 157

BFH-Urteil vom 04.12.1970 VI R 157/68, in: BStBl. II 1971, S. 165

BFH-Urteil vom 28.04.1971 I R 39, 40/70, in: BStBl. II 1971, S. 601

BFH-Urteil vom 22.07.1971 IV R 74/66, in: BStBl. II 1971, S. 800

BFH- Beschluss vom 26.11.1973 GrS 5/71, in: BStBl. II 1974, S. 132

BFH- Beschluss vom 07.10.1974 GrS 1/73, in: BStBl. II 1975, S. 168

BFH-Urteil vom 26.02.1975 I R 72/73, in: BStBl. II 1976, S. 13

BFH-Urteil vom 04.05.1977 I R 27/74, in: BStBl. II 1977, S. 802

BFH-Urteil vom 19.01.1978 IV R 153/72, in: BStBl. II 1978, S. 262

BFH-Urteil vom 31.10.1978 VIII R 124/74, in: BStBl. II 1979, S. 108

BFH-Urteil vom 26.02.1979 I R 72/73, in: BStBl. II 1976, S. 13

BFH-Urteil vom 13.03.1979 VIII R 83/77, in: BStBl. II 1979, S. 435

BFH-Urteil vom 22.05.1979 III R 129/74, in: BStBl. II 1979, S. 634

BFH-Urteil vom 26.06.1979 VIII R 145/78, in: BStBl. II 1979, S. 625

BFH-Urteil vom 24.07.1979 VIII R 162/78, in: BStBl. II 1980, S. 7

BFH-Urteil vom 20.11.1979 VI R 25/78, in: BStBl. II 1980, S. 75

BFH-Urteil vom 22.01.1980 VIII R 74/77, in: BStBl. II 1980, S. 244

BFH-Urteil vom 26.02.1980 VIII R 80/77, in: BStBl. II 1980, S. 687

BFH-Urteil vom 17.07.1980 IV R 10/76, in: BStBl. II 1981, S. 669

BFH-Urteil vom 23.07.1980 II R 62/77, in: BStBl. II 1980, S. 748

BFH-Urteil vom 23.07.1980 I R 28/77, in: BStBl. II 1981, S. 62

BFH-Urteil vom 01.04.1981 I R 27/79, in: BStBl. II 1981, S. 660

BFH-Urteil vom 01.04.1982 IV R 2-3/79, in: BStBl. II 1982, S. 620

BFH-Urteil vom 28.04.1982 I R 51/76, in: BStBl. II 1982, S. 612

BFH-Urteil vom 22.07.1982 IV R 111/79, in: BStBl. II 1982, S. 655

BFH-Urteil vom 19.07.1983 VIII R 160/79, in: BStBl. II 1984, S. 56

BFH-Urteil vom 05.04.1984 IV R 96/82, in: BStBl. II 1984, S. 552

BFH-Urteil vom 25.02.1986 VIII R 377/83, in: BStBl. II 1986, S. 465

BFH-Urteil vom 25.02.1986 VIII R 134/80, in: BStBl. II 1986, S. 788

BFH-Urteil vom 27.02.1986 IV R 52/83, in: BStBl. II 1986, S. 552

BFH-Urteil vom 09.07.1986 I R 218/82, in: BStBl. II 1987, S. 14

BFH-Beschluss vom 13.05.1987 I B 179/86, in: BStBl. II 1987, S. 777

BFH-Urteil vom 19.05.1987 VIII R 327/83, in: BStBl. II 1987, S. 848

BFH-Urteil vom 03.07.1987 III R 7/86, in: BStBl. II 1987, S. 728

BFH-Urteil vom 17.09.1987 III R 225/83, in: BStBl. II 1988, S. 324

BFH-Urteil vom 08.10.1987 IV R 18/86, in: BStBl. II 1988, S. 57

BFH-Beschluss vom 26.10.1987 GrS 2/86, in: BStBl. II 1988, S. 348

BFH-Urteil vom 14.06.1988 VIII R 387/83, in: BStBl. II 1989, S. 187

BFH-Urteil vom 30.11.1988 II R 237/83, in: BStBl. II 1989, S. 183

BFH-Urteil vom 30.11.1988 I R 114/84, in: BStBl. II 1990, S. 117

BFH-Urteil vom 29.08.1989 IX R 176/84, in: BStBl. II 1990, S. 430

BFH-Urteil vom 24.01.1990 I R 157/85, in: BStBl. II 1990, S. 639

BFH-Urteil vom 16.02.1990 III B 90/88, in: BStBl. II 1990, S. 794

BFH-Beschluss vom 04.07.1990 GrS 1/89, in: BStBl. II 1990, S. 830

BFH-Urteil vom 06.03.1991 X R 57/88, in: BStBl. II 1991, S. 829

BFH-Urteil vom 19.06.1991 IX R 1/87, in: BStBl. II 1992, S. 73

BFH-Urteil vom 30.07.1991 IX R 49/90, in: BStBl. II 1992, S. 27

BFH-Urteil vom 01.10.1992 IV R 97/91, in: BStBl. II 1993, S. 284

BFH-Urteil vom 16.12.1992 XI R 42/89, in: DB 1993, S. 1012

BFH-Urteil vom 16.02.1993 IX R 85/88, in: BStBl. II 1993, S. 544

BFH-Urteil vom 04.05.1993 VIII R 14/90, in: BStBl. II 1993, S. 661

BFH-Urteil vom 26.08.1993 IV R 127/91, in: BStBl. II 1994, S. 232

BFH-Urteil vom 22.09.1993 X R 37/91, in: BStBl. II 1994, S. 172

BFH-Urteil vom 28.09.1993 VIII R 67/92, in: BStBl. II 1994, S. 449

BFH-Urteil vom 21.10.1993 IV R 87/92, in: BStBl. II 1994, S. 176

BFH-Urteil vom 24.11.1993 X R 49/90, in: BStBl. II 1994, S. 591

BFH-Urteil vom 24.02.1994 IV R 33/93, in: BStBl. II 1994, S. 590

BFH-Urteil vom 21.04.1994 IV R 70/92, in: BStBl. II 1994, S. 745

BFH-Urteil vom 23.03.1995 IV R 58/94, in: BB 1995, S. 1724

BFH-Urteil vom 09.05.1995 IX R 116/92, in: BStBl. II 1996, S. 632

BFH-Urteil vom 06.12.1995 I R 14/95, in: BStBl. II 1996, S. 406

BFH-Urteil vom 16.07.1996 IX R 34/94, in: BStBl. II 1996, S. 649

BFH-Urteil vom 24.07.1996 I R 94/95, in: BStBl. II 1997, S. 122

BFH-Urteil vom 26.11.1996 VIII R 58/93, in: BStBl. II 1997, S. 390

BFH-Urteil vom 11.06.1997 XI R 77/96, in: BStBl. II 1997, S. 774

BFH-Urteil vom 19.06.1997 IV R 16/95, in: BStBl. II 1997, S. 808

BFH-Urteil vom 02.10.1997 IV R 82/96, in: BStBl. II 1998, S. 205

BFH-Urteil vom 19.11.1997 X R 78/94, in: BStBl. II 1998, S. 59

BFH-Urteil vom 04.02.1999 VIII B 31/98, in: BFH/NV 1999, S. 1076

BFH-Urteil vom 05.05.1999 XI R 6/98, in: BStBl. II 1999, S. 735

BFH-Urteil vom 20.06.2000 VIII R 32/98, in: BStBl. II 2001, S. 636

BFH-Urteil vom 24.02.2000 IV R 6/99, in: BStBl. II 2000, S. 297

BFH- Beschluss vom 07.08.2000 GrS 2/99, in: BStBl. II 2000, S. 632

BFH-Urteil vom 27.06.2001 I R 45/97, in: BStBl. II 2003, S. 121

BFH-Urteil vom 12.09.2001 IX R 39/97, in: BStBl. II 2003, S. 569

BFH-Urteil vom 12.09.2001 IX R 52/00, in: BStBl. II 2003, S. 574

BFH-Urteil vom 05.06.2002 IR 96/00, in: BFH/NV 2002, S. 1638

BFH-Urteil vom 02.10.2003 IV R 13/03, in: BStBl. II 2004, S. 985

BFH-Urteil vom 14.03.2006 I R 22/05, in: BStBl. II 2006, S. 680

BFH-Urteil vom 14.04.2011 IV R 52/10, in: BStBl. II 2011, S. 696

BFH-Urteil vom 08.06.2011 I R 98/10, in: BStBl. II 2012, S. 716

BFH-Urteil vom 21.09.2011 I R 89/10, in: BStBl. II 2014, S. 612

BFH-Urteil vom 26.11.2014 X R 20/12, in: BStBl. II 2015, S. 325

BFH-Urteil vom 16.12.2014 VIII R 45/12, in: BStBl. II 2015, S. 759

BFH-Urteil vom 12.02.2015 IV R 29/12, in: BStBl. II 2017, S. 668

BFH-Urteil vom 28.05.2015 IV R 3/13, in: BFH/NV 2015, S. 1577

BFH-Urteil vom 21.10.2015 IV R 6/12, in: BStBl. II 2017, S. 45

BFH-Urteil vom 14.06.2016 IX R 25/14, in: BStBl. II 2016, S. 992

BFH-Urteil vom 13.10.2016 IV R 33/13, in: BStBl. II 2018, S. 81

BFH-Urteil vom 08.11.2016 I R 35/15, in: BStBl. II 2017, S. 768

BFH-Urteil vom 25.01.2017 I R 70/15, in: BStBl. II 2017, S. 780

BFH-Urteil vom 05.04.2017 X R 30/15, in: BStBl. II 2017, S. 900

BFH-Urteil vom 09.05.2017 IX R 6/16, in: BStBl. II 2018, S. 9

BFH-Urteil vom 10.10.2017 X R 1/16, in: BStBl. II 2018, S. 181

BFH-Urteil vom 07.06.2018 IV R 37/15, in: BFH/NV 2018, S. 1082

BFH-Urteil vom 05.07.2018 VI R 67/15, in: BStBl. II 2018, S. 798

BFH-Urteil vom 06.09.2018 IV R 26/16, in: BFH/NV 2018, S. 1260

BFH-Urteil vom 10.04.2019 X R 28/16, in: BStBl. II 2019, S. 474

BFH-Urteil vom 22.05.2019 XI R 44/17, in: BStBl. II 2020, S. 44

BFH-Urteil vom 12.06.2019 X R 38/17, in: BStBl. II 2019, S. 518

BFH-Urteil vom 20.11.2019 XI R 46/17, in: BFH/NV 2020, 429

BGH-Urteil vom 11.07.1966 II ZR 134/65, in: DB 1966, S. 1267

BMF vom 19.04.1971 IV B/2-S 2170-31/71, in: BStBl. I 1971, S. 264

BMF vom 22.12.1975 IV B2-S 2170-161/75, in: DB 1976, S. 172

BMF vom 23.12.1991 IV B2-S 2170-115/91, in: BStBl. I 1992, S. 13

BMF vom 08.03.1993 IV B2-S 2174 a-1/93, in: BStBl. I 1993, S. 276

BMF vom 15.03.1995 IV B 2-S 2133-5/95, in: BStBl. I 1995, S. 183

BMF vom 16.12.1996 IV B 3-S 2211-69/96, in: BStBl. I 1996, S. 1442

BMF vom 09.02.1998 IV B 2-S 1909-5/98, in: BStBl. I 1998, S. 163

BMF vom 13.04.1999 IV C 2-S 2176-33/99, in: BStBl. I 1999, S. 436

BMF vom 25.02.2000 IV C 2-S 2171 b-14/00, in: BStBl. I 2000, S. 372

BMF vom 21.01.2003 IV A 6-S 2137-2/03, in: BStBl. I 2003, S. 125

BMF vom 18.07.2003 IV C 3-S 2211-94/03, in: BStBl. I 2003, S. 386

BMF vom 12.10.2005 IV B 2-S 2137-38/05, in: BStBl. I 2005, S. 935

BMF vom 12.03.2010 IV C 6-S 2133/09/10001, in: BStBl. I 2010, S. 239

BMF vom 22.06.2010 IV C 6-S 2133/09/10001, in: BStBl. I 2010, S. 597

BMF vom 25.03.2013 IV C 6-S 2133/09/10001, in: BStBl. I 2013, S. 296

BMF vom 16.07.2014 IV C 6-S 2171-b/09/10002, in: BStBl. I 2014, S. 1162

BMF vom 12.05.2015 IV C 6-S 2174/07/10001, in: BStBl. I 2015, S. 462

BMF vom 02.09.2016 IV C 6-S 2171-b/09/10002, in: BStBl. I 2016, S. 995

BMWF vom 21.03.1972 F/VI B 2-S 2170-11/72, in: BStBl. I 1972, S. 188

FG Baden-Württemberg vom 25.06.1998 14 K 16/92, in: EFG 1998, S. 1502

FG Baden-Württemberg vom 07.04.2000 9 K 87/97, in: EFG 2000, S. 926

FG München vom 16.06.1998 16 K 3050/95, in: EFG 1998, S. 1312

FG Münster vom 13.01.1994 3 K 7332/91 L, in: EFG 1994, S. 472

FG Niedersachsen vom 24.06.1993 XI 57/91, in: EFG 1994, S. 15

FG Niedersachsen vom 15.07.1998 II 490/95, in: EFG 1999, S. 216

FM Mecklenburg-Vorpommern vom 20.07.1995 IV 310-S 2134 a-4/95, in: WPg 1995, S. 738

Gleich lautende Erlasse der obersten Finanzbehörden der Länder vom 04.07.2008 35-G 1422-1/08, in: BStBl. I 2008, S. 730

HFA des IDW vom 12.12.1995, in: WPg 1996, S. 30

OFD Frankfurt am Main vom 24.03.1995 S 2137 A – 5 – St II 20, in: FR 1995, S. 519

OFD Frankfurt am Main vom 23.01.1998 S 2196 A – 22 – St II 23, in: BB 1998, S. 689

Richtlinie 2013/34/EU des Europäischen Parlaments und des Rates vom 26.06.2013 über den Jahresabschluss, den konsolidierten Abschluss und damit verbundene Berichte von Unternehmen bestimmter Rechtsformen und zur Änderung der Richtlinie 2006/43/EG des Europäischen Parlaments und des Rates und zur Aufhebung der Richtlinien 78/660/EWG und 83/349/EWG des Rates, in: Amtsblatt der Europäischen Union, L 182/19

Sachverzeichnis

N

O

P

R

S

T

U

V

W

Z